Wie intelligent sind Pflanzen?

Der in Meran geborene österreichische Botaniker Prof. Dr. phil. Adolf Wagner (1869 – 1940) veröffentlichte im Laufe seiner Innsbrucker Wirkungszeit zahlreiche gemeinverständliche Bücher zur Tier- und Pflanzenkunde. Dabei stellte er sich gegen die streng materialistisch-kausalistische Einstellung des 19. Jahrhunderts und vertrat im Wesentlichen einen systemtheoretischen Standpunkt, nach dem die Vorgänge in Organismen auf intelligente Weise einem Ziel zustreben.

Der Naturwissenschaftler Dipl.-Math. Klaus-Dieter Sedlacek, Jahrgang 1948, studierte in Stuttgart neben Mathematik und Informatik auch Physik. Nach fünfundzwanzig Jahren Berufspraxis in der eigenen Firma widmet er sich nun seinen privaten Forschungsvorhaben und veröffentlicht die Ergebnisse in allgemein verständlicher Form. Darüber hinaus ist er der Herausgeber mehrerer Buchreihen unter anderem der Reihen „Wissenschaftliche Bibliothek" und „Wissenschaft gemeinverständlich".

Prof. Dr. phil. Adolf Wagner
Klaus-Dieter Sedlacek

# Wie intelligent sind Pflanzen?

Sensationelle Einblicke in
die geheime Seite des pflanzlichen Wesens

Vollständige Neubearbeitung

Wissenschaft gemeinverständlich Bd. 09

Bibliografische Information Der Deutschen Bibliothek:
Die Deutsche Bibliothek verzeichnet diese Publikation in der
Deutschen Nationalbibliografie; detaillierte
bibliografische Daten sind im Internet über
http://dnb.ddb.de
abrufbar.

**Neubearbeitung**

Herstellung und Verlag:
BoD – Books on Demand, Norderstedt
**ISBN 978-3-7412-7941-6**

# Inhaltsverzeichnis

*Aus „Kunstformen der Natur" von Ernst Haeckel.*

# Einführung

In der Tagespresse tauchen in neuerer Zeit häufig Berichte mit der Titelfrage auf, ob Pflanzen intelligent sind.[1] Dabei hat die Wissenschaft diese Frage bereits seit Jahrzehnten positiv beantwortet. Wichtiger wäre nicht die Frage nach dem „ob" zu stellen, sondern nach dem „wie".

Eine gute Frage ist jedoch diejenige, die das Helmholtz-Zentrum für Umweltforschung (UFZ) veröffentlicht hat: „Sind Pflanzen intelligenter als gedacht?"[2]. Wie kommt das UFZ dazu, so eine Frage zu stellen?

Die Gewöhnliche Berberitze (Berberis vulgaris), auch Sauerdorn genannt, ist eine in weiten Teilen Europas vorkommende Strauchart. Ihre nordamerikanische Verwandte, die Mahonie (Mahonia aquifolium), breitet sich seit einigen Jahren auch in Europa aus. Die Wissenschaftler hatten beide Arten miteinander verglichen und dabei festgestellt, dass sich der Befall mit Parasiten deutlich unterscheidet: „Eine hoch spezialisierte Fliegenart, deren Larven sich eigentlich von den Samen der heimischen Berberitze ernähren, erreicht auf ihrer neuen Wirtspflanze, der Mahonie eine zehnfach höhere Populationsdichte", berichtet Dr. Harald Auge, Biologe am UFZ.

Also nahmen die Wissenschaftler die Samen der Berberitze genauer unter die Lupe. Rund 2000 Beeren sammelten sie aus verschiedenen Regionen Deutschlands, untersuchten sie auf Einstichspuren und schnitten die Beeren auf, um den Befall durch die Larve der Sauerdorn-Bohrfliege (Rhagoletis meigenii) zu untersuchen. Dieser Parasit sticht die Beeren an, um seine Eier darin abzulegen. Wenn die Larve es schafft, sich zu entwickeln, frisst sie oft alle Samen in der Beere auf. Eine Besonderheit der Berberitze ist, dass deren Beeren in der Regel über je zwei Samen verfügen und die Pflanze in der Lage ist, die Entwicklung ihrer Samen zu stoppen, um Energie zu sparen. Dieser Mechanismus wird auch

---

1     http://www.tagesspiegel.de/wissen/botanik-sind-pflanzen-intelligent/14569572.html
2     https://idw-online.de/de/news575754

zur Bekämpfung der Sauerdornfliege eingesetzt. Ist nämlich ein Samen mit dem Parasiten befallen, dann wird die sich entwickelnde Larve später beide Samen auffressen. Lässt die Pflanze dagegen den einen Samen absterben, dann stirbt auch der Parasit in diesem Samen und sie kann so den zweiten Samen in der Beere retten.

Bei der Auswertung der Samen stießen die Wissenschaftler auf eine überraschende Entdeckung: „Die Samen in den von Parasiten befallenen Früchten werden nicht immer abgetötet, sondern je nachdem wie viele Samen in den Beeren vorhanden sind", schildert Dr. Katrin M. Meyer, die die Daten am UFZ ausgewertet hat und inzwischen an der Universität Göttingen arbeitet. Enthielt die befallene Frucht zwei Samen, dann töteten die Pflanzen in 75 Prozent der Fälle den befallenen Samen ab, wodurch der zweite gerettet wurde. Enthielt die befallene Frucht dagegen nur einen Samen, dann töteten die Pflanzen nur in 5 Prozent der Fälle den befallenen Samen ab. Ergebnisse aus dem Freiland, die erst durch ein Computermodel ein schlüssiges Bild ergaben. Per Modellrechnung konnten die Wissenschaftler zeigen, dass die durch Parasitenbefall gestressten Pflanzen komplett anders reagieren als die ungestressten. „Würde die Berberitze ihre Frucht mit nur einem, aber befallenen Samen abtöten, dann hätte sie die gesamte Frucht umsonst angelegt. Stattdessen 'spekuliert' sie offenbar darauf, dass die Larve von selbst abstirbt, was auch vorkommen kann. Minimale Chancen sind besser als gar keine", erläutert Dr. Hans-Hermann Thulke vom UFZ. „Dieses Handeln mit Vorausschau, in dem erwartete Verluste und äußere Bedingungen abgewogen werden, hat uns sehr überrascht. Pflanzliche Intelligenz rückt damit in den Bereich des ökologisch Möglichen, lautet die Botschaft unserer Studie."

Aber woher weiß die Berberitze, was ihr nach dem Einstich der Sauerdorn-Bohrfliege droht? Wie die Informationsverarbeitung in der Pflanze funktioniert und wie sich dieses komplexe Verhalten im Laufe der Evolution entwickeln konnte, ist nach wie vor unklar. Die nahe Verwandte der Berberitze, die Mahonie, lebt zwar bereits seit rund 200 Jahren in Europa mit dem Risiko, von der

8

Sauerdorn-Bohrfliege gestochen zu werden, hat aber keine vergleichbare Schutzstrategie entwickelt. Die neuen Erkenntnisse werfen ein überraschendes Licht auf die unterschätzten Fähigkeiten von Pflanzen, eröffnen aber zugleich viele neue Fragen.

Mit diesem Buch möchte ich einige Antworten auf die vielen neuen Fragen geben. Es sind Antworten, die der Wissenschaft eigentlich bekannt waren, die aber offensichtlich in Vergessenheit gerieten. Der Biologe Prof. Dr. phil. Adolf Wagner hat neben weiteren Biologen seiner Wirkungszeit bereits grundlegende Erkenntnisse über die Intelligenz der Pflanzen veröffentlicht, und das in gemeinverständlicher Form. Seine Erkenntnisse habe ich neu bearbeitet und kann sie nun einem breiten Leserkreis präsentieren. Die zahlreichen von mir überarbeiteten Abbildungen gestatten dem Leser, tief gehende Einblicke in die geheimnisvolle Wesensseite der Pflanzen zu nehmen. Darüber hinaus habe ich ein Kapitel mit meinen eigenen Forschungsergebnissen angefügt, um die Frage zu beantworten, ob Pflanzen womöglich eine Art Bewusstsein haben. Ingesamt ist hiermit ein aktuelles Werk entstanden, das eines der spannendsten Fragen unserer Zeit nicht nur berührt, sondern auch zahlreiche Antworten gibt.

Stuttgart, im Herbst 2016

*Klaus-Dieter Sedlacek*

# Haben Pflanzen eine Seele?

Der Gedanke der Beseeltheit alles Lebendigen ist nichts weniger als neu. Aber auch im Rahmen des engeren naturwissenschaftlichen Denkens war er schon aufgetaucht. Fechners „Nanna oder über das Seelenleben der Pflanzen" war in dieser Hinsicht ein erster und schon weitgehender Versuch.[3] Damals nahm man das nicht „ernst". Man betrachtete es bloß als poetische Schrulle eines sonst hochverdienten Gelehrten.

Heute ist uns die Vorstellung von der Beseeltheit der ganzen Organismenwelt, also auch der Pflanze, schon viel, viel mehr als eine poetische Schrulle oder ein poetisches „Gleichnis", — sie ist für viele, welche an den Dingen der Natur mehr zu sehen verstehen als bloß äußere Hüllen, eine Erkenntnis, ein tiefes Erfassen des dem Leben Wesentlichen geworden.

*

Das übliche Denken stutzt natürlich bei dieser ungewöhnlichen Gedankenverbindung. Man denkt ja bei dem Worte „Seele" sogleich an sein eigenes Erleben, an Schmerz und Lust, an Leid und Freude, an Gedankenwelt und laienreiche Willenskraft. Das kann es doch bei der Pflanze nicht geben! Allerdings, — das alles gerade nicht, besonders Gedanken werden wir der Pflanze wohl noch weniger zumuten dürfen, als schon dem Tier. Wenn aber der Mensch so nur an sich denkt, an sein eigenes inneres Erleben, so fragt er dabei um das eine nicht: woher denn die Grundlagen dessen kommen, was ihm überhaupt erst die Möglichkeit innerer Erlebnisse gibt. Tausende und Tausende schwören auf den Gedanken einer Entwicklung der Organismenwelt, — dass aber dasjenige, was auf dem Höhepunkte der organischen Entwicklung (beim Menschen) bis zum Selbstbewusstwerden vorgeschritten ist (nämlich das innere Wesen des Lebendigen, das „Vitalseelische"), auch sich entwickelt haben und seine „Vorstufen" aufweisen müsse, davon wollen sie nichts hören, das heißt: Sie geben die

---

3    G. Th. Fechner: „Nanna oder das Seelenleben der Pflanzen." Dritte Auflage, mit einer Einleitung von K. Lasswitz. Hamburg und Leipzig, Leop. Voß 1903. (Das Werk erschien erstmalig im Jahre 1848.)

Voraussetzungen zu und leugnen die damit verbundenen Folgerungen. Wenn heute noch sogar Naturkundige den Entwicklungsgedanken, so aufdringlich er auch ist, von vornherein ablehnen, so geschieht es gewiss hauptsächlich aus dem Grund, weil er eben diese Folgerung unerbittlich in sich schließt.

Eine andere Schwierigkeit, die sich der Vorstellung einer „Beseeltheit" der Pflanze entgegenstellt, ist die Gewohnheit des üblichen Denkens, die Begriffe „Seele" und „Ich" gleichzustellen, und zwar sogleich mit der willkürlichen Beschränkung, dass man nur dort von Seele sprechen dürfe, wo ein Ichbewusstsein angenommen werden kann. Deshalb mag es dem üblichen Denken zunächst als etwas ganz Unerhörtes, als eine ganz verdrehte Irrenhaus-Idee erscheinen, bei der Pflanze von einer Seele zu reden, da man dann ja auch an ein „Ich" der Pflanze zu denken genötigt ist. Kann denn davon überhaupt die Rede sein, wo doch sehr viele Menschen schon dem höheren Tier kein „Ich" mehr zuerkennen wollen? Dies Letztere geschieht allerdings deshalb vor allem, weil sich das Tier nicht vor seinen menschlichen Peiniger hinstellen und ihm zurufen kann: Du, lass das! Ich bin genau so eine empfindende Einheit, wie es Dein viel geliebtes Ich ist! Diese Sprache hat das Tier nicht, zu seinem Unglück, denn seine stumme Sprache verstehen die meisten Menschen nicht, oder es ist ihrem rohen Egoismus bequemer, sie nicht zu verstehen. Wenn einem gequälten Tier die natürliche oder durch Dressur aufgezwungene Geduld reißt und es seinem Peiniger in die Fratze springt, da mag diesem doch vielleicht der Schimmer einer Ahnung kommen, dass er da einem „Ich" etwas allzu rücksichtslos entgegengetreten war. Ist aber bei Tieren, welche entweder von Natur aus dem Menschen gegenüber nicht genügend wehrhaft sind oder denen die Brutalität des Herrn der Schöpfung alle Widerstandskraft gebrochen hat, der angstvolle, scheue, um Schonung bettelnde Blick usw. keine Sprache? Natürlich nicht, — obwohl der stumme Mensch auch keine andere Sprache hat. Der Hund, der sich, um sein bedrohtes „Ich" zu retten, verkriecht, statt dem gefahrdrohenden Ruf seines Herrn zu folgen, bekommt dafür wohl noch einen besonderen Fußtritt, — die „dumme

Bestie"! Ja freilich, — dem Tier gegenüber, nämlich dem schwächeren oder von ihm „gezähmten" Lebewesen, wo er dies ungestraft tun kann, beweist der Mensch seine „ethische Überlegenheit". Verdient nicht vielmehr diese ganze aufgeblasene und verlogene Ethik einen kräftigen Fußtritt?

Auch der Wurm krümmt sich, wenn er getreten wird! In diesem Sprichwort liegt eine stillschweigende Anerkennung der Tierpsyche. Die Pflanze aber schlägt nicht aus, wenn man sie berührt, und beißt auch nicht die Hand, die sie abknickt. Und vor allem: Sie schreit nicht, wenn man ihr ein Glied abreißt oder sie sonst wie verletzt! Widerspruchslos lässt sie alles mit sich machen, also kann sie doch keine Empfindung haben? Ohne solche verliert aber scheinbar der Begriff der Psyche allen Sinn, und wo keine Psyche ist, da kann es auch kein „Ich" geben. Oder ist es anders? Zeigt die Pflanze vielleicht vielfach, dass sie doch Empfindung hat, aber eine Empfindungsfähigkeit, die noch nicht jene Höhe erreicht hat, dass sie der Abwehrbewegung bedürfte und sich in dem nach Hilfe rufenden und höhere vitalseelische Spannung auslösenden Schmerzensschrei entlade? Fühlt es die Pflanze vielleicht doch irgendwie, wenn wir ihr einen Zweig oder eine Blume abreißen, die doch zu ihrer Ganzheit, ihrem „Ich" gehört? Wir wissen es nicht und können es nicht wissen. Der Mensch aber macht sich solche Dinge leicht: Wenn wir etwas nicht wissen, dann stellen wir fest: Es ist nicht! Wenn es aber am Ende doch ist?

*

## Was ist eigentlich das „Ich"?

Was ist das „Ich", von dem zunächst alles bewusste Denken und Handeln seinen Ausgangspunkt nimmt? Es ist doch eine recht merkwürdige Sache: Ununterbrochen treten Stoffe in das Innere meines Körpers ein, erfahren die mannigfaltigsten Umwandlungen und treten wieder aus; Empfindungen tauchen auf und verschwinden, Vorstellungen und Gedanken wechseln in buntem Spiel, Teile meines Körpers nützen sich ab und werden neu hergestellt, Taten gehen von mir aus, kleine und große

Leidenschaften wühlen in mir und können sich bis zur Selbstvernichtung steigern; dazwischen wieder Pausen, wie im tiefen Schlaf und in der Ohnmacht, in denen alles Seinsbewusstsein erlischt. Und von alldem weiß, oder besser gesagt, „fühle" ich, dass es an „mir", das heißt, an etwas unveränderlich Bestehendem, an einem „Etwas" geschieht, das hinter und über all dem Wechsel steht und beharrt. Das ist die „Seele", das „Ich".

Ist dieses Ich begrenzt oder ewig? Ist es gebunden an den Körper, durch den es seiner selbst „bewusst" wird oder durch den es sich „fühlt", oder kann es diesen verlassen und trotz alledem als dasselbe „Ich" weiter sein?

Schwer zu denken. Ganz unmöglich zu denken ist es aber, dass ein Unzerstörbares, Beharrendes dies nur nach der Zukunftsrichtung, nicht auch nach der Vergangenheitsrichtung sein solle.

Was unzerstörbar ist, kann auch nicht „geworden" sein. Ist mein „Ich" unvergänglich, dann besteht es auch von jeher. Das heißt: Jenes „Ich", dessen ich mir in meinem Erleben bewusst werde, muss dann schon in einem Menschen gewesen sein, der zur Zeit Cäsars gelebt hat; das Ich dieses Menschen (das auch das meinige und zahlreiche dazwischen liegende „Ichs" einschloss) muss wiederum schon in einem Menschen gewesen sein, der zur Zeit der ältesten ägyptischen Dynastie lebte, und dieses Ich wiederum in einem Individuum vom Typus des primitiven Urmenschen und dieses weiterhin – ja, wohin führt das eigentlich? Hinunter durch alle Lebensstufen bis zum ersten primitiven Protoplasmaklümpchen und darüber hinaus in das Grundwesen des Weltalls. Mein „Ich", mein individuelles Ich schon vorhanden beim Urknall oder im Urnebel, dem in Milliarden von Jahrhunderten unser Erdball entspross? Was für Gedanken! Und doch unabweisbar, wenn andererseits eben dieses Ich als solches in alle Ewigkeit weiter dauern soll.

Wo steckte aber dieses Ich, als welches ich mich fühle, bevor es mein fühlendes und wirkendes Ich wurde? Wir können (und müssen wahrscheinlich) noch so weit gehen, dieses „Ich" (nämlich das reale Ich, nicht die Ich-Vorstellung!) schon in der Eizelle vorauszusetzen, denn mit der Eizelle beginnt die Selbstständigkeit des neuen Individuums, mit ihr ist eine neue Persönlichkeit geboren. Aber vorher? Das Ei entsteht doch aus dem „Zellverband" des mütterlichen Organismus durch fortschreitende Teilungen, und in diesem vorbereitenden Entwicklungsstadium ist das künftige Ei noch etwas gänzlich Unselbstständiges. Und gar im Ei des mütterlichen Organismus ist dieses Ei des künftigen „neuen Individuums" überhaupt noch nicht vorhanden. Wie könnte da von einem „Schon-vorhanden-Sein" des „Ichs" des kommenden Individuums die Rede sein? Und was geschieht mit den zahllosen „künftigen Ichs" der Keimzellen, die ungekeimt und unentwickelt zugrunde gehen? Leben auch sie ewig weiter als Ei- und Embryonal-„Iche"?

*

Das ist nun das Ich, das ich fühle, mein eigenes Ich, das mir als mysteriöses Zentrum (nicht im örtlichen, wohl aber im wirkenden Sinne) meines Wesens erscheint. Wie steht es aber mit dem fremden Ich, das ich nicht fühle, das ich bloß erschließe? Ich nehme von dem Menschen, der neben mir sitzt und mit mir spricht, ohne Bedenken an, dass dieser ebenso ein „Ich" habe, wie ich es in mir fühle. Habe ich ein Recht dazu? Das übliche Denken wird unbedingt mit Ja antworten, und ich schließe mich diesem üblichen Denken an. Aber rein gedanklich müsste man eigentlich Nein sagen, denn wie kann ich von dem fremden Ich irgendetwas wissen? Den Ich-Begriff kann doch jeder nur an sich selbst erleben. Wie komme ich dazu, von irgendeinem Körper außer dem meinige zu sagen, er habe ein „Ich"? Wenn ich mir aber das nun einmal herausnehme, — warum sage ich das wohl von dem Menschen neben mir, aber nicht von dem Stein, an dem ich mich stoße? Dass der Mensch, mit dem ich zu tun habe, abgesehen von kleinen Änderungen, der gleiche bleibt, sooft und solange ich ihn sehe, — das allein kann nicht entscheidend sein. Denn diese Beharrlichkeit der Form ist anderen und gerade unbelebten Körpern auf viel längere Zeit beschieden. Eine Marmorstatue, die doch schon sehr „individualisierte" Form hat, kann Jahrtausende überdauern. Was ist demgegenüber die kurze Spanne Zeit, während welcher ein Mensch „seine Form bewahrt"?

Das Entscheidende scheint darin zu liegen, dass uns ein Körper, also ein räumlich begrenztes Gebilde, als geschlossene „Ganzheit" bei ständigem Wechsel von Stoff und Kraft erscheinen und zugleich zeigen muss, dass diese „Ganzheit" sich in „Aktivität" (Eigentätigkeit) gegenüber den Umgebungseinwirkungen behauptet oder doch zu behaupten sucht. Einem solchen Körper können und dürfen wir auch ein „Ich" oder eigentlich richtiger, weil objektiv gesprochen, eine „Identität" zuschreiben. Die Frage nach dem gleichzeitigen Vorhandensein eines Ich-Bewusstseins oder gar einer Ich-Vorstellung ist, wie schon hervorgehoben, nebensächlich, weil auch wir selbst, die wir eine solche Identität darstellen, zeitweise des Bewusstseins dieser Identität ermangeln. Dass sich dieses Bewusstwerden nach solchen Pausen wieder unverändert einstellt, beweist, dass die reale „Identität" weiter reicht, bzw. tiefer liegt, als die „Bewusstheit" von eben dieser „Identität". Sogar im wachen Zustand ist sich der Mensch nicht immer seiner Identität bewusst. Auch im wachen Zustand handelt der Mensch manchmal „wie im Schlaf", – erst das Ergebnis solch vorübergehenden Handelns tritt uns „ins Bewusstsein".

Trotzdem kann die Handlung zielstrebig, „intelligent" gewesen sein. Ebenso ist es bei scharfer Denktätigkeit: Wenn wir ganz und gar in einen Gedankengang vertieft sind, verlieren wir nicht nur das Bewusstsein für unsere Umgebung, sondern auch das unserer Identität; wir verhalten uns nur rein denkend, ohne Bezugnahme auf ein „Ich"[4]; erst wenn der Gedankengang zu Ende ist oder eine wirksame Störung von außen herantritt, komme ich zu dem Bewusstsein, dass „ich" jetzt gedacht hatte. Auch solche, und gerade solche, nicht vom Ich-Bewusstsein begleitete Denktätigkeit ist die schärfste, zielstrebigste, ergebnisreichste. In all diesen Fällen ist die „Identität" wirksam; dass und wieweit sie bewusst wird, sind nur Zustände dieser Identität, Zustände, welche kommen und gehen wie in einem Kaleidoskop. Es ist eine Täuschung, welcher das übliche Denken unterliegt, dass

---

4    In solchem Fall kann es nicht heißen: „Ich denke", sondern: „Es denkt in mir."

die Ich-Vorstellung, oder auch nur das Ich-Bewusstsein etwas Ununterbrochenes sei. Schon die Unterbrechung des Ichbewusstseins im tiefen Schlaf oder in der Ohnmacht beweist das Gegenteil, ebenso die vorhin genannten Beispiele.

Das Bewusstsein selbst ist gleichfalls kein ununterbrochener Zustand (auch nicht während vollbewusster Tätigkeit), sondern es blitzt sozusagen in schnellster Folge immerfort wieder auf. Besinnen wir uns nur darauf, dass wir eigentlich in einem gegebenen Moment nur eine Wahrnehmung, nur eine Empfindung, einen Gedanken im Bewusstsein haben, — je konzentrierter die Aufmerksamkeit auf eine bestimmte Art von Eindrücken, Tätigkeiten usw. ist, das heißt, je mehr sie bloß auf eines gerichtet ist, desto mehr verblassen die anderen, werden sie vom Bewusstsein ausgeschaltet. Nur weil unser Gehirn und Nervensystem die Sammelstelle für eine geradezu ungeheure Zahl von Eindrücken ist, die sich bei voller Einwirkung der Umgebung (die anderen Teile des eigenen Körpers mit eingerechnet) in schnellster Folge ablösen, wird die Täuschung einer ununterbrochenen Bewusstseinstätigkeit hervorgerufen.

Wenn ich einen Stein an einem Faden befestige und nun rasch im Kreis wirbeln lasse, dann sehe ich den Stein nicht mehr an den einzelnen Stellen des Raumes, die er nacheinander einnimmt, — der Stein beschreibt für meine Wahrnehmung, für mein „Bewusstsein", eine zusammenhängende Kreislinie. Die einzelnen Stellungen des Steines wechseln zu rasch, als dass unsere Sinnesapparate diese und damit auch zugleich das „Bewusstwerden" dieser verschiedenen Eindrücke als solche aufnehmen könnte. Oder vielleicht ein noch besseres Beispiel: Wenn ein aus einzelnen Speichen bestehendes Rad in schnellste Drehung um seine Achse gebracht wird, dann können wir die einzelnen Speichen nicht mehr von den sie trennenden Zwischenräumen unterscheiden; ist das Rad rot angestrichen, so verzeichnet unsere Wahrnehmung während der raschen Drehung nur mehr eine rote Fläche, etwas Zusammenhängendes, das hier doch nachweisbar aus getrennten Einzeleindrücken zustande kommt.

Gleichsinnig scheint es sich mit dem Bewusstsein zu verhalten: Die zahllosen Einzelwahrnehmungen und Vorstellungen hängen ja in Wirklichkeit gar nicht lückenlos zusammen; es sind, sozusagen, Lichtblitze, die im Gehirn auftauchen, einmal hier, einmal dort, Depeschen, die von den Sinnesorganen als Folge ebenso vieler Einzelwirkungen aus der Umwelt an die Zentrale geleitet werden, aber in solcher Fülle und in so rascher Aufeinanderfolge, dass das „Bewusstwerden" dieser Einzeleindrücke und der dazwischenliegenden Pausen der Unbewusstheit, nicht mehr registriert werden kann. Als Folge davon stellt sich die Täuschung ein (wie bei dem drehenden Rad), das Ich-Bewusstsein sei etwas Ununterbrochenes. Der tiefe Schlaf oder die Ohnmacht, während der aller Depeschenverkehr zum Gehirn ruht, lassen die Unterbrechbarkeit und tatsächliche Unterbrochenheit „ersichtlich" werden; die blitzartigen Unterbrechungen zwischen den wachen Bewusstseinsmomenten sind nicht mehr erfassbar, aber wir können und müssen sie in ihrer Tatsächlichkeit auf dem Weg des Denkens und Vergleichens erschließen.

Dass wir aber die Einzelerlebnisse, die in den Zustand des Bewusstwerdens eintreten, trotz der dazwischenliegenden Pausen (seien es die großen Pausen des Schlafes oder die blitzartigen der wachen Gehirntätigkeit) auf etwas Einheitliches und unverändert Beharrendes, auf das „Ich" beziehen können, — das ist das große Naturmysterium der Identität, das der Mensch schon deshalb nicht ergründen kann, weil diese Identität bereits allen Gedanken, die er sich darüber machen kann, zugrunde liegt. Dieses Ich ist das „Denkende", „Empfindende", „Wollende". Es ist ebenso das passiv Empfindende, wie es das aktiv Handelnde ist, und eine seiner Tätigkeiten ist das „Bewusstmachen" von Empfindungs- und Willensmomenten. Dass diese „Identität" auch im Unterbewussten tätig ist, wird bewiesen durch die Verbindung der einzelnen Bewusstseinsmomente, durch den Fortgang der der Erhaltung des Ganzen dienenden Körperfunktionen, durch das Bestehen der „Identitäts-Empfindung" über Zustände der Bewusstlosigkeit hinaus und durch sogar während der Unbewusstheit fortgehende Denktätigkeit. Jeder Mensch mit

18

einigermaßen reicherem Geistesleben wird diese Erfahrung gemacht haben.

Die besten und entscheidendsten Gedankenverbindungen bereiten sich im Unterbewusstsein vor und „fallen" dann ins Bewusstsein (daher der treffende Ausdruck „Einfall"). Wie oft kommt es vor: Wir ringen des Abends vergeblich um die Lösung eines Problems oder um eine klare Ausdrucksweise für eine schon vollzogene Gedankenverbindung, — am nächsten Morgen — ohne unser „bewusstes" Dazutun steht das Gesuchte vor uns. Die Lebensweisheit, „eine Sache oder Entscheidung zu überschlafen", ist tief begründet. Nicht das Ausruhenlassen des Gehirns ist dabei das Maßgebende; das ist eine etwas kindliche Auffassung. Die Ungestörtheit der Gehirnarbeit ist der Punkt, um den es sich dreht, die Fernhaltung verwirrender Masseneindrücke usw.

Vielleicht arbeitet das Gehirn gerade im Zustand der Unbewusstheit besonders intensiv, das heißt, die Intelligenz, die Zwecktätigkeit des Individuums, die ja auch diejenigen Funktionen des lebenden Körpers regelt, welche der bewussten Willenstätigkeit überhaupt entzogen sind, führt während dieses, von neuen störenden Außeneindrücken freien Zustandes zu einer zweckmäßigen Sichtung und Ordnung des im wachen Zustand von Sinnesorganen und Gehirn gelieferten Orientierungsmaterials und stellt dieses geordnete und umgruppierte Material dem Bewusstsein „zur Verfügung". Derartiges muss natürlich nicht eintreten, aber dass es eintreten kann, rechtfertigt den ganzen Gedankengang zur Genüge.

Für mich persönlich, für mein eigenes Denken, ist diese Tatsache der unbewusst sich ordnenden Denkvorgänge ein weiterer Beweis, dass die „Intelligenz", das heißt, die zweckhafte Einordnung der Außenwelteindrücke, an und für sich gar nichts mit der bewussten Gehirntätigkeit zu tun hat. Die Intelligenz ist eben viel universeller, nicht an Bewusstsein und auch nicht an die individuelle „Identität" gebunden, sondern nur auch durch eine solche sich auswirkend, wo eben eine derartige Identität vorhanden ist.

Zugleich ergibt sich daraus auch die Erkenntnis, dass die Frage nach einer Identität, als real und einheitlich Wirkendem, nichts mit der Frage nach einem Ich-Bewusstsein zu tun haben kann, dass man daher eine „Identität" auch dann einem anderen Lebewesen zusprechen darf oder sogar muss, wenn man nicht „wissen" kann, ob ihr auch ein Ich-Bewusstsein zukomme, sofern nur andere notwendige Voraussetzungen für eine solche Annahme gegeben sind. Das ist aber nicht nur beim Tier, sondern auch bei der Pflanze der Fall.

*

Was ist es nun aber mit dieser „Identität"? Mit diesem realen Ich, dessen ich als Mensch mir bewusst werde, das aber dieses Bewusstwerdens nicht bedarf, um zu sein, das im Gegenteil erst dieses Bewusstwerden, als eine seiner Auswirkungen erzeugt? Was ist diese Identität, die nicht ohne den Körper zu denken ist, der doch wiederum ihre Tat sein muss, denn die Identität des Eies muss schon dieselbe sein wie die des ausgewachsenen Körpers? Diese Identität, die zum unzähligsten Male neu auftaucht und sich in neuen Identitäten wiederholt, während sie selbst noch im fortlebenden Eltern-Organismus weiterwirkt? Diese Identität, die überall im Körper wirkt und nirgends zu finden ist? Diese Identität, die sich nur entfalten, nur „sein" kann, wenn der Körper ist, und sich doch diesen Körper selbst baut nach einem gesetzmäßig festgelegten Plan, den das geringfügigste Ereignis vereiteln kann?

Diese, seit dem Bestehen des organischen Lebens auf der Erde in unzählbaren Billionen durch alle Stufen des Lebens gewesenen „Identitäten", — was ist mit ihnen, was war mit ihnen und was wird mit ihnen? — Schwindelnde Fragen, tiefstes Naturmysterium. Und noch immer nicht das Tiefste. Wir werden noch überwältigendere Fragen kennenlernen.

Wer diesen ungezählten Identitäten aller Lebewesen Unzerstörbarkeit und Ewigkeitswert zusprechen will (aber dann allen ohne Ausnahme, nicht bloß den „menschlichen"!), den kann man nicht widerlegen, denn weiter, als die „Identität" in ihrer Erscheinung zu kennzeichnen, kann kein Menschenverstand gehen.

Die Schwierigkeiten aber, die sich der Annahme solcher Unvergänglichkeit der einzelnen Identitäten entgegenstellen, habe ich anzudeuten versucht.

Wir wollen nicht das Vergebliche unternehmen, an die tief verborgenen unauffindbaren Quellen des Lebensstromes zu gehen, der vor unseren Augen dahinfließt. Wir wollen nur versuchen, etwas von den Schätzen zu schauen, die er zutage fördert. Das Leben selbst ist ein Mysterium. Die Lebensgesetze, die Abertausend Formen, in denen diese Gesetze sich spiegeln, zu erforschen, ist das Einzige, was der Mensch zu unternehmen wagen kann. Aber auch bei diesem Wagen wappne sich der Mensch mit Bescheidenheit. Wollte er sich unterfangen, seine eigene Einordnung in das Weltganze zu erfassen, so wäre dies so viel, als wollte eine einzelne Zelle meines Körpers ergründen, nicht bloß, was sie im Getriebe meiner „Identität", nein, was sie im Getriebe der ganzen Menschheit, ja, des ganzen Lebens auf der Erde bedeute. Arme Zelle!

*

Wie sieht eigentlich der Nichtfachmann die Pflanze an? Ich meine hier natürlich nicht, mit welchen ästhetischen Empfindungen, sondern intellektuell mit dem verstandesmäßig urteilenden Geist? Er denkt meist geringschätzig von ihr: ein armseliges Ding, so eine Pflanze! In ihr soll Lebensweisheit stecken, eine Quelle der Erkenntnis dessen, was unser eigenes Selbst ist? Und doch ist es so. Beim Nachdenken über die Natur und besonders über die geheimnisvollen Grundlagen des Lebens treffen sich zwei Linien, eine von unten herauf, die andere von oben herabkommend; in ihrem Treffpunkt blitzt ein Schimmer von Erkenntnis der Wesensgleichheit alles Lebendigen auf: Der Mensch ist der Ausgangspunkt für die eine, die Pflanze für die andere Linie. Das Einfache, Ursprüngliche der Pflanze kann uns das Hohe und Entwickelte im Menschen erhellen; dieses Letztere aber wirkt wie ein Scheinwerfer zurück und beleuchtet unserem Verständnis das scheinbar in berührungsloser Ferne stehende Ursprüngliche der Pflanze. Die Natur ist ein Ganzes. Nur der

Mensch bringt „Distinktionen" in sie hinein, zerstückelt das Ganze in schematisierte Einheiten und hält sich dann für eine ganz besondere Einzelheit, wenn nicht gar für überhaupt etwas Besonderes.

*

Man darf es keinem Menschen, der zum ersten Mal von einer „Pflanzenseele" reden hört, verargen, wenn er diesen Gedanken zunächst verständnislos und eben deshalb auch entrüstet von sich weist. Es ist ja so unendlich wenig, was der Nichtfachmann von der Pflanze weiß. Die Pflanze drängt ihre Lebenstätigkeit und ihre Lebensgesetze dem Blick des Menschen so wenig auf, dass dieser erst mit Nachdruck aufmerksam gemacht werden muss, dass dieselben Grundgesetze und Grundkräfte, die hinter den auffälligen Lebensäußerungen der Tierwelt als entscheidende Ursache der „Lebendigkeit" stecken, auch bei der Pflanze im selben Sinn und in derselben Wirksamkeit tätig sind. Wachsen und blühen, — das sind die einzigen Lebenstätigkeiten der Pflanze, die der Nichtfachmann kennt; diese scheinen ihm denn doch zu wenig zu sein, um die Pflanze auch nur grundsätzlich der übrigen Lebewelt gleichzustellen. Als ob die übrigen Lebewesen, die Tiere und auch der Mensch, im Grunde etwas anderes täten, als gleichfalls zu wachsen und zu blühen und — zugrunde zu gehen! Als ob der Lebenslauf des Tieres und auch des Menschen etwas anderes wäre als: Entfaltung des Individuums aus dem Keim, Lebensbehauptung dieses Individuums auf kurz gemessene Frist und Erhaltung des Typus (der Art) durch Erzeugung von Nachkommen, die den Kreislauf wiederholen und fortsetzen!

Das hohe Mysterium der Menschwerdung aus der befruchteten Eizelle wird gern anerkannt; verständig Denkende werden dasselbe Mysterium auch noch im Zeugungsakt des Tieres finden, — aber wie viele sind sich dessen bewusst, dass das gleiche Mysterium auch im Werden des Samens einer Pflanze steckt, jenes Samens, der ja ebenso schon das „werdende Kind", das neue Individuum, in seinem Inneren birgt, wie der Schoß der

Menschenmutter?! Ist wirklich der Zeugungsstrom, der mit dem Eindringen der tierischen Samenzelle das weibliche Ei zur Weiterentwicklung, zur Entfaltung eines neuen Individuums veranlasst, in höherem Grade geheimnisvoll als der Zeugungsstrom, der mit dem Befruchtungskern des Blütenstaubkorns der pflanzlichen Eizelle in der Samenanlage die gleiche Wunderkraft verleiht? Ist es denn ein weniger wunderbares, weniger schleierbedecktes Geschehnis, wenn aus der winzig kleinen gestaltlosen Eizelle im Rosenfruchtknoten der ganze Rosenbusch mit seinem Blütenflor und seinen himmlischen Düften neu ersteht, als wenn aus der ebenso kleinen und gestaltlosen Kugel des menschlichen Eies der „gottähnliche" Mensch hervorgeht?

Entweder wir verstehen den Vorgang in beiden Fällen, oder wir verstehen ihn in keinem von beiden. Nicht dass ein Mensch oder ein Rosenstrauch aus einer mikroskopisch kleinen „Zelle" hervorgeht, ist das große Wunder und Rätsel des Lebens, sondern dass der Organismus, was immer für einer es auch sei, immer wieder aus solchen Anfängen sich neu gestaltet! Das Wunder ist nicht geringer, auch wenn es sich bloß um einen Schimmelpilz handelt, der aus einer „Spore" neu hervorgeht, um wieder solche Sporen zu erzeugen. Die Wiedergeburt jeder einzelnen Lebensform, — das ist das große Naturmysterium, von dem wir allenfalls den äußersten Schleierzipfel ein wenig lösen, wenn wir dem Vorgang bis auf die Vereinigung der Fortpflanzungszellen, ihrer Kerne und „Chromosomen" nachgehen.

Nur ein bisschen etwas von dem Weg, auf dem sich dies Mysterium immer wieder verwirklicht, erkennen wir dabei; nicht aber bekommen wir damit auch nur den Schimmer einer Erklärung dafür, dass es so ist, warum es so ist und wozu es so ist, und was denn den ganzen Mechanismus, der dabei beteiligt erscheint, so zielstrebig lenkt.

Mag es dem üblichen, „vorwissenschaftlichen" Denken noch so paradox erscheinen: Es ist Tatsache, dass nicht einmal die Wunder des „bewussten" Seelenlebens den Höhepunkt des Geheimnisvollen bilden; wir können diese immerhin, wenn damit auch weiter nichts gesagt ist, als Betätigungen der so und so beschaffenen Körper betrachten, — jedoch die Gestaltungskraft des Lebensstoffes ist für unser Verstehen in den mystischen Schleier gehüllt. Der kenntnislose und deshalb aufgeblasene Mensch nennt in pfauenartigem Stolz sich selbst das „Ebenbild Gottes", — er ahnt nicht, dass jeder Lebensform solche Gottähnlichkeit zukommt, dass jede von ihnen ein „verkörperter Gedanke des Weltgeistes" ist.

*

Dehnen wir den Vergleich noch etwas weiter aus. Was muss nicht alles dem eigentlichen Zeugungsvorgang vorausgehen, sofern er nämlich ein „geschlechtlicher" ist, das heißt, in der Vereinigung zweier verschiedener Keimzellen besteht. Wenn die beiden Arten von Keimzellen in verschiedenen Individuen entstehen, also Geschlechtertrennung (Gegensatz: Zwitter-Organismen) vorhanden ist, müssen zuerst Weibchen und Männchen zusammenkommen. In allen Fällen aber müssen sich dann auch die männlichen und weiblichen Keimzellen finden können. In dieser Hinsicht ist die Pflanze nicht weniger fein organisiert und mit nicht geringerer zweckstrebiger Handlungsfähigkeit ausgestattet als der tierische und auch der menschliche Organismus. Im Grunde ist es überall hübsch genau dasselbe.

Im Tierreich finden sich die Geschlechts-Individuen gegenseitig durch den Gesichts-, Geruchs- oder Gehörsinn. Diese Sinneseindrücke sind die „Signale" für die zweckgerichtete Bewegungskette. Der unglaublich feine Geruchssinn, mit dem beispielsweise unter den Insekten die Schmetterlinge ausgestattet sind, indem die Männchen das Weibchen auf große Entfernung wittern, ist ja bekannt. Wir wollen aber bei diesem sich Finden der Individuen nicht verweilen, da hier keine unmittelbare Vergleichung möglich ist, insofern ja im Pflanzenreich das Individuum als solches nicht beweglich, das heißt nicht ortsveränderungsfähig ist. Es wird späterhin davon zu sprechen sein, welche spitzfindigen Einrichtungen der Lebenstrieb im Pflanzenreich geschaffen hat, um die zweckentsprechende Vereinigung der Geschlechter zu sichern.

Haben sich männliches und weibliches Individuum gefunden, so ist dies noch nicht für die Keimzellen der Fall. Diese müssen nun erst „zusammengebracht" werden. Bei Tieren geschieht dies durch den Begattungsakt, den das Tier „von Natur aus", das heißt, ohne die Notwendigkeit der Erfahrung oder Belehrung, zweckentsprechend auszuführen weiß. Es wird dabei vom „Gattungsgedächtnis", das heißt der erblich gewordenen Erfahrung und Gewohnheit geleitet, wofür man das nichtssagende Wort „Instinkt" geprägt hat. Heute vermeiden Psychologie und Verhaltensbiologie weitgehend die Bezeichnung Instinkt und ersetzen den Begriff zum Beispiel durch angeborenes Verhalten.

Durch den Begattungsakt werden die Keimzellen einander in die Nähe gebracht, gleichgültig, ob dies außerhalb des Körpers (im Wasser, wie zum Beispiel bei den Fischen und Lurchen) geschieht, oder ob die männlichen Keimzellen in den Körper des weiblichen Individuums gelangen. Das weitere aber bis zur tatsächlichen Berührung und Vereinigung ist Sache der Keimzellen selbst. Und das ist etwas sehr Merkwürdiges, etwas viel Merkwürdigeres, als die heutigen Biologen zugestehen wollen, die sich über die damit verbundenen Vorgänge mit dem bequemen, aber nur das Äußerliche bezeichnenden Begriff der „Reizbarkeit" hinwegsetzen. Nämlich: Die Zweckhandlung, die zunächst in dem sich Aufsuchen der Individuen und dann in den Vorgängen der Begattung sich auswirkt, findet in dem sich Aufsuchen der nunmehr vom Individuum losgelösten Keimzellen ihre gleichsinnige Fortsetzung. Eine ganze Reihe von Unergründlichkeiten offenbart sich da.

Betrachten wir zunächst das Tatsächliche. Das Wesentliche, das hierbei für unsere augenblickliche Erwägung in Betracht kommt, ist der Umstand, dass die meist um sehr vieles größere weibliche Keimzelle (Ei) unbeweglich ist und das Herankommen der äußerst kleinen, aber lebhaft beweglichen männlichen (Spermatozoen) abwarten muss, während diese Letzteren die Eizellen aufzusuchen haben, wozu sie eben durch ihre Beweglichkeit befähigt sind. Das Spiel des sich Findens dieser beiden Arten von Keimzellen ist nun aber durchaus nicht etwa bloß dem Zufall anheimgestellt, wenn diesem auch durch die meist ungeheuere Zahl der Spermatozoen gegenüber den Eizellen in gewissem Maß Rechnung getragen ist. Dies Letztere hat aber auch wieder nur den Sinn eines zweckmäßigen, also vernunftgemäßen Ausgleiches der an sich ungünstigen Zufallswahrscheinlichkeit. Dabei ist es jedoch interessant und gibt zu denken, dass die angeblich bewusstlose, seelenlose und willenlose, keine Zwecke kennende Natur den an und für sich geringen Wahrscheinlichkeitsgrad einer bloß zufälligen Begegnung durch solche Überproduktion gerade der männlichen, beweglichen, sich nach allen Richtungen zerstreuenden Keimzellen auszugleichen weiß! Es bleibt dies aber trotzdem sozusagen nur eine ganz grobe Sicherungsmaßregel; so stümperhaft, dass die Erreichung des Vereinigungszweckes bloß durch eine solche Verbesserung der Zufallswahrscheinlichkeit gefördert wäre, arbeitet die Naturintelligenz nicht. Im Gegenteil: Wie wenig sie mit dem Wahrscheinlichkeitsgrade einer Zufalls-Begegnung rechnet, bezeugt sie in vielen Fällen gerade durch Bau und Beschaffenheit der weiblichen Organe, in denen häufig die Eizellen so geborgen sind, dass die Wahrscheinlichkeit einer Zufalls-Auffindung fast oder ganz gleich null wird. Nehmen wir hierfür ein sicherlich sehr lehrreiches Beispiel gerade aus der Pflanzenwelt, das uns zugleich den Beweis für die ganz tierähnliche Organisation der Pflanze liefern wird, — zunächst wenigstens, soweit es diese Fortpflanzungsvorgänge betrifft.

*

Dass die Moose eine ausgeprägte geschlechtliche Fortpflanzung haben, dürfte Naturunkundigen ziemlich unbekannt sein. Die Organe sind eben sehr klein, nur mikroskopischer Betrachtung zugänglich und außerdem bei den Laubmoosen in dem Blätterschopf des Stämmchengipfels wohlverborgen (Abb. A.2 u. B.3). Da stehen zweierlei Erzeugungsstätten geschlechtlich ge-

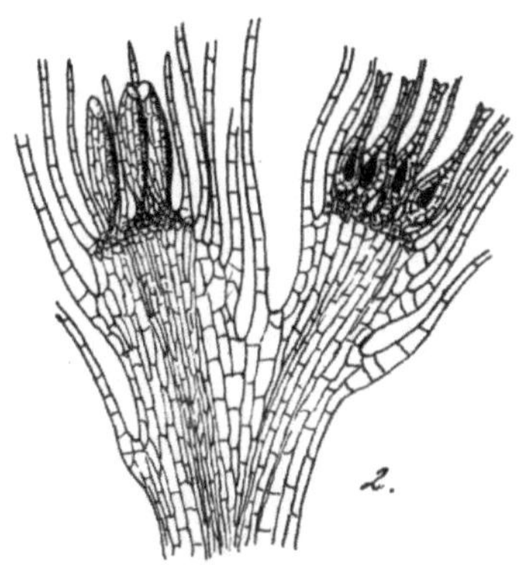

Abb. A: Längsschnitt durch die Gipfelregion eines Laubmooses mit Antheridien (links) und Archegonien (rechts). Vergrößert.

trennter Keimzellen. Die männlichen (Antheridien) sind längliche, keulenförmige Körperchen, von einer dünnen Wand umkleidet; das Innere dieses Körpers zerfällt zur Reifezeit in eine große Zahl männlicher Keimzellen, die bei Benetzung mit Wasser (Regen oder Tau) infolge Aufbrechens der Wand frei werden und sich jetzt munter in dem Wassertropfen herumtummeln. Dazu sind sie durch den Besitz sogenannter „Geißeln" befähigt, mittelst deren rascher Bewegung sie sich wie mit Rudern im Wasser fortbewegen. — An anderer Stelle stehen die weiblichen Organe (Archegonien), — winzig kleine, langhalsigen Flaschen nicht unähnliche Gebilde, in deren Innerem (im Raum des Flaschenbauches) die Eizelle (in jedem Archegonium nur eine einzige!) geborgen liegt als unbehäutete, verhältnismäßig große Protoplasmakugel, zugänglich nur durch einen engen Kanal im Inneren des Flaschenhalses, der zur Zeit der Befruchtungsreife eine freie Mündung nach außen hat. Da harrt nun die Eizelle des Ritters, der durch diesen engen Flaschenhals den Weg in ihr Miniaturschlösschen finden mag. Schlechte Aussichten, wenn hier nur der Zufall helfen kann! Man berechne die Wahrscheinlichkeit, dass von den im Wassertropfen richtungslos (also „auf gut Glück") hin und her schwimmenden Spermatozoen eines davon gerade durch Zufall eine solche Richtung der Bewegung habe, dass es nicht nur auf ein Archegonium treffe, sondern in seiner Bewegung so gerichtet sei, dass diese Richtung allein es in den Eingangskanal und bis zur Eizelle führe! Wie gesagt: schlechte Aussichten!

Wozu hat nun wohl ein solches Spermatozoon, das sich von der Sekunde seiner Geburt an wie ein selbstständiger Organismus benimmt, seine Ruderorgane, seine „Geißeln", mittelst deren es

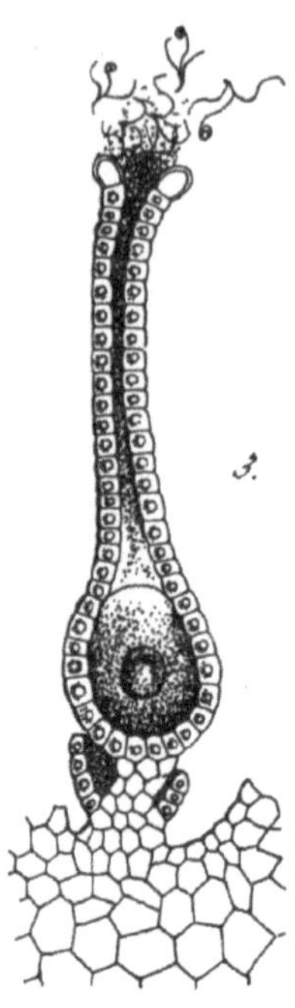

Abb. B: Längsdurchschnittenes Archegonium eines Lebermooses. Unten auf kurzem Stiel der Bauchteil des Archegoniums mit der darin liegenden großen nackten Eizelle. Oben einige Spermatozoen, welche der Mündung des Halskanals zusteuern. Stark vergrößert.

sich sehr schnell bewegen, seine Bewegungsrichtung ändern und auch eine bestimmte Richtung einhalten kann? — Wer hat nicht schon beobachtet, wie rasch und zuverlässig bei schönem Flugwetter Bienen und Wespen aus weiter Nachbarschaft sich um eine Honigschale sammeln, die man an das offene Fenster stellt? Wenn solche Gäste in der Umgebung überhaupt vorhanden sind, werden sie sich sicherlich an der Tafel einstellen, auch wenn vorher nichts von ihnen zu sehen war. Sie wittern den Süßstoff auf weite Strecken. Nun, — auch unsere Moos-Spermatozoen haben solche „Witterung", und die Lockspeise geht von den Archegonien aus.

*

Die Spermatozoen sind wie alle anderen, in flüssiger Umgebung frei beweglichen Mikroorganismen (Schwärmzellen) mit verschiedenen „Reizbarkeiten" ausgestattet, d. h., sie besitzen das Vermögen, bestimmte Umweltverhältnisse oder Änderungen solcher wahrzunehmen (wir haben kein anderes Wort dafür) und ihre Bewegungen danach einzurichten. Diese Umgebungsreize sind, wie die Wissenschaft sich ausdrückt, „repräsentativ", d. h., sie zeigen eine günstige oder ungünstige Lebenssituation an und werden in diesem Sinne (durch Annäherungs- oder Fluchtbewegung) vom Organismus benützt. Das bedeutet, dass es ein System im Organismus gibt, welches die aufgenommenen Reize bewertet und ihnen das Attribut „günstig" oder „ungünstig" zuordnet. Von solchen Reizen interessieren uns hier nur die chemischen, deren Wesen darin liegt, dass der betreffende Organismus einen Unterschied in der räumlichen Verteilung bestimmter Stoffe in seiner

28

näheren oder weiteren Umgebung wahrzunehmen und sich darauf einzurichten vermag.

Schwärmzellen z. B., die man in einem Wassertropfen unter dem Mikroskop hat, sammeln sich, wenn der wenige im Wasser enthaltene Sauerstoff, den sie zu ihrer Atmung benötigen, verbraucht ist, am Deckglasrand des Präparates, also am Rande des Wassertropfens an, — sie „spüren" den vom Rand in das Wasser langsam eindringenden Sauerstoff und haben auch eine Empfindung für die Richtung, aus welcher er herankommt. Durch diesen letzteren Umstand hat dieser Reiz für sie auch zugleich „repräsentativen" Charakter: Er zeigt ihnen die Gegend an, wo mehr Sauerstoff zu holen ist, und sie schwimmen nach dieser Richtung, soweit die Umstände es ihnen erlauben. Auch im Wassertropfen des Präparates gefangene Luftblasen können ein solcher Anziehungsherd sein, um den sich die sauerstoffhungrigen Schwärmer ansammeln.

Mit ähnlicher Reizbarkeit (d. h. Empfindungs-, Wahrnehmungs- und Reaktionsvermögen) sind auch unsere Moos-Spermatozoen ausgestattet. Hat man unter dem Mikroskop ein reifes Archegonium und sind in dem Wassertropfen Spermatozoen vorhanden, so sieht man diese, solange sie sich in größerer Entfernung von dem Archegonium befinden, sich geradlinig vorwärtsbewegen, solange sich dieser Bewegung keine Hindernisse und Störungen entgegenstellen. Kommen sie aber bei diesem Herumschwimmen in die Nähe des Archegoniums, so sieht man sie ihre Bewegungsrichtung ändern, auf die Mündung des Archegonhalses zusteuern, in diesen hineinschlüpfen und bis zum Ei vordringen. Sobald ein

Abb. C: Laubmoos mit Sporenkapsel (Sporogon). Die beiden Teile stellen zwei Generationen der Moospflanze dar; der untere, beblätterte Teil ist die Geschlechtspflanze; die Sporenkapsel samt Stiel ist die aus der befruchteten Eizelle hervorgegangene ungeschlechtliche Generation

Spermatozoon sich mit dem Ei vereinigt hat, umgibt sich dieses mit einer zarten Membran, wodurch dem weiteren Eindringen von Spermatozoen ein Riegel vorgeschoben wird. Allenfalls noch nachkommende Bewerber haben eben das Nachsehen. Aus der solchermaßen befruchteten Eizelle entwickelt sich sodann die „Mooskapsel" (Abb. C.1), in der sich die Sporen (ungeschlechtliche Fortpflanzungszellen) bilden, aus denen ihrerseits erst wieder eine neue Moospflanze hervorgeht (Generationswechsel).

Abb. D: Das Geschlechtspflänzchen (Prothallium) eines Farnes, das aus der keimenden Spore entsteht und an der Unterseite die (im Bilde nicht sichtbaren) Archegonien und Antheridien trägt. Die beiden jungen Blättchen gehören bereits der neuen (ungeschlechtlichen) Farnpflanze an, die aus der Eizelle eines befruchteten Archegoniums entstand und deren übrige Teile (Stammknospe und Keimwurzel) durch das Prothallium verdeckt sind. Mäßig vergrößert.

Bei den Farnen geht aus der keimenden Farnspore zunächst ein ganz andersartiges, unscheinbares Pflänzchen hervor (das sogenannte „Prothallium"), ein winziges, dünnes, grünes Schüppchen von vergänglicher Lebensdauer, nur so lange ausharrend, bis es die ganz moosähnlichen Archegonien und Antheridien gebildet hat, die Eizellen von Spermatozoen aufgefunden sind und dann aus der befruchteten Eizelle erst wieder die „eigentliche" Farnpflanze hervorzuwachsen beginnt (Abb. D.8). In beiden Fällen (Moose und Farne) liegt ein Generationswechsel vor: Moospflanze und Farn Prothallium sind die geschlechtliche, Mooskapsel und Farnpflanze die ungeschlechtliche Generation.

Bei dieser Auffindung des Archegoniums kommt dem Zufall nur so viel Anteil zu, dass eben irgendein Spermatozoon in eine gewisse Nähe eines Archegoniums gerät; die zielsichere Auffindung der Eizelle beruht aber auf der Wirkung eines Reizstoffes, der von dem Archegonium selbst ausgeschieden wird und sich allmählich in der Umgebung verbreitet.

Sowie ein Spermatozoon dieser Ausbreitungswelle (gleichsam „Duftwelle"), die natürlich mit einer zunehmenden Verdünnung des Reizstoffes verbunden ist, begegnet, folgt es diesem Reizstoff. Da es hierbei von dem Streben geleitet ist, der Richtung des zunehmenden Sättigungsgrades zu folgen, wird es mit fast absoluter Sicherheit zu dem den Reizstoff ausscheidenden Archegonium hingeleitet, — es ist wie, wenn ein Jagdhund auf warmer Fährte dahinstürmt.

Schon Ende des 19. Jahrhunderts war durch Pfeffer entdeckt worden, dass als Reizstoffe bei den Moos-Archegonien Rohrzucker, bei den Farnen aber Apfelsäure bzw. apfelsaure Salze wirken. Nun werden aber diese Stoffe in so verschwindend geringen Mengen (man denke nur allein an die Winzigkeit der Organe) ausgeschieden, dass sie nicht unmittelbar nachweisbar sind. Man konnte also hinter dies Geheimnis nur auf Umwegen kommen. Pfeffer hatte den Spermatozoen in sehr sinnreich ausgedachter Versuchsanstellung Fallen aufgerichtet, in welche sie hineingeraten sollten, wenn nach langem Probieren der richtige Reizstoff gefunden wäre. Er füllte winzig kleine Glaskapillaren (Haar-Röhrchen) von ungefähr ein zehntel Millimeter Durchmesser mit einer sehr verdünnten Lösung des Versuchsstoffes und führte diese haardünnen Röhrchen mit der offenen Mündung unter dem Deckglas in einen Wassertropfen mit frisch ausgeschlüpften Spermatozoen. Und siehe da: Als bei den Moos-Spermatozoen Zucker und bei denen der Farne Apfelsäure verwendet wurde, zeigte sich bald die erhoffte Wirkung des Reizstoffes, — die Spermatozoen gaben ihr planloses Herumschwimmen auf und steuerten auf die Mündung des Glasröhrchens los. Nach einer halben Minute waren schon sechzig Spermatozoen in das Röhrchen eingeschlüpft, nach fünf Minuten (während welcher Zeit sich die Reizstoffwelle weiter ausgebreitet hatte) stieg die Zahl der Gefangenen bereits auf sechshundert, und nach etwa vierundzwanzig Stunden waren bis auf ganz wenige alle im Wassertropfen vorhandenen Spermatozoen eingefangen. Es fand sich dabei, dass in den verschiedenen Fällen Lösungen des Reizstoffes von 0,5 bis 0,01 % wirksam waren, d. h. von fünf Gramm des Stoffes auf einen Liter Wasser bis zu einer Verdünnung von bloß einem Gramm auf zehn Liter! Und als „Reizschwelle", d. h. als eine Lösung von gerade für die Spermatozoen noch wahrnehmbarer Konzentration wurde in bestimmtem Fall eine Verdünnung von 1 Gramm auf hundert Liter Wasser gefunden! Respekt vor der „Nase" der Spermatozoen! Kein Wunder, dass sie auf eine verhältnismäßig große Strecke den Archegonien zugeführt werden und auf Zufallsgnade reichlich verzichten können. Wenn man übrigens die Kleinheit der Spermatozoen berücksichtigt, so ist die ganze Sache nicht mehr und nicht minder wunderbar als die Tatsache, dass z. B. Schmetterlingsmännchen den Geruch des Weibchens, der für keine menschliche Nase feststellbar ist, auf unglaubliche Strecken wahrnehmen und ihm folgen können.

*

Lehrreich und sehr wichtig für die gleichsinnige Beurteilung der Lebenserscheinungen auf allen Formenstufen ist die Feststellung, dass auch für die Spermatozoen die Gesetze der höheren Sinnesphysiologie, das Gesetz der „Reizschwelle" und der „Unterschieds-Empfindung", Gültigkeit haben. Der Reizstoff darf nicht unter einer bestimmten Verdünnung gegeben werden, um überhaupt als Reiz zur Wirkung zu kommen; wie gering die dazu nötige Menge sein kann, wurde eben hervorgehoben. Aber auch das zweite der genannten Gesetze ließ sich nachweisen: Gibt man nämlich die Spermatozoen in einen Wassertropfen, in welchem das Reizmittel schon von vornherein gleichmäßig verteilt ist, dann hört wieder jede bestimmte Richtungsbewegung auf und die Spermatozoen bewegen sich wie in reinem Wasser, — denn es ist ja der Unterschied in der Verteilung des Reizstoffes, der für sie Richtung bestimmend wird. In solchem Fall muss dann in dem Versuchsröhrchen eine Lösung von höherem Gehalt geboten werden, wenn die Spermatozoen neuerdings angelockt werden sollen. Dabei besteht ein bestimmtes Verhältnis zwischen der Stärke der Lösung, die bereits vorhanden ist, und jener, die als

Reizmittel neu hinzukommt: Die Letztere muss (innerhalb der Reizschwellengrenze) stets dreißigmal höher sein. Dieses Gesetz der Unterschiedsempfindung spielt bei der Sensualität eine große Rolle und gilt für die verschiedensten Reizursachen und Empfindungsarten. Bei unserer eigenen Wahrnehmungstätigkeit muss zum Beispiel, wenn wir die Gewichtszunahme einer Belastung (etwa bei auf die Hand gelegten Gewichten) gerade noch empfinden sollen, ein Anfangsgewicht von 1 Gramm um ein drittel Gramm, ein solches von 10 Gramm um zehn drittel Gramm erhöht werden usw. Die Gültigkeit dieses Gesetzes auch für die Pflanzenwelt (sie wurde noch für verschiedene andere pflanzliche Regulationstätigkeit bestätigt) ist von großer Bedeutung, denn sie bezeugt uns neben noch anderen übereinstimmenden Erscheinungen die Wesensgleichheit alles Lebendigen. Man wird nicht mehr sagen können, dass die Pflanze „weniger" ein Lebewesen ist, als das Tier, wenn sie denselben Gesetzen sinnlicher Wahrnehmung unterworfen ist und an Feinheit der Empfindungsfähigkeit sowie an zweckmäßiger und zielstrebiger Verwertung dieser Empfindungsfähigkeiten in nichts zurücksteht! Für diese Erkenntnis ist das Mitgeteilte entscheidend.

Hat man ein Recht, diese Spermatozoenbewegung als „psychische" Betätigung aufzufassen? Wenn die Psychologie die Seelenkunde ist und das Verhalten oder Erleben beschreibt, dann bedeutet psychische Betätigung ein „sich verhalten oder erleben". Ich wüsste deshalb nicht, wie man psychische Betätigung anders verstehen könnte! An bloße Mechanik zu denken, ist hier sogar vom rein chemisch-physikalischen Standpunkt aus unzulässig. Die Spermatozoen werden weder von dem Archegonium noch von dem Glasröhrchen in der Weise „angezogen", wie etwa Eisenfeilspäne vom Magneten; vielmehr bewegt sich ja das Spermatozoon aktiv, aus eigener Tätigkeit, nach der Richtung, aus welcher der Reiz kommt; es wird gar nicht „angezogen" im wörtlichen Sinne, sondern es sucht in regulierter Eigenbewegung den Ort auf, der die Erfüllung seines Daseinszweckes verheißt.

Wenn wir auch nicht an ein „Wissen" des Spermatozoons um diese Beziehung denken können, — trotz alledem ist, wie aus der

Natur der ganzen Erscheinung hervorgeht, der Reizstoff hier nicht bloß schlechthin „Ursache", sondern zugleich „Motiv" der ganzen regulierten Bewegungskette, er ist der Regulator, der zur Auslösung der vererbten Willensaktion führt. Freilich, — die Spermatozoen „müssen" in gewissem Sinne der Reizung folgen, weil hier eben ein Naturgesetz wirkt, aber sie müssen nicht im mechanischen Sinne (weil keine Mechanik der Welt sie dazu bringen könnte!), sondern sie müssen, weil sie „wollen", und dieses Wollen ist zugleich ein Bedürfnis, d. h. die „Neigung ein Ziel zu verfolgen", weil sie ja eben selbst in ihrer Ganze nur die Verkörperung ebendieses Wollens bzw. Bedürfnisses sind! Dass das Spermatozoon im Falle unseres Röhrchen-Experimentes eine „zwecklose" Bewegung ausführt, fällt, wie wohl selbstverständlich ist, nicht unter den Begriff der „Unzweckmäßigkeit", sondern unter den der „Täuschung". Es ist grundsätzlich nichts anderes, als wenn, sagen wir, ein kurzsichtiger Mann, dem Gesichtseindruck folgend, sich einer Frau zum Zweck einer „Anknüpfung" nähern wollte, um dann zu entdecken, — dass es eine Wachspuppe ist.

*

## Geheimnisvolle Zusammenhänge des Lebendigen

Kann nun aber der Sonderfall der Moos- und Farn-Spermatozoen gleich für die ganze Lebewelt verallgemeinert werden, nämlich im Sinne der Behauptung, dass überall die Spermatozoen die Eier durch reizgesteuerte Bewegungen aufsuchen? Sicherlich ist man dazu berechtigt, nicht nur weil diese Tatsache in verschiedenen anderen Fällen beobachtet ist, sondern weil überhaupt nur darin die Erklärung dafür gegeben ist, dass es bei der geschlechtlichen Fortpflanzung in genügendem Ausmaß zu einer Befruchtung der Eier und damit zum Fortbestand des betreffenden Organismentypus kommt. Dass es aber der Natur gerade darauf ankommt, und dass alle Liebe und Sorgfalt, die sie auf die Entwicklung und Erhaltung des Individuums verwendet, diesem eigentlich nur als dem Träger der Gattungs-Idee gespendet wird, — das wird weiterhin noch besonders nachdrücklich zu betonen sein.

*

Ich möchte nun noch ein Beispiel anführen, um es dem naturunkundigeren Leser zu erleichtern, an die Allgemeinheit dieser Reizbeziehung zwischen Eiern und Spermatozoen zu glauben. Bei den Moosen und Farnen ist die Eizelle in dem Archegonium so verborgen und geschützt, dass die Notwendigkeit eines „Wegweisers" für das Spermatozoon verständlich wird. Es gibt aber doch viele Eier — bei Pflanzen und Tieren —, welche ebenso wie die Spermatozoen unmittelbar in das Wasser entleert werden, mithin „offen zugänglich" sind. Hier wäre es eher denkbar, dass sich die Natur auf bloße Ausnützung der durch die große Anzahl der Spermatozoen erhöhten Zufalls-Wahrscheinlichkeit verließe. Es ist aber nicht der Fall, und zwar vor allem deshalb, weil hinter dem Ganzen noch eine viel größere Vernünftigkeit steckt, als bloß die gesicherte Aufsuchung des Eies.

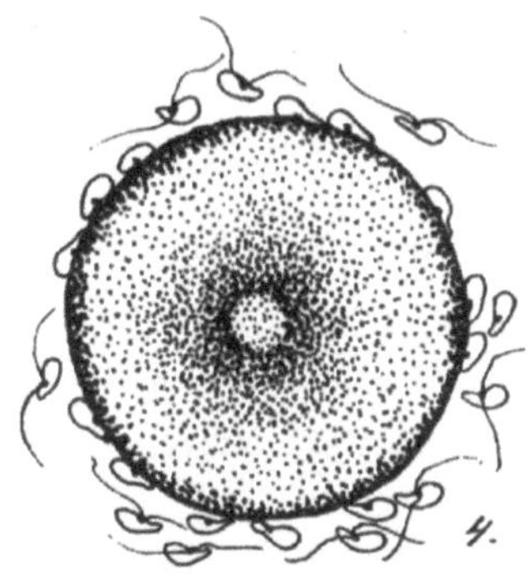

Abb. E: Eizelle eines Brauntanges (Fucus), umschwärmt von Spermatozoen. Stark vergrößert.

Die Fucus-Arten, die großen Brauntange der kälteren Ozeane, haben eine hoch entwickelte geschlechtliche Fortpflanzung. Sie bilden große Eier, die aber hier ebenso wie die zahlreichen kleinen Spermatozoen aus den Behältern, in denen sie entstehen, in das umgebende Wasser ausgestoßen werden. Hat man solche Eizellen und Spermatozoen gleichzeitig unter dem Mikroskop, so gewahrt man, dass nicht zufällig da und dort ein Spermatozoon mit einer Eizelle zusammentrifft, sondern, dass die Spermatozoen in Scharen auf die Eizellen losschwimmen, sich um sie herum ansammeln und sie umschwärmen (Abb. E.4 u. F.5). Dabei prallen sie mit solcher Wucht an das Ei, dass sie, bei genügend großer Anzahl, die für sie

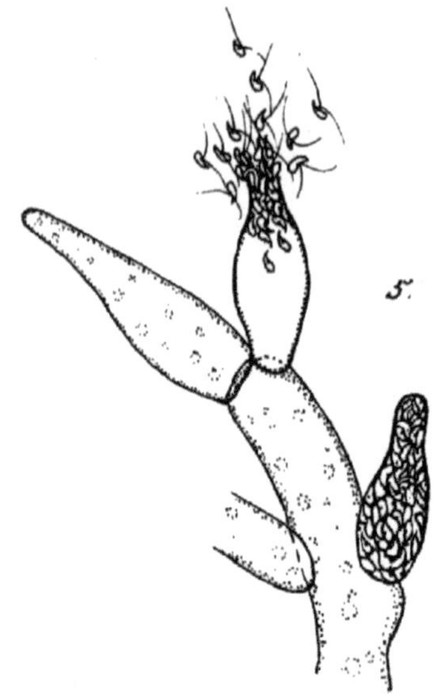

Abb. F: Fragment eines Antheridienbüschels desselben Brauntanges. An einem Endästchen zwei Antheridien stehend, das untere mit reifen Spermatozoen, aber noch geschlossen, das obere an der Spitze geöffnet und die Spermatozoen entlassend. Stark vergrößert.

ja gewaltig große und schwere Kugel in passive Bewegung versetzen. Dieses Spiel dauert so lange, bis ein Spermatozoon ins Ei eindringt; dann erfolgt wieder Torschluss durch Umkleidung der Eizelle mit einer Membran, und das Liebesspiel hat ein Ende. Nun aber das Wichtige, das „Größere", das da noch dahintersteckt. Bringt man zu den Fucus-Spermatozoen noch Eier anderer Organismen pflanzlicher oder tierischer Art, so kümmern sie sich nicht um diese! Sie wittern nur die Eier ihrer eigenen Art oder ganz nahestehender Lebewesen. Gerade dies ist aber ein mittelbarer Beweis, dass alle Eier solche Reizstoffe ausströmen, und zwar jede Art ihr eigentümliche, besondere. Auf diese besonderen Reizstoffe sind dann die Spermatozoen durch vererbte Verhaltensweisen „angepasst", — jedes Ei hat seinen „Art-Geruch", dem die Spermatozoen nachgehen.

Was dies in seinen Folgen bedeutet, liegt auf der Hand: Aus den verschiedensten Einrichtungen der Organismen sehen wir, dass die Natur es auf möglichste Erhaltung der „reinen Linien", auf Erhaltung des Art-Typus abgesehen hat, — die zähe Vererbung der Artmerkmale ist ja der beste Beweis dafür. Der sicherste Riegel aber, den die Naturintelligenz gegen eine beliebige Vermischung der Lebenstypen erfinden konnte, war diese Schaffung arteigener Reizstoffe! Es kommen ja auch noch andere Sicherungsmaßnahmen dazu: Bei der großen Verschiedenheit der Spermatozoen an Gestalt und Bewegungsart, sowie der Eier hinsichtlich leichterer oder schwererer Durchdringlichkeit, ist sicherlich von vornherein nicht jedes beliebige

Spermatozoon fähig, in jedes beliebige Ei einzudringen. Anderseits herrscht doch innerhalb größerer Organismengruppen hierin wieder mehr Übereinstimmung, ohne dass unbeschränkte Kreuzungsfähigkeit vorhanden wäre.

Wo zwischen nahe verwandten Arten oder gar nur Rassen Bastardierungsmöglichkeit gegeben ist, sind mit großer Wahrscheinlichkeit gleichartige Reizstoffe anzunehmen. Wenn zwischen entfernten Arten oder Gattungen auch bei tatsächlicher (natürlicher oder künstlicher) Zuführung der Spermatozoen der Befruchtungserfolg ausbleibt, so dürfte dafür mit großer Wahrscheinlichkeit das Fehlen der die Spermatozoen zum Ei führenden Reizstoffe maßgebend sein. Es ist eine ziemlich naheliegende Annahme, dass in solchen Fällen vielleicht die Spermatozoen durch die ihnen fremden Reizstoffe geradezu abgestoßen und von der Annäherung zurückgehalten werden, nachdem wir doch so viele Fälle chemischer Reizbarkeit mit dem Ergebnisse einer Fluchtbewegung vor dem betreffenden Stoffe kennen! (Allerdings wissen wir auch, dass artfremde Plasmastoffe bei Vermischung sich gegenseitig zerstören können.) Bei jenen Organismen (den echten Trockenluft-Tieren), welche die Samenzellen durch einen Begattungsakt in den weiblichen Organismus einführen, wird eine Kreuzung zwischen stark abweichenden Typen oft schon dadurch unmöglich, dass die Begattungsorgane nicht zusammenstimmen, außerdem dadurch, dass solche weit entfernte Organismen gar nicht den „Zug" zueinander verspüren und in dieser Beziehung aus Instinktgründen nichts miteinander zu schaffen haben. Dass aber auch bei nahe verwandten, sich tatsächlich begattenden Tieren solche „innere" Hindernisse der Bastardierung bestehen, beweist neben der häufigen Ergebnislosigkeit auch der besondere, von A. Lang erwähnte Fall, dass bei Paarung einer Gartenschnecke mit einer Hainschnecke, die schon von früher her Samen der eigenen Art in ihrer Samentasche enthielt, die Eier ausschließlich von dem Samen, der eigenen nicht von dem jüngeren Samen der fremden Art, befruchtet wurden, jene haben also mindestens den Vorzug. Hingegen bilden bei den unzähligen Geschlechtsprodukten, welche von so vielen Wasser-

tieren und Wasserpflanzen in das umgebende Wasser aus-
geschüttet werden, die arteigenen Reizstoffe sicher das zuver-
lässigste Mittel, die von der Natur nicht gewollte Vermischung
der Typen von Anfang an zu verhindern.

*

So blicken wir schon hier in einen sehr tiefen Zusammenhang
hinein, in eine Intelligenztätigkeit der Natur, die an über-
wältigender Wucht ihresgleichen sucht. Diese ganze millionenfach variierte Kette von körperlichen Einrichtungen für das sich
Aufsuchen und sich Finden der Individuen, für die Ermöglichung
oder Verhinderung der Paarung und dann für das entscheidende
Liebesspiel der Geschlechtszellen bei Tieren und Pflanzen, bei
Hoch und Niedrig, mit zahllosen verschiedenen Einzelzügen und
doch ausnahmslos auf das einheitliche Gesetz der lebenden Natur
von der Bewahrung der Lebenstypen auf lange Zeiträume zu-
gespitzt, ist so aufdringlich und unverkennbar, dass nur der
stumpfste Geist darüber hinwegblicken kann. Dies alles soll uns
nun nicht als das Erzeugnis einer zwar an sich unbegreiflichen,
aber eben in ihrer Wirksamkeit unableugbaren, zielsicher
leitenden Natur Wesenheit, einer schöpferischen, gestaltenden
Kraft erscheinen, für die wir keine anderen sinngemäßen Worte
als das eines Naturstrebens oder eines Natur-Willens haben
können, — dies alles soll bloßes Zufallswürfelspiel sein? Das mag
glauben, wer dazu Lust hat! Vielmehr wird es so sein, dass
dahinter eine höhere Naturgesetzlichkeit steckt, etwa ein Welt-
selektionsprozess, wie er in K.-D. Sedlacek, „Phänomen Naturgesetze"[5] ab S. 164 beschrieben wurde.

*

Wir dürfen aber dieses Gebiet der Zeugungsvorgänge noch
nicht verlassen, so wenig es auch (anscheinend!) unmittelbar mit
der „Ich"-Frage zu tun hat.

Soweit das besprochene Liebesspiel der Eizellen und
Spermatozoen für die Pflanzenwelt Geltung hat, beschränkt es

---

5   Sedlacek, Klaus-Dieter: *Phänomen Naturgesetze: Das Geheimnis hinter den Erscheinungen der Welt;* Norderstedt (2016).

sich auf jene pflanzlichen Lebensformen, die das ältere Einteilungsschema unter den Begriff „Kryptogamen" zusammenfasste (Algen, Pilze, Moose, Farne, Schachtelhalme, Bärlapp-Gewächse). Dann folgt der jähe Sprung zu den Blütenpflanzen (heute allerdings für den Fachmann teilweise durch geologische Funde besser überbrückt). Hier hat das Liebesspiel der Keimzellen in dem geschilderten Sinne ein Ende gefunden. Sie „können zusammen nicht kommen", nicht weil das Wasser „zu breit und tief" ist, sondern weil es — fehlt! Die Spermatozoen sind „Schwimmorganismen", sie haben nur dort Betätigungsmöglichkeit, also „Sinn und Zweck", wo Wasser vorhanden ist. Davon gibt es keine Ausnahme. Die ursprünglichen Wassergewächse (die Algen) haben Spermatozoen; die niederen und höheren Wassertiere haben sie, und bei den Trockenluft-Tieren, welche die Keimzellen durch einen Paarungsakt zusammenbringen, bietet die innere Körperfeuchtigkeit das Mittel für die Bewegungsfähigkeit der Spermatozoen.

Wie das Tierleben, so ist auch das Pflanzenleben im Wasser entstanden. Erst in verhältnismäßig später Zeit kann sich die Pflanzenwelt auch die feste Erdoberfläche erobert haben, unter gleichzeitig weitgehender Änderung ihrer Organisation. Die Blütenpflanzen sind insgesamt Trockenluft-Organismen, auch jene höheren „Wasserpflanzen", die sich nachträglich wieder dem Wasserleben angepasst haben, denn auch sie kommen mindestens mit ihren Blüten stets an die Luft. Ihr Fortpflanzungsleben ist endgültig dem Zauberkreis des Wassers entzogen. — Ja, sind denn nicht Moose, Farne usw. auch solche Land- bezw. Luftorganismen? Ja und nein. Sie sind dies (wenigstens der überwiegenden Menge nach) in Beziehung auf ihre Wachstums- und Ernährungsbedingungen und in Beziehung auf alles, was damit zusammenhängt; sie sind es auch in Hinsicht auf ihre Sporenbildung (ungeschlechtliche Vermehrungsweise); sie sind es aber nicht in Beziehung auf ihr Geschlechtsleben. In der Beziehung sind sie noch ganz und gar Wasser-Organismen, stehen sie noch ganz und gar unter dem Diktat des flüssigen „Milieus".

Was braucht ein Spermatozoon, um „das Ziel seiner Sehnsucht" zu erreichen? Ein Tröpfchen Wasser, gerade groß genug, um den kleinen Raum, der die Archegonien von den Antheridien trennt, in einen mikroskopischen Teich zu verwandeln, darin es seine Schwimmkünste entfalten kann: Ein Tropfen Regen oder Tau, auf den Gipfel eines Moosstämmchens fallend oder in den schmalen Raum zwischen dem Farnprothallium (an dessen Unterseite die Geschlechtsorgane stehen!) und dem Erdboden dringend, genügt für diesen Zweck. Anders bei den Blütenpflanzen.

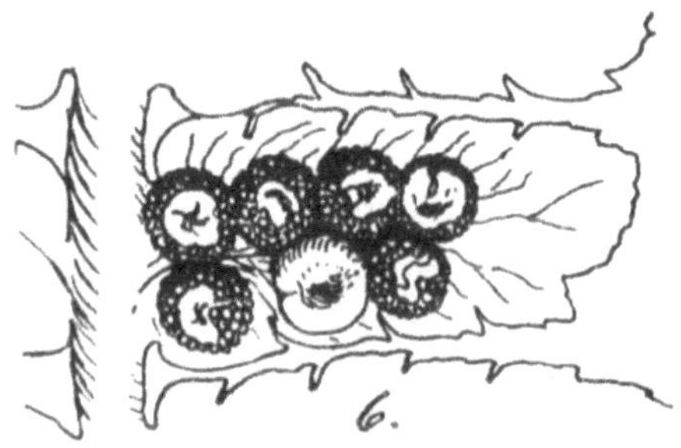

Abb. G: Einzelne Blattfieder eines Farnes, von der Unterseite gesehen, mit den zu Häufchen gruppierten Sporangien. Mäßig vergrößert.

Von den Moosen aufwärts geht ein einheitlicher Zug durch die Entwicklung der Pflanzenwelt: immer mehr und mehr „emanzipiert" sich die Pflanze von der Sklaverei des Wassers oder des wasserdurchtränkten Erdbodens, immer stolzer strebt sie in die Regionen der freien Luft empor, nur noch mit den Wurzeln dort haftend, woher sie gekommen. Auch ihre Fortpflanzung hat sie schon teilweise der Luft anvertraut: Die Farnpflanze streckt ihre Sporen bildenden Blätter der Sonne entgegen, die blütenähnliche Sporenähre des Schachtelhalms oder des Bärlapps krönt dessen oberste Spitze. Dies tun aber auch schon niedrige pflanzliche Organismen: Die Pilze, soweit sie nicht Wasserpilze sind, bilden ihre Sporen auch an der Luft, an zarten Sporenträgern oder an massiven Fruchtkörpern, die über den Nährboden herauskommen, damit die Sporen, als Träger der Gattungsidee, vom Winde verweht werden, die Erhaltung und Verbreitung der typischen Lebensform sichernd. Auch bei den Farnen und ihren Klassenverwandten erstrebt die Naturintelligenz dieses gleiche Ziel mit der Luft-Anpassung der Sporen (Abb. G.6 u. H.7).

40

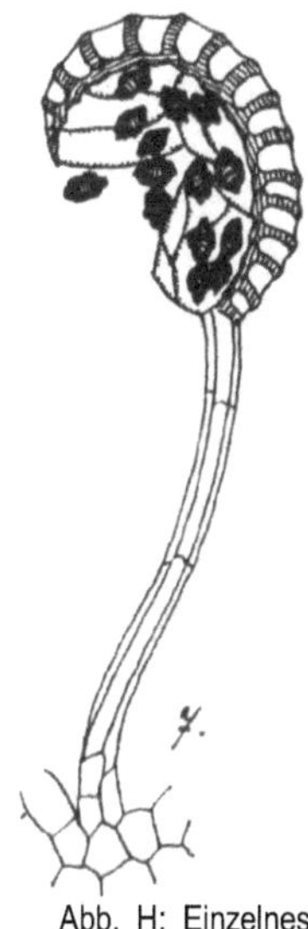

Abb. H: Einzelnes Sporangium, stark vergrößert, aufspringend und die Sporen ausstreuend.

Dann aber sinkt die stolze Herrlichkeit zusammen: Die Spore keimt im Boden, aber sie wächst nicht zum schönen Farnkraut oder prächtigen Farnbaum heran, sondern bildet nur das schon genannte Prothallium. Nur eine Aufgabe ist diesem unscheinbaren und hinfälligen Gebilde zugewiesen, — die Sicherung der geschlechtlichen Fortpflanzung. Während dieses Zwischenstadiums, dieser Geschlechtsgeneration, sinkt der Farn, die königliche Luftpflanze, wieder zum Wassergewächs herab, gleitet zurück in eine Sphäre, der er anscheinend schon entwachsen war. Mehr und mehr steigert sich dieser Gegensatz. Schon bei den Schachtelhalmen sinkt das Prothallium auf eine noch viel geringere Größe herab, bei einer Abteilung der Bärlappgewächse geht die Rückbildung aber schon so weit, dass die Spore bei ihrer Keimung nur einige wenige „Zellteilungen" erfährt und, eigentlich schon unmittelbar, als die Erzeugerin der Spermatozoen erscheint. Die Wissenschaft bezeichnet dies als zunehmende „Reduktion der Geschlechtsgeneration". Diese weitgehende, schon ein beginnendes Verschwinden der geschlechtlichen Zwischengeneration einleitende Rückbildung ist aber noch mit einer zweiten sehr merkwürdigen Änderung verbunden: Diese Gewächse bilden zweierlei Sporen (Groß- und Kleinsporen), von denen die größeren nur weibliche, die kleineren nur männliche, Prothallien erzeugen, — immer in Verbindung mit dieser außerordentlichen Verkümmerung. An zwei Stellen innerhalb der heute noch lebenden „Gefäßkryptogamen" begegnen wir dieser Erscheinung: Das eine Mal innerhalb der Klasse der Farne, das andere Mal innerhalb der Bärlappgewächse. Versteinerte Dokumente beweisen uns aber, dass auch die baumartigen Schachtelhalme grauer Vorzeit („Steinkohlenperiode") solche doppelsporige Gewächse waren. Mehrmals hat also in jener Entwicklungsperiode der Lebenstrieb mit dieser neuen Technik der Fortpflanzung angesetzt; aus welchen Gründen, in Verfolgung welches Naturzweckes, vermögen wir nicht zu sagen. Tatsache ist nur, dass dies das Erbe war, das auf die gesamte Welt der Blütenpflanzen überging, die es weiterbildeten und zum Ausgangspunkt für eine allmählich eintretende tief greifende Organisationsveränderung nahmen. Denn zur Bildung von echten Spermatozoen und bei den erwähnten doppelsporigen Gefäßkryptogamen braucht es immer noch das flüssige Wasser, um die Eizellen in den Archegonien aufsuchen zu können, — immer noch „Wasserdienst". Erst die Blütenpflanze verwirklicht die Vollendung dieser „Emanzipation". Es war dies aber eine gewaltige Umwälzung, denn sie bedeutete nichts Geringeres als das Ende der Spermatozoen-Einrichtung im Pflanzenreich. Mit diesem Verzicht zugunsten der völligen Lösung vom Wasserleben öffnete sich aber der schöpferischen Gestaltungskraft, der technischen Erfindungskraft der Naturintelligenz, ein fast unbegrenztes neues Gebiet.

*

Jeder Naturkundige weiß, dass bei den Blütenpflanzen das Staubgefäß das „männliche", der Fruchtknoten (der „Stempel") das „weibliche" Organ ist. Diese Bezeichnung ist jedoch nur in einem etwas übertragenen Sinne richtig. Der Nichtfachmann dürfte vielfach die in den Staubgefäßen (Abb. I.10 bis K.12) entstehenden Pollenkörner (Blütenstaub) für die männlichen Fortpflanzungszellen halten, von denen er weiß, dass sie auf die „Narbe" des Stempels gelangen müssen, um dort die Befruchtung zu vollziehen. Das sind sie nun aber nicht. Sie sind ihrer Natur nach Sporen, das heißt Fortpflanzungszellen, welche ohne Befruchtung durch eine andere Keimzelle sich fortentwickeln. Sie sind mithin dasselbe, was die Moos- oder Farnsporen sind. Nur dass sie zugleich Kleinsporen sind — weil wir, wie vorhin gesagt wurde, hier überall das Erbe der Zweisporigkeit erhalten finden —, es sind also solche, die bei ihrer weiteren Entwicklung nur männliche Keimkörper erzeugen.

Die Eizelle steckt bei der Blütenpflanze tief verborgen im Fruchtknoten. Dieser selbst ist ein vollständig abgeschlossenes

42

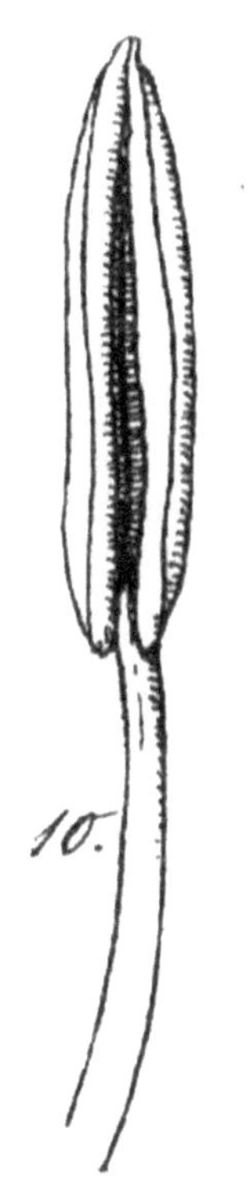

Abb. I: Einzelnes Staubgefäß einer Liliazee. Unten der (hier ziemlich derbe) Staubfaden (Filament), oben der Staubbeutel (Anthere) noch geschlossen.

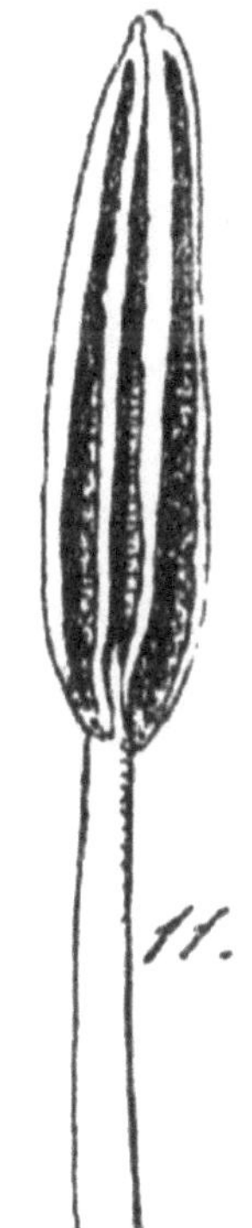

Abb. J: Ein gleiches Staubgefäß, aber durch den in jeder Antherenhälfte entstehenden Längsriss geöffnet. Beide Abbildungen mäßig vergrößert.

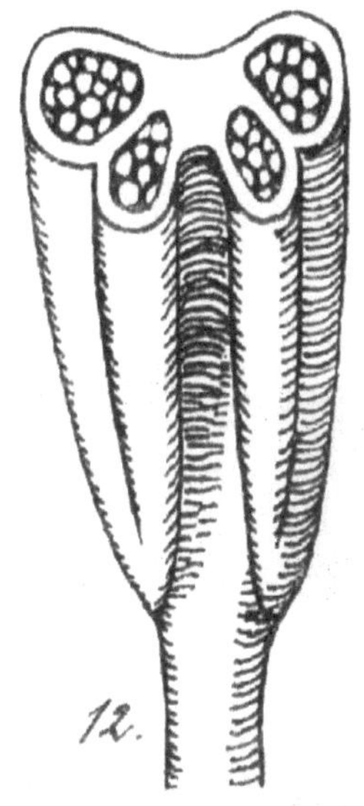

Abb. K: Ein gleiches Staubgefäß, etwas stärker vergrößert und in der Mitte durchschnitten, die vier Pollensäcke (Klein-Sporangien) mit den nahezu reifen Pollenkörnern (Kleinsporer) zeigend.

Gehäuse, entstehend durch die Verwachsung der die „Samenanlagen" bildenden Blattteile der Blüte (Fruchtblätter). Die an jedem Durchschnitt durch einen Fruchtknoten (Abb. M.13) sichtbar werdenden kleinen weißen Samenanlagen (aus denen dann später der Same wird) enthalten innerhalb verschiedener Hüllen eine große Zelle vom Charakter einer Großspore. Aus ihr geht, wie eben aus jeder Großspore, der weibliche Apparat hervor. Die oben schon angedeutete zunehmende Rückbildung dieses Apparates ist hier aber schon beinahe an der äußersten Grenze

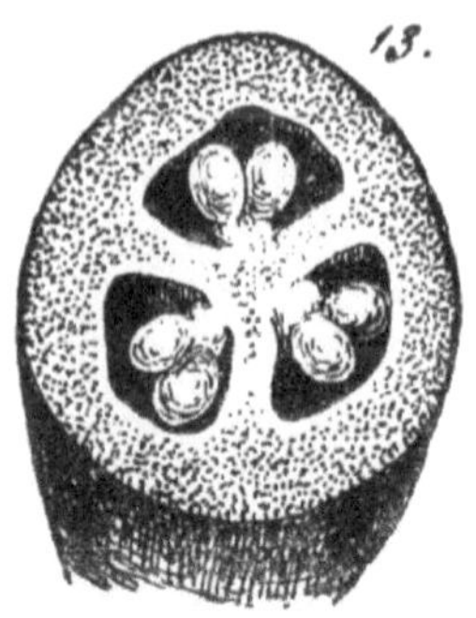

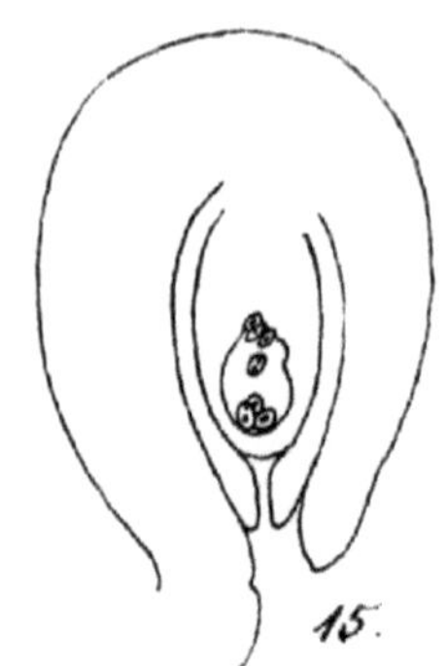

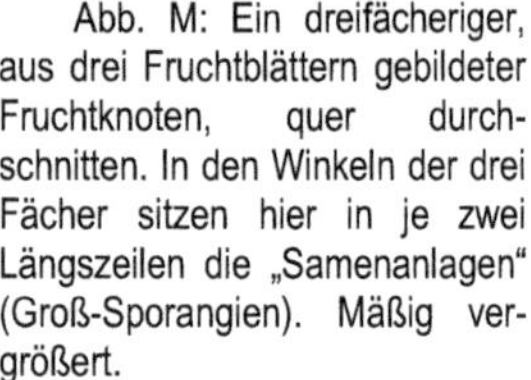

Abb. M: Ein dreifächeriger, aus drei Fruchtblättern gebildeter Fruchtknoten, quer durchschnitten. In den Winkeln der drei Fächer sitzen hier in je zwei Längszeilen die „Samenanlagen" (Groß-Sporangien). Mäßig vergrößert.

Abb. L: Schematische Längsschnittsansicht einer sogenannten „umgewendeten" (anatropen) Samenanlage. Einzelne Teile wie in voriger Abbildung.

angelangt. Die genannte Großspore (der „Embryosack", wie sie genannt wird, weil in ihr später der Embryo der neuen Pflanze sich zu entwickeln beginnt) zereilt ihren Plasmakörper in acht nackte, das heißt von keiner Membran umkleidete „Zellen", die sich innerhalb des Embryosackes in bestimmter Weise gruppieren und unter denen eine von den drei am vorderen Ende gelegenen Zellen die Eizelle ist. Das sind die Verhältnisse in der fertigen Samenanlage (Abb. L.15 u. N.16).

Also: die Eizelle ist eingeschlossen im Embryosack, dieser ist umgeben von den Hüllen der Samenanlage, welche nur einen ganz schmalen Zugangskanal freilassen, und die Samenanlagen selbst sind wieder in dem vollständig geschlossenen Fruchtknoten geborgen. Die Eizelle ist mithin der Außenwelt ganz und gar entrückt. Dies schafft aber eine schwierige Situation: Die im Blütenstaubkorn zunächst noch gar nicht geborenen männlichen Keimkörper und die gänzlich abgeschlossene Eizelle müssen doch „Zusammenkommen"!

Es ist ohne Weiteres einleuchtend, dass die aus dem Staubbeutel kommende Kleinspore (das Pollenkorn) hier nicht Spermatozoen bilden kann, denn diese würden ja an der Luft geboren und müssten also gleich durch Vertrocknung zugrunde gehen. Und selbst wenn sie das aushielten, so hätten sie kein Wasser für ihre Bewegung; sie wären ja von dem Fruchtknoten, dem Behälter der Eizellen, durch einen Luftraum getrennt, den sie nicht zu überwinden vermöchten. Da musste die Natur zu einem ganz anderen Kunstgriff schreiten. Sie schuf die mannigfach

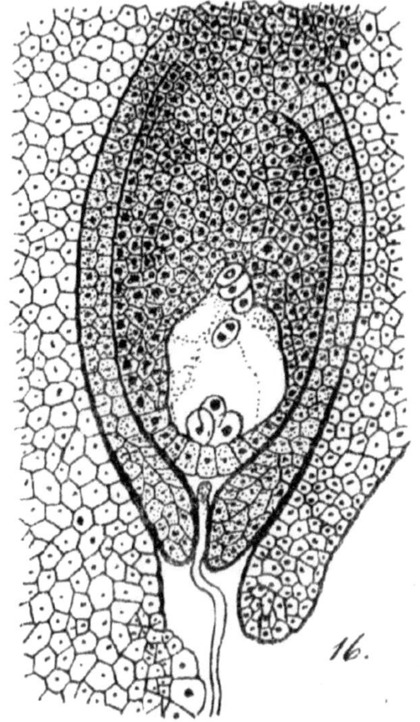

Abb. N: Der innere Teil (Knospenkern und Integumente) dieser gleichen Samenanlage stärker vergrößert und mit schematisierter Einzeichnung der zeitigen Struktur der einzelnen Teile. Durch den, besonders zwischen dem inneren Integumente sehr schmalen Zugangskanal (Mikropyle) ist ein Pollenschlauch bis an den Knospenkern (Groß-Sporangium) vorgedrungen. Im Innern des Sporangiums der große Embryosack mit den sieben Zellen des aus seinem Plasma entstandenen weiblichen Prothalliums: der Mikropyle zugewendet der „Eiapparat", in welchem die etwas vorragende mittlere Zelle die Eizelle ist; am anderen Ende die drei „Antipoden"-Zellen; in der Mitte der „sekundäre Embryosack-Kern", der noch die Entstehung durch Vereinigung der beiden „Polkerne" erkennen lässt.

variierte Einrichtung, dass das Pollenkorn selbst, schon bevor es die männlichen Befruchtungskörper erzeugt, in die Nähe der Eizelle, nämlich auf die „Narbe" des Fruchtknotens gelangt. Das Pollenkorn, welches als membranumschlossenes geschütztes Gebilde keiner Eigenbewegung fähig ist, kann diese Annäherung nicht aus eigener aktiver Kraft vollziehen, es kann nur passiv an sein Ziel befördert werden. Da mussten also andere Kräfte in den Dienst der Sache gestellt werden. Wie bekannt, geschieht, soweit nicht Fälle vorliegen, wo der Pollenstaub von selbst innerhalb der Blüte auf die Narbe fällt, diese Beförderung entweder durch den Wind oder (in den meisten Fällen) durch Insekten (zuweilen auch durch andere Tiere), welche entweder den Pollen selbst oder die von den Blüten ausgeschiedenen Zuckersäfte als Nahrung aufsuchen.

Dieser „Bestäubungs-Vorgang" ist nun noch lange nicht der „Befruchtungs"-Akt. Denn noch sind Ei und männlicher Befruchtungskörper weit getrennt, — die Eizelle tief im Inneren, die Kleinspore außen auf der Narbenfläche. Außerdem ist es eben immer noch die Kleinspore, die da draußen sitzt, und sind noch gar keine männlichen Be-

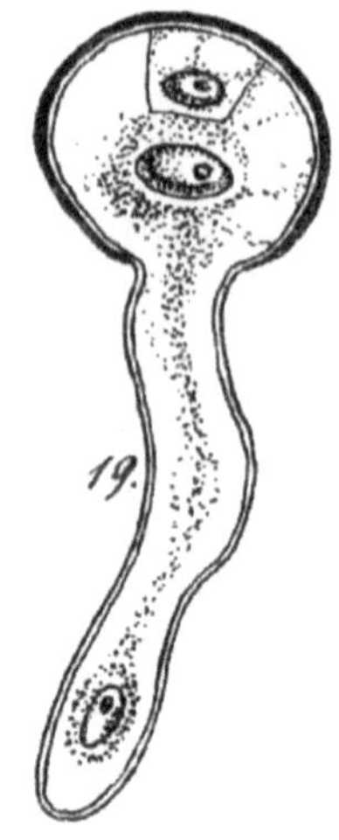

Abb. O: Ein gleiches Pollenkorn im Stadium der Schlauchbildung. Die starke äußere Membran des Pollenkorns wird durch das beginnende Wachstum des Protoplasmas gesprengt; an dem Wachstum des Schlauches beteiligt sich nur die zarte Innenlamelle der Sporenmembran. Die Prothalliumzellen sind teilweise wieder aufgelöst; der „vegetative" Kern des Pollenschlauches wandert in dessen Spitze, der „generative", welcher später durch Teilung die beiden Befruchtungskörper liefert, ist hier noch nicht in den Pollenschlauch eingewandert. Stark vergrößert.

fruchtungskörper vorhanden, welche die Befruchtung vollziehen könnten.

Dieser Bestäubungsvorgang ist bei der Blütenpflanze das, was bei den Trockenluft-Tieren die Paarung ist, die Schaffung einer Situation, welche die Möglichkeit für das sich Finden der Keimkörper bietet! Nur dass hier diese Situationsschaffung nicht durch aktive Tätigkeit der Pflanze erzielt wird, sondern, was nicht weniger wunderbar und sinngemäß ist, durch In-Dienst-Stellung fremder bewegender Kräfte, sowie dadurch, dass nicht die männlichen Befruchtungskörper selbst in die Nähe der Eizelle gebracht werden, sondern nur eine Vorstufe ihrer Entwicklung darstellen. Wiederum ist einleuchtend: Auch hier können keine Spermatozoen erzeugt werden, — bei der oberflächlichen Lage des Pollenkorns wären sie ebenfalls dem Zugrundegehen an der trockenen Luft geweiht; außerdem könnten sie eben nur in einem Tropfen Flüssigkeit schwimmen, nicht aber den oft sehr weiten Weg von einer lang gestielten Narbe bis zu den Samenanlagen durch das feste Zellgewebe sich suchen. Mit dem Prinzip der Spermatozoen ist es hier ein für allemal zu Ende; eine neue „Idee" musste verwirklicht werden.

*

Es ist die Idee des „Pollenschlauches". Die tatenlose Phase der bloß passiv bewerkstelligten Annäherung ist vorüber; das Pollenkorn, die Kleinspore, betätigt sich von jetzt ab als lebendiger Körper, sie tritt in das Stadium eigenen Handelns.

46

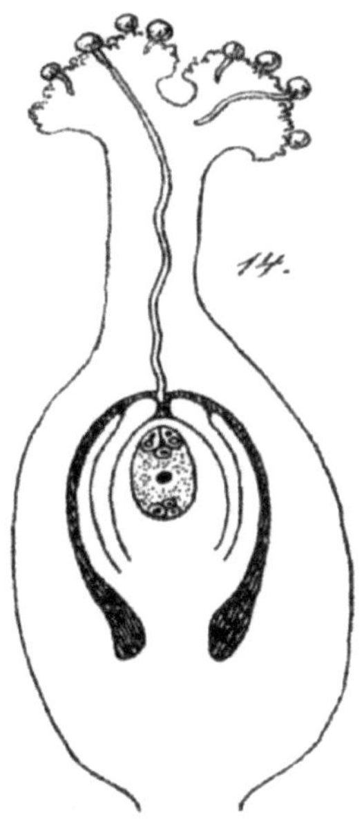

Abb. P: Schematischer Längsschnitt durch einen Fruchtknoten mit Griffel und Narbenkopf. Der (einfächerigel Fruchtknoten umschließt in diesem Falle eine einzige aufrechtstehende gerade Samenanlage. Der Hohlraum zwischen dieser und der Fruchtknotenwand ist schwarz gehalten. An der Samenanlage unterscheidet man die hier in Zweizahl vorhandenen Hüllen (Integumente) und, von diesen eingeschlossen, den sogenannten „Knospenkern", das heißt das eigentliche Groß-Sporangium mit der (hier allein eingezeichneten) Großspore, dem „Embryosack", der bereits die sieben, aus dem ursprünglichen Kerne durch Teilung hervorgegangenen Kerne (resp. „Zellen") entwickelt hat, die hier das äußerst reduzierte weibliche Prothallium repräsentieren. Außen an der Narbe liegen Pollenkörner in verschiedenen Stadien der Pollenschlauch-Bildung. Einer dieser Schläuche ist bereits durch das Griffelgewebe bis zur Samenanlage vorgedrungen.

Jedoch in sehr eigentümlicher Weise. Das Pollenkorn „keimt" auf der Narbe, das heißt, sein Protoplasmakörper beginnt zu wachsen, sprengt die schützende derbe äußere Membran und wächst zu einem langen, mit ganz dünner und zarter Membran umschlossenen Schlauch aus (Abb. O.19). Dieser Pollenschlauch, welcher seiner inneren Bedeutung nach das aufs äußerste zurückgebildete männliche „Prothallium" ist, das aus der Kleinspore hervorgeht, wendet sich sofort dem Narbengewebe zu, dringt in dieses ein und wächst jetzt mit aktiver Kraft durch dieses Gewebe, dann durch das des Griffels und allenfalls auch noch durch die Wandung des Fruchtknotens bis zu einer Samenanlage hin (Abb. P.14). Die Verschiedenheiten dieses Weges brauchen wir hier nicht weiter zu berücksichtigen. Bei der Samenanlage angelangt, dringt der Pollenschlauch durch den Kanal der Samenanlagen-Hüllen bis zur Eizelle hinab (Abb. N.16). Jetzt ist der Moment der Befruchtung schon in nächste Nähe gerückt.

Inzwischen sind aber im Pollenschlauch ebenfalls wichtige Veränderungen vor sich gegangen. Von den zwei in der keimungsreifen, aber noch ruhenden Kleinspore vorhandenen Zellkernen hat sich der eine nochmals geteilt und dadurch die beiden Befruchtungskörper

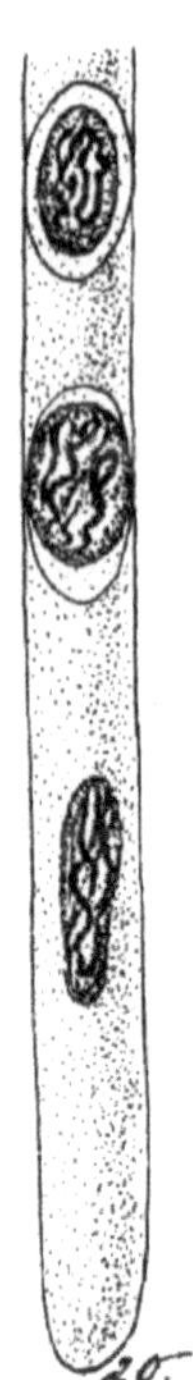

Abb. Q: Äußerstes Ende eines nahe an die Samenanlage gelangten Pollenschlauches einer „bedecktsamigen" (angiospermen) Pflanze. Vorne der „vegetative" Kern (der eigentliche Pollenschlauchkern); dahinter die beiden, aus dem „generativen" Kern entstandenen Befruchtungskerne. Beim Eintritte des Pollenschlauches in den Embryosack öffnet sich die Spitze des Schlauches und entlässt die beiden Befruchtungskörper; der vegetative Kern wird vorher aufgelöst. Stark vergrößert.

gebildet (Abb. Q.20). Der bei der Samenanlage angelangte Pollenschlauch öffnet sich jetzt an der Spitze und entlässt die mit schwacher Eigenbewegung (kriechend, ohne Bewegungsorgane) begabten Befruchtungskörper, von denen sich der eine der Eizelle zuwendet und sich mit ihr vereinigt. Dies ist der Abschluss der langen zielsicheren Kette von Vorgängen und zugleich eben jene neue Erfindung der Natur, mittelst welcher sie die Unabhängigkeit der Befruchtung von der Vermittlung flüssigen Wassers gesichert und auf der höchsten Stufe der Pflanzen-Entwicklung die Festhaltung des von den Vorfahren übernommenen Erbes überhaupt möglich gemacht hat.

*

Der Vollständigkeit wegen und um dem Leser die Vorstellung der zusammenhängenden Entwicklungslinie zu erleichtern, will ich noch die Aufmerksamkeit kurz auf eine besondere Gruppe der Blütenpflanzen lenken. Der vorhin geschilderte Befruchtungs-Apparat tritt bei dem größten Teil der Blütenpflanzen, den sogenannten „Bedecktsamigen" auf. Eine entwicklungsgeschichtlich ältere Abteilung sind die „Nacktsamigen". Hier, zum Beispiel bei unseren Nadelhölzern (Koniferen), liegen die Samenanlagen frei an der Unterseite der nicht verwachsenden, den Blütenzapfen (später den „Fruchtzapfen") bildende Fruchtblätter. Die Nacktsamigen sind durchaus „Windblütler", daher auch die kolossale Überproduktion an Pollen.

Das Auftreffen der von den entfernt stehenden männlichen Blüten aufgewirbelten

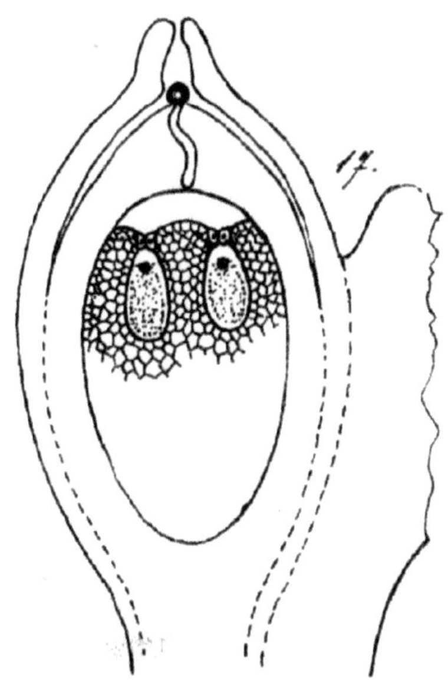

Abb. R: Schematischer Längsschnitt durch die offen am Grund des Fruchtblattes stehende (in natürlicher Lage nach abwärtsgerichtete) Samenanlage einer nacktsamigen (gymnospermen) Pflanze, etwa einer Tanne oder Fichte. Nur ein Integument. Im Innern des Sporangiums wiederum der mächtig herangewachsene Embryosack (Groß-Spore), welcher hier noch ein Prothallium von Gewebestruktur entwickelt, dessen Zellen aber in der Zeichnung nur im oberen Teile angedeutet sind, In diesem Gewebe eingesenkt liegen die beiden Archegonien mit der verhältnismäßig sehr großen Eizelle und dem ganz vereinfachten, nur von vier Kragenzellen (im Durchschnitt erscheinen natürlich nur zwei derselben) gebildeten Hals. Ein Pollenkorn ist durch die „Pollenkammer" eingedrungen und hat den Pollenschlauch bis an den Embryosack getrieben.

Pollenkörner auf die Samenanlagen ist hier wirklich ein Zufallsspiel, dem nur durch die ungeheure Zahl der Pollenkörner, die bei Luftstößen in ganzen Wolken ausstäuben, das nötige Wahrscheinlichkeits-Gegengewicht geboten werden konnte. Die maßlose Verschwendung an Lebenssubstanz könnte ja geradezu wie Unvernunft der Natur anmuten, wenn nicht gerade diese Verschwendung hier höchste Vernunfttätigkeit wäre. Ein Mensch, der etwa eine Flugschrift in einer Stadt verteilt haben wollte, dies aber nur von einem darüberfliegenden Flugzeug aus bewerkstelligen könnte, wird auch nicht bloß einige wenige Flugblätter ausstreuen, sondern große Mengen solcher, damit doch wenigstens einige ihr Ziel erreichen. Das Vernünftigkeits-Moment, das die Materialverschwendung rechtfertigt, ist hier, wie dort, das gleiche. Auch der Natur ist nichts zu teuer, wo sie ein wichtiges Lebensziel unbedingt erreichen will und auf der gerade gegebenen Entwicklungsstufe nicht anders erreichen kann.

Nun das „Altertümliche" bei diesen Gewächsen. Die Samenanlage ist äußerlich schon ziemlich gleichartig wie bei den Bedecktsamigen; aber im Inneren sieht sie anders aus. Der

„Embryosack" ist sehr groß und enthält nicht bloß jene acht Zellen, die keine unmittelbare Ähnlichkeit mehr mit dem einstigen „Prothallium" erkennen lassen, sondern ein wirkliches zelliges weibliches Prothallium, in dessen Oberfläche am vorderen Ende, als solche deutlich erkennbar, Archegonien mit darin freiliegender Eizelle eingesenkt sind (Abb. R.17). Die Abschließung der Eizelle von der Außenwelt ist also hier noch bei Weitem weniger weit durchgeführt. Darum ist der ganze Befruchtungsvorgang auch einfacher. Zwar ist die Erfindung des Pollenschlauches auch hier bereits eingeführt, da aber das Pollenkorn nicht auf eine „Narbe" kommt, sondern gleich an der Mündung der freiliegenden Samenanlage selbst abgesetzt wird, hat der Pollenschlauch nur einen sehr kurzen, mühelosen Weg zurückzulegen.

Auch eine zweite Mahnung an die Vergangenheit, an Vorfahrengewohnheit, tritt uns hier entgegen. In zwei Gruppen dieser Nacktsamigen, die auch aus anderen Gründen als die ältesten des ganzen Formenkreises angesehen werden, findet sich zwischen der Mündung der Samenanlage und den Archegonien ein verhältnismäßig großer Raum, die sogenannte „Pollenkammer". Diese ist mit einer von der Samenanlage selbst ausgeschiedenen Flüssigkeit erfüllt. Hier entlässt nun die keimende Kleinspore in der Tat noch zwei echte Spermatozoen, zwar in der Gestalt etwas abweichend, aber mit Wimpern und lebhafter Beweglichkeit versehen, welche in diesem „Binnengewässer" schwimmend ihren kurzen Weg zu den Eizellen finden! Es mutet uns an wie ein letzter Erinnerungsblitz der Natur, die hier der einstigen allgemeinen Wasseranpassung noch ein letztes Denkmal gesetzt hat. Weiter hinauf, schon bei den Koniferen, ist nichts mehr davon übrig.

Wie aber diese untersten Gruppen der Nacktsamigen die höhere Welt der Blütenpflanzen noch mit der Vergangenheit verknüpft zeigen, so weisen die weiter fortgeschrittenen Formen auch schon den Weg zu den Bedecktsamigen: In der Gruppe der Gnetaceen schließt sich das Fruchtblatt schon so eng becherförmig um die Samenanlage, dass nur mehr die noch offene Mündung

50

dieses Gebilde von einem Fruchtknoten unterscheidet. Auch eine „Narbe" ist schon da, — ein längliches Auffangorgan für den Pollen, das hier aber noch eine Verlängerung der Samenanlage ist und durch die Mündung des Scheinfruchtknotens heraussteht. Sobald, wie eben bei den Bedecktsamigen, die völlige Schließung des Fruchtknotens zur Tat geworden war, musste notgedrungen der Fruchtknoten selbst zur Ausbildung dieses Auffang-Organs herangezogen werden. Der gleiche Zweck wurde mit wiederum neuen Mitteln erreicht.

*

So wichtig für die Erforschung der Natur jede Einzelheit, jede kleinste Abweichung, jeder unscheinbarste Zusammenhang werden kann, so sicher ist es auch, dass man für die geistige Erfassung der Natur sich an das Ganze, an die großen Linien halten muss. Der Geist, der an Einzelheiten klebt, ist für die geistige Durchdringung der Natur verloren. Auch in dem eben besprochenen Falle. Das Einzelne hat oft wenig unmittelbaren Zusammenhang, große Lücken sind vorhanden, indem zu ununterbrochener Verbindung wichtige Zwischenglieder fehlen — untergegangen im Kampf ums Dasein oder überflüssig geworden im Entwicklungsplan der Natur, Werkzeuge der Vermittlung, die gedient und ausgedient haben. Aber trotz dieser Mängel und unbeschadet dessen, was künftige Neuentdeckungen im einzelnen an unseren heutigen Anschauungen zu ändern uns nötigen können, — wie eine Riesenschrift in ehernen Lettern tritt aus dem Chaos der millionenfachen Tatsachen das Gesetz des Lebendigen heraus: Erhaltung des einmal geschaffenen Typus, solange es geht, und Umbildung zu Neuem, wenn die Umstände es erfordern. Alles, aber auch alles im Lebendigen wird auf dieses Gesetz gestützt und alles ist in diesem Sinne zweckmäßig und zwecktätig, — vernunftbedingt bzw. intelligent!

*

## Der besondere Spürsinn des Pollenschlauchs

Zurück zu unserem Ausgangspunkt. Die letzte Abschweifung sollte nur zeigen, dass in der höheren Pflanzenwelt, dieser unbeweglichen und nun auch noch der Vermittlung durch das Wasser entzogenen Lebewelt, jenes Erhaltungsgesetz auch ohne die Wundereigenschaften und Empfindungsfähigkeiten der „Samentierchen" durchgeführt werden konnte. Aber gerade diese Eigenschaften hatten uns ja in das tiefste Beseelungsproblem, in die uranfängliche Wesensgleichheit von Mensch, Tier und Pflanze geführt; — treten nun die ganzen Blütenpflanzen, diese lieblichsten Erzeugnisse der schöpferischen Natur, diese vollendeten Vertreter der „Pflanzlichkeit", aus dem Rahmen der ganzen Gesetzlichkeit heraus? Spielt sich in ihnen wirklich nun auch dieser tiefste und gewaltigste Lebensprozess, der Zeugungsakt, nur mehr ganz in der Ode des empfindungslosen und seelenlosen Mechanismus ab? Ganz und gar nicht. Der Leser, der meinen letzten Ausführungen verständnisvoll gefolgt ist, wird schon selbst zu dieser Frage den Kopf geschüttelt haben.

Zunächst sind ja diese Mechanismen, die zur Ermöglichung der Befruchtung dienen, selbst Erzeugnisse des schaffenden Lebens, also doch nicht mechanisch entstanden und auch in jedem neuen Individuum immer nur unter der planmäßigen Leitung eines gestaltenden Prinzips wieder erstehend. Schon das entrückt sie dem Gebiet des Mechanischen. Wie sehr gerade diese, die aktive Ohnmacht der Pflanze beim Bestäubungs-(„Paarungs"-)Prozess ausgleichenden Mechanismen, höheren Intelligenzcharakter mit sich tragen, werden wir erst an späterer Stelle zu würdigen haben.

Aber auch in jeder anderen Beziehung verleugnet die Pflanze bei diesen Vorgängen das Grundwesen des Lebendigen nicht. Schon das Vordringen des Pollenschlauches ist ja ein zielgerichtetes Wachstum, also eine zielgerichtete Lebenstätigkeit. Nicht „blind" wächst der Pollenschlauch so „wie es gerade kommt", — er ist ebenso durch sein Empfindungsvermögen zielgeleitet, wie das frei sich tummelnde Spermatozoon.

52

Sogar schon vorher setzt das Spiel der „repräsentativen" Reize (s. a. S. 28) ein. Es ist richtig: Die Übertragung des Pollens auf die Narbe ist der aktiven Mitbeteiligung der Pflanze entzogen (im Allgemeinen; es gibt auch Fälle von Selbstbefruchtung durch zweckmäßig gerichtete aktive Organbewegungen!); das Zufallsmotiv wird dabei durch die Menge des Pollens und durch die Wechselbeziehungen zu der Insektenwelt ausgeglichen. Dann aber kommt sofort die „Eigenvernunft" der Pflanze zum Ausdruck: Fremder Pollen keimt nicht auf der Narbe! Höchstens bei nahe verwandten Formen, sonst wäre ja keine Bastardierung möglich. Aber man versuche einmal, die Narbe einer Pflanze mit dem Pollen einer (verwandtschaftlich) fernstehenden Art (schon Gattungen sind in dieser Hinsicht meistens „fernstehend") künstlich zu belegen. Ergebnislos. Der Augenschein wird dartun, dass in den meisten dieser Fälle das Pollenkorn gar nicht auskeimt. Die Keimspore braucht zu ihrer Weiterentwicklung einen spezifischen Anreiz. Dieser Reiz kann wiederum nur von bestimmten besonderen Stoffen ausgehen, welche von der Narbe ausgesondert werden. Der „Art-Geruch" (oder Art-„Geschmack", wie man es nennen will) spielt auch hier die entscheidende Rolle, und die Kleinspore hat die Fähigkeit erworben, diesen besonderen Reiz zu empfinden und nur auf diesen Reiz mit ihrer Lebenstätigkeit zu antworten. Wäre dem nicht so, so müssten längst die verschiedensten Pflanzen sich in ihren Charakteren vermischt haben, und von einer Erhaltung bestimmter Lebenstypen wäre keine Rede. So aber können weder der Wind noch die Insekten, wenn die letzteren auch verschiedenartige Pflanzen durcheinander aufsuchen, irgendein Unheil anrichten. Das Pollenkorn besitzt eben genau das gleiche Wahlvermögen, wie das im Wasser sich tummelnde Spermatozoon, das nur „seiner" Eizelle sich zuwendet.

Doch ist auch hier die Natur bei diesem Riegel gegen die planlose Durcheinanderkreuzung der Lebensformen nicht stehen geblieben. Es genügt ja nicht, dass das Pollenkorn seinen Schlauch auf der Narbe austreibt; dieser Schlauch muss weiterwachsen und in das Innere des ganzen weiblichen Organs eindringen. Narben und Griffel sind aber sehr verschieden gebaut; bald bestehen sie aus lockerem, bald aus festerem Gewebe, bald sind sie leichter, bald schwerer durchdringbar. Manche Narben „führen" den Pollen sehr bald in einen zentralen Hohlkanal des Griffels, in welchem der Pollenschlauch ohne mechanische Widerstände abwärts wachsen kann. Es ist wenig wahrscheinlich, dass hieran gewöhnte Pollenschläuche imstande sein werden, sich einen längeren Weg durch festeres Griffelgewebe zu bahnen. Bei manchen Pflanzen ist der Weg von der Narbe bis zur Samenanlage sehr kurz, bei manchen wieder sehr lang (es gibt Blüten, deren Griffel über ein Dezimeter lang ist!). Es besteht wiederum wenig Wahrscheinlichkeit, dass die an einen kurzen Griffelweg angepassten Pollenschläuche so andauernde Wachstumsfähigkeit entfalten können, um bis an den Grund eines so langen Griffels zu gelangen. Die Pollenkörner der Pflanzen sind selbst schon sehr verschieden an Größe, die einen bilden derbere, die anderen zartere Pollenschläuche, — sie haben sicherlich nicht alle die gleiche Fähigkeit zur Durchdringung der Griffelgewebe usw.

Wenn das Pollenkorn außen an der Narbe gekeimt hat, — wie findet nun der Schlauch den weiteren Weg? Wieder muss der geheimnisvolle Spürsinn, der mit dem Wort „Reizbarkeit" nur anders bezeichnet, aber keineswegs verständlicher gemacht wird, sein Führeramt übernehmen. Dass auch hier Reizstoffe wegweisend sein müssen, entweder spezifische Substanzen (was aber hier, wo sich der Pollenschlauch bereits auf dem Wege zur arteigenen Eizelle befindet, gar nicht mehr nötig ist), oder Feuchtigkeitsunterschiede oder Nahrungsstoffe als solche (denn der fortwachsende Pollenschlauch muss auch ernährt werden), geht aus der Sicherheit hervor, mit welcher der Pollenschlauch seinem Ziele zuwächst: Er wächst nicht außen an der Narbe weiter, sondern sucht das geschützte Innere auf; er wächst nicht beliebig kreuz und quer durch die Gewebe, sondern mit der unverkennbaren Tendenz nach dem Fruchtknoten zu; wenn ein Griffelkanal vorhanden ist, dann wächst der Schlauch in ihm nicht querüber, sondern an den Innenwänden dieses kleinen Schlotes hinab, auch niemals nach aufwärts zurück, wo er nichts zu suchen hat. Ja, man hat noch Folgendes beobachtet: In manchen Fruchtknoten sind die tief im Inneren, an einer Mittelsäule stehenden Samenanlagen von der Wandung des Fruchtknotens durch einen ziemlich beträchtlichen Hohlraum getrennt, — die hier in oder an der Fruchtknotenwand herabkommenden Pollenschläuche überqueren ganz frei diesen Luftraum und wenden sich zielsicher den Samenanlagen zu. Bei manchen Samenpflanzen durchwächst der Pollenschlauch sogar in stets wiederkehrender Weise zuerst auch noch die Wände der Samenanlage und kommt von unten herauf in den Embryosack!

Was für „Wegmarken" führen da überall so zielsicher? Wir wissen es nicht und staunen bloß über die zwecksichere Vernünftigkeit aller dieser Vorgänge. Schließlich aber noch: Wenn der Pollenschlauch, beim Embryosack angelangt, die beiden Befruchtungskörper entlässt, warum wird von einem dieser gerade die Eizelle aufgesucht und nicht eine der beiden anderen dicht anliegenden, für unser Menschenauge ganz gleich aussehenden Begleitzellen? Hat die Eizelle wiederum ihren besonderen Reizstoff, für den der eingedrungene Befruchtungskörper seinen besonderen Spürsinn hat? Es wird wohl schwerlich anders sein.

*

Es geschah nicht ohne tiefere Absicht, dass ich bei der Frage nach einer „Identität" der Pflanze und nach einer Pflanzenbeseeltheit den Befruchtungsvorgängen einen so breiten Raum gewidmet habe. Denn gerade hinter diesen Dingen verbirgt sich das tiefste und größte Geheimnis des Lebendigen, — und gerade hier verwischt sich der Gegensatz zwischen Mensch, Tier und Pflanze am vollständigsten, sozusagen bis auf den allerletzten Rest. Wenn es hier, an der Wurzel jedes neuen Lebens, gelingt, die Wesensgleichheit aufzudecken, dann ist in dieser Frage eigentlich schon das Grundlegende geleistet. Eine Entwicklungsgeschichte der Seele aufzurollen, ist dann wenigstens grundsätzlich nicht viel schwieriger als eine solche des Körpers und beides wahrscheinlich gar nicht zu trennen, — die Seele das eigentlich

„Wirkliche", weil eben Wirkende, der Körper nur das Bewirkte, ihre Tat.

Erinnern wir uns, dass den Anstoß zu dieser langen Abschweifung die Betrachtung gab, dass der Mensch sich dem Schauer des Mysteriums, in welches (auch für den Wissenden) die Entstehung eines Menschenkindes gehüllt ist, nicht entziehen kann, hingegen sich schon beim Tier weit weniger von diesem Geheimnis erschüttert fühlt, bei der Pflanze jedoch fast nichts mehr davon verspürt, sondern die Sache „ganz natürlich" und kaum des Aufhebens wert findet. Die Pflanze bildet eben Samen und diese wachsen wieder zu einer Pflanze aus. Ganz einfach. Das ist doch etwas ganz anderes, als das Werden eines neuen Menschen! –

Nein, es ist ganz genau dasselbe! Ich habe zu zeigen versucht, dass in Bezug auf das Wesentliche der äußeren Begleiterscheinungen völlige Übereinstimmung herrscht, und ebenso, dass schon hier bei den Fortpflanzungsvorgängen die Vorstellung von zufällig entstandenen Mechanismen versagt, dass hier schon alle diese Vorgänge nur als einem einheitlichen Ziel dienstbar gemachte Einrichtungen, als Intelligenzerzeugnisse, verständlich werden können. Suchen wir nun die weiteren Folgerungen zu ziehen.

*

## Wann wird ein Individuum beseelt?

Stellen wir ganz unmittelbar die Frage, die sich dem wissenschaftlichen Denken nicht weniger aufdrängt als dem naiven: Wann bekommt das Individuum seine Seele? Bei der Geburt? Oder schon früher, bei der Befruchtung? Oder noch früher? Doch vor der Besprechung dieser Fragen noch ein paar Worte zum Begriff der Seele. Wenn wir mit dem Wort Seele dasjenige umfassen, was den Körper lenkt, in den körperlichen Vorgängen sich auswirkt und auslebt, verwenden wir besser den Begriff „Vitalseele" um Verwechslungen mit der weltanschaulichen Bedeutung des Begriffs der Seele zu vermeiden. Die Vitalseele ist für die Lebensfunktionen zuständig und reguliert die Körperfunktionen. Sie steht für das Lebensprinzip und ist untrennbar mit dem Körper verbunden.

Wir können uns dem Zwang der Vorstellung nicht entziehen, dass dieses wirkende Etwas, das wir Vitalseele nennen, schon der befruchteten Eizelle zukommt, denn zur Lenkung des Körpers, zum Auswirken der Vitalseele durch die Körperorgane gehört auch die Erzeugung und Entfaltung eben dieser dazu nötigen Organe. Diese Erzeugung und Entfaltung geht aber von der Eizelle aus. Schon in den ersten Teilungen wird das Grundgerüst der Organentfaltung festgelegt, Schritt für Schritt, in jedem Organismus nach feststehendem Plan, werden die Organe bis zu den einzelnen zelligen Bestandteilen nach und nach, ihrem Zwecke im Rahmen des Ganzen entsprechend, ausgebildet. Das Plasma der Eizelle wächst und wächst, sondert sich in Hunderte, Millionen und Billionen einzelner winziger Tätigkeitsbezirke (sogenannte „Zellen"), die aber (mit wenigen und dann besonderen Lebenszwecken dienenden Ausnahmen) miteinander durch lebende Plasmabrücken verbunden bleiben und derart die Einheitlichkeit, die „Ganzheit" der lebenden Körpermasse bewahren.

Dieser Lebensstoff, das Protoplasma[6], bildet außerdem mannigfache tote Ausscheidungen, die als Schutz- und Stützorgane die „Zellen" umlagern, als zarte Häutchen oder zusammenhängende Massen, wie die unendlich verschiedenen „Zellwände" (Membranen) der pflanzlichen und mancher tierischen Gewebe, der Bindegewebsfasern, Knorpel- und Knochensubstanz u. a.

Das Leben aber, die gesamte körperliche und vitalseelische Betätigung hängt nur an dem Protoplasma, hat in ihm seine Bedingung, nicht aber seine — Ursache! Denn schon die planmäßige Entfaltung des Körpers könnte die Eizelle, bloß als geformte chemische Substanz von bestimmter Struktur (also als

---

6 **Protoplasma** (griech., "das zuerst Gebildete", Plasma, Sarkode), eine heute nur noch wenig gebräuchliche Bezeichnung für die innere sol- oder gelartige flüssige Masse aller lebenden Zellen inklusive Zellkern, an welche das Leben gebunden ist. Für unsere Betrachtungen, die nicht weiter ins Detail der Zellen hineingehen, ist die Bezeichnung jedoch sinnvoll.

„Mechanismus"), nicht leisten. Es gibt keinen Mechanismus — und es lässt sich auch kein solcher denken —, der sich gleich einem Organismus „entwickeln" kann. Man versuche die ungeheuerliche Vorstellung, dass aus einem staubkorngroßen Anfangszustand sich von selbst eine Lokomotive heranbilde — und dass dieses Staubkorn selbst von einer solchen Lokomotive zum Zweck der Neuerzeugung abgestoßen werde! Nichts anderes als eine solche Ungeheuerlichkeit fordert aber derjenige, der den Organismus als Mechanismus auffasst, noch ganz abgesehen von anderen Unmöglichkeiten und Widersinnigkeiten. Das Protoplasma kann aus sich selbst das Wunderwerk des fertigen Körpers nicht schaffen; es bietet nur in seiner Beschaffenheit die Möglichkeit dazu, — es ist selbst erst ein Werkzeug, ein Geschöpf des Lebenstriebs, nicht er selbst. Dieser Lebenstrieb (nennen wir die anderswie gänzlich unfassbare Naturwesenheit, die sich hier auswirkt, getrost mit diesem Namen!) beherrscht die Eizelle schon genau so, wie später den ganzen fertigen, aus ihr hervorgehenden Körper, denn sonst könnte eben diese Eizelle nicht plan- und gesetzmäßig zu diesem Körper werden. Aber hier hört des schwachen Menschenverstandes Vorstellungskraft auf. Unsere Sinnesfähigkeiten und — auf diesen aufgebaut — unser „Intellekt" sind zur Orientierung in der Umwelt, soweit sie für uns lebenswichtig und lebensnotwendig ist, geschaffen, nicht für eine „Erkenntnis" der tiefsten Naturwesenheiten. Unsere Sinnestätigkeit und damit unser ganzes Vorstellungsleben ist an Raum und Zeit gebunden; wir können alles Erlebte in ein endloses Nacheinander und in ein endloses Nebeneinander zerlegen, aber wir haben keine Vorstellung für eine Vielheit, die zugleich eine Einheit bzw. Ganzheit ist, für etwas, das sich zeitlich-räumlich auswirkt und selbst auf irgendeine Weise jenseits von Zeit und Raum zu stehen scheint. So eine Ganzheit bezeichnen wir heute als „System".[7]

---

7   **System** (gr. *sýstēma*): nach einem aufgaben-, sinn- oder zweckbezogenen Gesichtspunkt erfolgte Zusammenfassung von Dingen, Funktionen, Relationen oder Erkenntnissen zu einem einheitlichen Ganzen, und zwar so, dass deren Elemente aufeinander bezogen oder miteinander verbunden sind. (Klaus-Dieter Sedlacek, *Kleines Wörterbuch der Natur-Philosophie*; Norderstedt (2016), S. 119)

Schon die „Kraft" (ganz physikalisch genommen) ist uns etwas Unvorstellbares; es ist nur ein Wort, mit dem wir das in der Natur Wirkende bezeichnen. Jene Wesenheit des Lebendigen, die eben dieses Lebende planmäßig schafft und zielstrebig erhält, die in der mikroskopischen Eizelle ebenso voll und ungeteilt wirksam ist, wie im fertigen Organismus und auch wieder in jedem einzelnen Teil dieses fertigen Individuums, die bei der Bildung der Fortpflanzungszellen millionenfach auf diese übergeht, in jeder derselben als Ganzheit vorhanden ist, dabei im Eltern-Organismus als ebensolche Ganzheit erhalten bleibt und anderseits wiederum mit zahllosen zugrunde gehenden Keimzellen spurlos und wirkungslos verschwindet, — diese Wesenheit ist uns nicht unmittelbar erfassbar, sie ist gänzlich unvorstellbar. Je mehr wir den lebendigen Körper zerlegen, in Atome und in Elementarteilchen auflösen, — desto unfassbarer wird sie uns: Eben weil sie nicht eine Summierungswirkung, sondern eine Ganzheit ist. Eine solche Wesenheit, die der Zeit- und Raumbegriffe spottet und doch wirksam ist, die liegt außerhalb des Gebietes der Vorstellungsfähigkeit. Wir können sie nur mehr denken und mit Denksymbolen (Worten) bezeichnen. Dass sie aber existiert, das bezeugt uns ihre, von uns mit den Sinnen erfassbare Wirkung. Dies ist wohl der tiefe Grund für die in der Menschheit unausrottbar wiederkehrende Überzeugung von etwas „Unvergänglichem". Der Umstand aber, dass es unserer unmittelbaren Wahrnehmungsfähigkeit entzogen ist, gibt den Anlass zu dem Märchen von etwas Übernatürlichem; Unkenntnis und Unverstand beschränken dann außerdem diesen angeblich „übernatürlichen" Anteil noch auf den Menschen, statt ihn mindestens der ganzen lebenden Welt zuzusprechen!

Wir müssen hier stehen bleiben. Es ist nicht meine Absicht, in jene Gefilde der gestaltenden menschlichen Fantasie hinüberzuschreiten, wo nur mehr der träumende Blick des Dichters uneingeschränkter Herrscher ist.

Wir wollen auf dem Boden der Wirklichkeit bleiben und dabei zwar, wie ich schon betonte, an den Mysterien der Natur, die nun einmal da sind, nicht mit kindisch verbundenen Augen vorüberhasten, aber auch nicht zu ergründen suchen, was unergründbar ist. Nur die Wesensgleichheit des Lebendigen auch in der Pflanze will ich vorzeigen und das Charakteristische, das dieses Lebendige überall kennzeichnet: seine Vernünftigkeit, seine Intelligenz. Mehrmals noch, und vielleicht mit noch höherem Schauer des Unbegreiflichen, werden wir bis an jene Grenzen herankommen. Aber ich werde mich hüten, sie jemals überschreiten zu wollen. Nur dass ich sie, wider besseres Wissen, verleugnen soll, verlange man nicht von mir.

*

Die befruchtete Eizelle ist jedenfalls schon von jener „Vitalseele" beherrscht, die sich auch später im vollendeten Organismus auswirkt. Kann nun aber der Befruchtungsvorgang an und für sich als der „Schöpfer" dieser „Individualseele" gedacht werden? Das geht wohl nicht an. Ich brauche nicht erst darauf hinzuweisen, dass Mutter und Vater gemeinsam ihre Charakterzüge vererben. Auch wenn man sogar die Summe der rein körperlichen (gestaltlichen) Eigenschaften nicht auf Rechnung der vitalseelischen Gestaltungskraft setzen wollte, so bleibt doch die Tatsache, dass auch „seelische" Eigentümlichkeiten vererbt werden, vom Vater so gut wie von der Mutter. Es muss die Vitalseele der Mutter auf das Ei und die des Vaters auf das Spermatozoon übergehen. Beide Keimzellen tragen schon das vitalseelische Erbteil in sich. Das ist insoweit nicht zu verwundern, als ja überall dort, wo nur eine Keimzelle gebildet wird (ungeschlechtliche Sporen), in solcher Keimzelle die ganze Vitalseele wirksam ist. Auch wissen wir, dass diese Ganzheit des Gestaltungsprinzips, dieses System, auch in beliebigen einzelnen Körperzellen wirksam werden kann, wenn z. B. aus einzelnen Oberhautzellen gewisser Blätter vollständige neue Pflanzenindividuen hervorgehen, oder Teilstücke eines Polypen sich zu ganzen Individuen „erneuern". Nur eines ist befremdlich: dass Eizellen selten (bei sogenannter „Jungfernzeugung", zum Beispiel Insekten) ohne Befruchtung entwicklungsfähig sind, Spermatozoen niemals. Wenn doch die „ganze" Vitalseele drinnen steckt? Das ist ein Kapitel für sich, welches einer nicht bloß am äußerlichen klebenden Vererbungslehre noch viel zu schaffen geben wird.

Hier nur so viel: Man bedenke, dass die „Keimzellen" nicht bloß die „Träger der Gattungsidee, der Information", sondern zugleich auch das Werkzeug für deren Verwirklichung sind. Etwas scheint nun an diesen Werkzeugen, wenn sie geschlechtlich charakterisiert sind, für gewöhnlich zu fehlen, was erst durch die Vereinigung wieder hergestellt wird. Warum diese „Unvollkommenheit" bestehen mag, vermögen wir nicht zu sagen. Dass sie einen Zweck, und zwar einen sehr tief liegenden, haben müsse, geht schon aus der Allgemeinheit dieser Einrichtung gerade auf den höheren Stufen des Lebens hervor. Wir haben ja gesehen, wie viele unendlich zweckdienliche Einrichtungen gerade in diesem Zusammenhang der Lebenstrieb geschaffen hat, um die Vereinigung zu sichern. Wenn nun solche Keimzellen ihr Ziel nicht erreichen, so kann sich eben an dem unvollkommenen Apparat der Lebenstrieb nicht betätigen, — allmächtig ist er nicht, sondern auch an die selbst geschaffenen Gesetze gebunden. Dass einem bei solchen Überlegungen im Gehirn etwas schwindelig wird, ist nicht zu leugnen. Wir können uns leider die Natur nicht so zurechtlegen, wie es uns passen würde, sondern müssen sie so nehmen, wie sie sich uns zeigt.

Ich brauchte an früherer Stelle das Bild: Jede Lebensform ist „ein verkörperter Gedanke des Weltgeistes, eine verkörperte Information"; man kann auch sagen: Jede Lebensform ist zugleich „eine Tat bzw. das Ergebnis eines Prozesses des Naturwillens"[8]. Das Werkzeug (der materielle Apparat, die individuelle Einzelerscheinung), das sich der Lebenstrieb schafft, ist vergänglich, die „Idee, die Information" dieser Lebensform beharrt, und setzt sich von Generation zu Generation fort, immer wieder in neuen Individuen sich verkörpernd.

Wir haben den Vergleich im Individualwillen des Menschen, der ja auch nur als eine besondere Verkörperung des allgemeinen

---

8    **Wille** ist der Bestand abstrakter Informationen, die einem Willensprozess als Entscheidungskriterium dienen. (Sedlacek, Klaus-Dieter u. Lipps, Gottlob Friedrich, *Gebundener Wille*; Norderstedt (2016), S. 167).

Lebenstriebs erscheint. Dieser Menschenwille produziert eine Maschine in einem, in zehn, in tausend Exemplaren. Diese Maschinen als materielle Erzeugnisse sind vergänglich, sie nützen sich ab und gehen zugrunde. Aber die „Idee, die Information" dieser Maschine beharrt, wenigstens solange sie ihren Zweck erfüllt: Anstelle der abgenützten Exemplare treten neue, wieder leistungsfähige. Die „Idee" dieser Maschine „lebt" weiter in dem gleichen Menschenindividuum, das sie erfand, in anderen Menschenindividuen, die ihm folgen, in ganzen Reihen von Geschlechtern. So beharrt die Idee, aber sie beharrt trotzdem nicht als etwas schlechthin Unveränderliches. Sie wandelt sich, sie verändert sich aus sich selbst heraus und mit ihr die Werkzeuge, durch welche sie sich verwirklicht; aus der ersten Idee wird eine zweite, bessere, tauglichere; auch sie verharrt wieder in langsam sich änderndem Fluss; ihre einzelnen Verkörperungen vergehen, eine nach der anderen, je nach dem Stoff, die einen langlebig, die anderen raschlebig.

So zeigen sich vor unseren Augen technische „Entwicklungsreihen", deren Anfangs- und Endglieder nur wenig Gemeinsames zu haben scheinen. Was hat der Riesenkoloss des modernen Kreuzfahrtschiffs, beinahe mit dem Druck eines Fingers lenkbar und eine ganze kleine Welt mit allem Luxus bergend, noch mit dem ausgehöhlten Baumstamm zu tun, den sich der Lebenstrieb des primitiven Menschen herstellte und noch herstellt? Und doch ist er nur das vorläufige Endglied einer solchen Entwicklungsreihe. Ähnlich in anderen Fällen. Aber nicht jede „Idee" beharrt ohne Ende. Viele waren nur Zwischenglieder, notwendig für das Fortschreiten der Idee und ihrer Verwirklichung, dann aber zwecklos geworden und vom schaffenden Willen fallen gelassen, — ausgestorben.

Ist die Gleichsinnigkeit mit dem gesamten Naturwillen nicht ins Auge springend? Zahllose Lebensformen, als „Ideen" verkörpert in vergänglichen Individuen und doch beharrend in der ununterbrochenen Wiedererzeugung solcher Individuen, fortschreitend von einer Ideenstufe zur anderen, im Verwirklichen gesetzmäßig gebunden, aber frei im Erschaffenwollen, erhaltend, fallen lassend, riesige Entwicklungsreihen bildend, deren Endglieder himmelfern voneinander zu stehen scheinen und doch nur Steigerungen eines und desselben Grundwesens sind, — des Willens zum Leben.

*

Man hört diese Vergleiche auf gewisser Seite nicht gerne. Der Mechanist will sie nicht gelten lassen und ebenso wenig der Metaphysiker. Beiden passt sie nicht in ihr „System". Der Grund der Schwerhörigkeit ist aber bei beiden — so paradox dies klingen mag — der nämliche: Sie wollen nicht schauen, was ist und wie es ist, sondern wollen „beweisen", und zwar — von vornherein als feststehend betrachtete Lehrsätze. Bei den einen ist es der Lehrsatz, dass es überhaupt nichts „Vitalseelisches", das heißt, nichts zielstrebig Wirkendes „geben könne", bei den anderen der Lehrsatz, dass der Mensch allein Seele und „Willen" habe, also zielstrebig wirke. Da es dann aber unfasslich bleibt, wie dieser Mensch in die seelen- und willenlose Natur hineingekommen, muss die Eselsbrücke der Übernatürlichkeit beschritten werden. Dogma im einen wie im anderen Fall.

*

Gegen doktrinäre Anschauungen ist nicht weiter zu argumentieren. Man muss sie ihrer Wege gehen lassen, ohne sich um sie zu kümmern. Bei demjenigen, dem es von vornherein schon feststeht, „worauf es hinauskommen muss", ist auf ein intuitives Erfassen des Gegebenen niemals zu rechnen. Er gleicht nicht dem Wanderer, der sich durch den Wald den Weg sucht, wie er sich natürlicherweise darbietet, sondern dem Wanderer, der sich von Anfang an eine schnurgerade Linie vorgenommen hat und alles niederreißt, was ihm im Wege ist.

Aber auch das unbeeinflusste Denken wird an der Zumutung, im schöpferischen Handeln des Menschenwillens nur einen besonderen, jedoch gleichsinnigen Ausfluss eines allgemeinen Lebenstriebs sehen zu sollen, vielleicht Anstoß nehmen. Für den naturkundlich nicht gebildeten Laien ist die Kluft nicht so selbstverständlich überbrückt, wie für den Naturkenner.

Der Gedankengang, der sich vielen der Leser wahrscheinlich aufdrängen dürfte, mag etwa der sein: Wie kann man maschinelle Erzeugnisse des Menschenwillens dem lebendigen Individuum gleichstellen? Die Maschine ist ein totes Gebilde und zugleich räumlich von dem Menschenkörper getrennt, der sie produziert hat. Sie ist „bloß" Erzeugnis, aber kein „Teil" des lebenden Menschen. Der Organismus aber, jede beliebige individuelle Lebensform, ist ein ungetrenntes lebendiges Ganzes. Wirklich? Ist er das? Nein. Er ist zwar eine lebendige Ganzheit, aber durchaus nicht ganz und gar lebendig. Das ist nämlich nicht dasselbe.

*

Es war schon davon die Rede gewesen, dass das Protoplasma, der „Lebensstoff", verschiedene tote Stoffe ausscheidet, die sich am Körperaufbau mit beteiligen. Da haben wir nun schon „Totes und Lebendiges" durcheinander im lebenstätigen Organismus, zum Beispiel das ganze Innenskelett des Wirbeltierkörpers, das doch einen recht beträchtlichen Teil des ganzen Körpers ausmacht. Wohl ist der Knochen nicht in seiner Gänze eine tote Masse, sondern umschließt noch die Zellen (Plasmapartien), welche die Entstehung des Knochens dadurch herbeiführten, dass sie an ihren Berührungsflächen eine tote Zwischensubstanz, die Knochengrundsubstanz, ausscheiden, deren von Anfang an sehr widerstandsfähige Beschaffenheit noch durch die Einlagerung von Mineralstoffen (vor allem phosphorsaurer Kalk) erhöht wird. Diese „Knochenzellen" bleiben lebend und können sich immer noch, z. B. bei Verletzungen durch „Heilung" des Knochens, aktiv beteiligen. Aber der Hauptsache nach ist das Knochenskelett totes Material, vom lebenden Plasma planmäßig und zweckmäßig erzeugt, dem weichen lebendigen Material die Erhaltung der Form sichernd, diese vor dem Zusammenbrechen unter der eigenen Last behütend und zugleich den Organen der Bewegung (Muskeln) den nötigen Angriffspunkt gebend, weil sie ja ohne diesen festen Widerpart gar nicht funktionieren könnten.

Wie mannigfaltig diese Skelettbildungen sind, wie sehr sie bis in die kleinsten Einzelheiten den Lebensbedingungen und Lebensgewohnheiten jeder Lebensform angepasst sind, brauche ich hier nicht näher auszuführen. Aber sicher ist das eine: Was hier einen unentbehrlichen, wesentlichen, in tausenderlei verschiedenen technischen Varianten ausgeführten Bestandteil des lebenden Körpers bildet, ist tote Masse, bloßes Werkzeug, das sich der lebende Körper zweckdienlich schafft, ist technische Schöpfung des Plasmas, durch die sich die „Idee" der betreffenden Form immer wieder von Neuem in jedem Individuum verwirklicht.

Andere Tiere haben sogenannte „Außenskelette", welche Stütze und Schutz zugleich gewähren, so die Chitinhülle des Insektenkörpers, der durch Kalkeinlagerung starre Panzer der Krebse, die schützenden Gehäuse der Schnecken und Muscheln und zahllose andere Techniken des Plasmas, die sich in nicht minder wunderbarer Feinheit und Zweckmäßigkeit auch bei den mikroskopisch kleinen Lebewesen finden, immer wiederkehrend nach festem Plan, — die „Idee" beharrend, das Werk selbst vergehend wie die technischen Kunststücke des Menschenwillens.

Und bei den Pflanzen? Die unendlich vielen Zellwände einer Pflanze, welche die einzelnen Partien des ganzen Plasmakörpers umgeben und sie tatsächlich jede in ein oft sehr kunstvolles „Kämmerlein" einschließen — (nur für die Pflanze hat streng genommen das Wort „Zelle" einen Sinn, und nicht einmal für alle Pflanzen!)—, bestehen aus toten Stoffen, die von dem Plasma plan- und sinngemäß an jeder Stelle des Körpers genau in der Form und Struktur ausgeschieden werden, die für die Lebensbetätigung der betreffenden Organe und Organteile notwendig ist, vom zartesten Zellhäutchen bis zur massiven Holzfaser. Die Riesenmasse des Holzkörpers eines Baumes ist totes Werkzeug, nicht nur in dem eben beschriebenen Sinne, sondern auch insofern, als die Mehrzahl der zelligen Bestandteile des Holzes nach ihrer Fertigstellung überhaupt kein lebendes Plasma mehr enthalten; aber sie bleiben und wirken lebenserhaltend (Wasserleitung und Festigung) bloß durch die ihnen von der zweckgerichteten Gestaltungskraft des lebenden Pflanzenkörpers gegebene Struktur.

Nun stelle man sich aber die Frage: Verdankt jede Lebensform, was immer für eine es auch sein mag, ihre typische Gestalt und Gliederung dem weichen, plastischen, manchmal beinahe halbflüssigen Protoplasma oder dessen stützenden widerstandsfähigen und wieder hochelastischen Ausscheidungsprodukten? Ohne Zweifel ist doch das Letztere der Fall. Denn wenn auch die verschiedenartige Ausbildung der Plasmateile des Körpers (Zellen) selbst eine große Rolle spielt (eine Muskelzelle beispielsweise ist schon plasmatisch anders beschaffen als eine Nervenzelle), so ist doch die lebenserhaltende Tätigkeit solcher verschiedenen Plasmagestaltungen und ihre dazugehörige zweckmäßige Anordnung und Verbindung nur durch die den gleichen Zwecken entsprechende Ausbildung der selbst leblosen Stütz- und Schutzapparate ermöglicht. Jeder Organismus ist, in seinen Einzelheiten betrachtet, ein technisches Museum. Da er aber zugleich eine lebendige Ganzheit ist, fortbestehend nur durch das innerliche, zweckverbundene Zusammenwirken aller dieser technischen Anlagen, so gleicht der Organismus nicht einer Maschinenausstellung, sondern einem lebendigen technischen Betrieb. Und so wie dieser stillsteht und seine technischen Anlagen verfallen, wenn die „Seele" des Betriebes, der ihn schaffende, erhaltende und leitende Willensprozess ihn fallen lässt, so auch das technische Wunderwerk des Organismus. Dieses innerste Wesen, das den Organismus immer wieder von Neuem erstehen lässt und den ganzen Betrieb mindestens so lange aufrechterhält, bis die neuerliche Wiedergeburt der ihm zugrunde liegenden Idee gesichert ist, — dieses innerste Wesen vermögen wir uns nicht vorzustellen; es ist für uns „außersinnlich" (aber deshalb noch nicht „übernatürlich!), wir erkennen es nur an seinen für uns sinnenfällig werdenden Erzeugnissen.

Nur in uns selbst, die wir uns zugleich als fühlendes, wollendes und tätiges Subjekt erleben, — ein Erlebnis, dessen Tatsächlichkeit keine Schuldoktrin hinwegzaubern kann, — halten wir ein schwaches Fädchen jenes unendlichen Gespinstes in Händen, das wir „Welt" nennen. In diesem sich selbst Empfinden liegt der einzige Schlüssel, der uns gegeben ist, das einzige Band, das uns mit der „Welt" verknüpft, von der wir so unsagbar wenig wissen, — eigentlich nur so viel, als wir notdürftig zur Behauptung des eigenen Lebens brauchen, und eigentlich auch nur in der Form, in der es uns dienlich ist.

Hingegen: dasjenige, was wir von den Organismen auf sinnlichem Wege „erfahren", was wir an ihnen sehen, fühlen usw. können, was wir als das „Charakteristische" jeder einzelnen Lebensform feststellen, wonach wir sie unterscheiden und woraus wir mittelst der vergleichenden Betrachtung „Entwicklungsreihen der Organismen" aufstellen können, — das sind nur die Werkzeuge des Lebens, die an und für sich „toten" Mechanismen und Techniken des lebendigen Körpers. Daher der Irrtum der Mechanistik, welche nur diese Beziehung gelten lassen will und die Hauptsache nicht bloß unberücksichtigt lässt, sondern unter Ausschaltung jeder Logik sogar ableugnet.

*

## Das System des Lebens

Ich habe mir vorgenommen, in diesem Buch bis an die Grenzen des Vorstellbaren zu führen. So sei auch an dieser Stelle wieder ein solcher Schritt gewagt.

Das Protoplasma, der „lebende Teil" des Organismus, erzeugt die toten Mechanismen des Körpers, ist also sozusagen deren Schöpfer. Diese Schöpferrolle kommt ihm aber nur mittelbar zu, in dem Sinne, wie die Hand des Künstlers, die den Pinsel oder Meißel führt, die Schöpferin des Kunstwerkes ist, — das Protoplasma ist selbst Werkzeug, und zwar ein Werkzeug, das durch die eigenartige biochemische Natur der seine Hauptmasse bildenden Eiweißstoffe geeignet ist, rasch wechselnde und mannigfache Strukturen anzunehmen, durch welche dann entsprechende verschiedenartige Leistungen möglich werden. Nur durch dieses Werkzeug, im Grundwesen gleichartig, aber von der

Amöbe und dem Bakterium bis hinauf zum Menschen fast unerschöpflich variiert und vervollkommnet, kann sich der Lebenstrieb verwirklichen, — genau so, wie der Wille des schaffenden Künstlers sich nicht ohne die Ausführungsorgane des Körpers betätigen kann. Versagt der gestörte Nerv die Fortleitung des Willensantriebes, weigert sich der erkrankte Muskel, dem empfangenen Befehl zu folgen, dann hilft kein Gott dem gelähmten Künstler, sein gewolltes Werk zu verwirklichen. Was heißt denn das: Ein lebendiger Körper ist „krank"? Es heißt, ein Teil seines plasmatischen Apparates versagt den lebensnotwendigen Dienst; die Pendeluhr, deren Perpendikel verschoben ist, geht zu langsam oder zu schnell. Was heißt das: ein lebendiger Körper „stirbt"? Nichts anderes als: Der ganze lebensnotwendige Apparat ist leistungsunfähig geworden, — die Uhr, deren Perpendikel zerbrochen ist, bleibt stehen. Aber das ist nun doch nur ein Gleichnis. Ein zerbrochenes Perpendikel lässt sich ersetzen, jedoch die Leben aufhebende Schädigung des Protoplasmas ist unreparierbar, auch wenn diese Schädigung nur an einer einzigen lebenswichtigen Stelle des Körpers auftritt. Versagt der Nerv, der die Herztätigkeit reguliert, oder lähmt ein Reiz das Atmungszentrum, — der Tod ist die unausbleibliche Folge. Schon dies allein beweist, wie unmöglich die übliche Anschauung ist, das Leben eines Organismus als die Summe der Tätigkeiten seiner sogenannten „Zellen" zu betrachten. Alle Tätigkeit seiner Billionen von Zellen kann den hochorganisierten Körper nicht retten, wenn ihn an einer lebenswichtigen Stelle der Todesschlag trifft. Was heißt das: der „Tod"? Es heißt: der plasmatische Lebensapparat ist, als Ganzes oder an einem lebenswichtigen Knotenpunkte, unfähig geworden, den Lebenswillen zu verkörpern, — dem Lebenstrieb ist der eigene, selbst geschaffene Apparat aus der Hand geglitten, wertlos geworden; und der Lebenstrieb lässt ihn liegen wie der Mechaniker das gänzlich zerbrochene Werkzeug. Was braucht auch der Lebenstrieb das vernichtete Werkzeug? Er selbst beharrt ja und hat tausend andere gleichartige Werkzeuge, die ihm die Fortdauer der bestehenden Lebensform sichern! Das Leben schafft Millionen von Pollenkörnern, Millionen von Eiern und Spermatozoen. Wie

68

viele davon erreichen das Ziel? Was tut das? Wenn neunzig Prozent zugrunde gehen, die übrig bleibenden genügen, um die Lebensform zu erhalten. Würden alle ihren Weg finden, die Erde hätte nicht Raum dafür. Die neunzig Prozent Überschuss müssen nur die Rettung der anderen zehn verbürgen. Jedes Spermatozoon, jede Eizelle, jedes Pollenkorn ist aber ein neues Individuum, denn in ihm schlummert ein solches. Ob nun täglich Tausende von Keimen oder später Tausende von fertigen Individuen zugrunde gehen, — was kümmert das den Lebenstrieb! Er besteht weiter, und mit ihm bestehen auch seine Erzeugnisse.

Es ist eine logische Verirrung, in der biochemischen Masse des Protoplasmas, diesem hinfälligen Werkzeug, das nur unter ständiger Regulierung diese Unsumme zweckverbundener Leistungen ausführen kann, die Lebensursache selbst sehen zu wollen. Der Ausdruck „Protoplasma" oder „Lebensstoff" ist der stellvertretende Begriff für das System, durch welches das Leben (wenigstens das, was wir „Leben" nennen) in Einzelerscheinungen sich auswirkt. Dieses System ist in so vielen Varianten vorhanden, als es verschiedene Lebensformen gibt. Es ist die Bedingung der Lebenstätigkeit, so wie Farben, Farbenmischungen und Pinselstriche die Bedingungen für das Werden und für die Wirkung eines Gemäldes, aber nicht dessen Ursache sind.

Man werde sich einmal klar über das Verhältnis unserer subjektiven Erkenntnistätigkeit zu der Erscheinung des Protoplasmas. Man spricht davon — und ich selbst bediene mich überall dieses Ausdrucks —, dass die Empfindungsfähigkeit in ihrer elementarsten Form eine „Eigenschaft" des Protoplasmas ist, und zwar nur des Protoplasmas. Vielleicht geht man darin zu weit: Wir wissen aus unserer Erfahrung das eine, dass dasjenige, was wir als „Empfindung" kennen, unbedingt von der Anwesenheit und von einem bestimmten Zustand des Protoplasmas abhängig ist. Das erfahrbare „Vitalseelische" erlischt, wenn das Plasma in gewissem Grad geschädigt oder gar zerstört wird. Setzen wir das Plasma zum Beispiel der Einwirkung narkotischer Substanzen aus, so erlöschen in unserer Psyche der Reihe nach Zeit-, Raum-

und Kausalvorstellung, Sinnestätigkeit, Ichbewusstsein usw. bis zu den unbewussten Bewegungen der Eingeweide und der Tätigkeit der Lebenszentren Herz und Atmung[9]. Aber nicht nur der Mensch und das Tier mit ihrem Nerven- und Gehirnapparat sind narkotisierbar. Auch die Pflanze ist dies, auch ihre Empfindungs- und Reaktionsfähigkeit erlischt unter dem Einfluss von Äther und Chloroform! Aber ist Empfindung denn wirklich eine „Eigenschaft" des Protoplasmas im wörtlichen Sinne? Das Plasma ist eine Substanz, ein materielles objektiv erscheinendes Gebilde, Empfindung aber etwas ganz und gar Subjektives. Empfindung ist also eigentlich keine „Eigenschaft", sondern ein nur subjektiv erfahrbarer Tätigkeitserfolg des Plasmas, und zwar ein von außen angeregter und nach innen gerichteter Tätigkeitserfolg, während die gestaltende und Energie umsetzende aktive Tätigkeit des Plasmas von innen angeregt und nach außen gerichtet ist. Empfindung ist darum auch noch nicht die „Vitalseele", sondern erst das Bindeglied zwischen dem Körperlich-Physischen und dem Unkörperlich-Psychischen. Vitalseele ist die Vereinheitlichung der Empfindungen und ihre zielstrebige Ausnützung im Dienste des Lebenstriebs.

Der „Reiz" ist noch rein physisch, zugleich aber auch die Ursache der einzelnen Empfindung; daher sagt man auch nicht: Der Reiz ist die Empfindung, sondern: Der Reiz wird empfunden. Zum Werkzeug des Psychischen wird die Empfindung durch die Verbindung mit dem Gefühl (Lust und Unlust) und dem Willen.

---

9    Man vergleiche hierzu: Schleich, C. L. u. Sedlacek, K.-D., *„Bewusstsein und Unsterblichkeit"* u. a. Ich kann hier nicht weiter auf die eigenartigen und sehr geistvollen Ausführungen dieses Autors eingehen. Nur eine Bemerkung möge Platz finden: Schleich gründet seine Anschauungen auf ein großes Erfahrungsmaterial aus dem Gebiet der Narkose. (Er wurde ja bekanntlich der segenbringende Erfinder der örtlichen Anästhesie.) Wenn seine Auffassung richtig ist — und es spricht sehr vieles dafür —, dann ist die „Selbstwahrnehmung" eine ältere, ursprünglichere Erscheinung des Lebens als die spezialisierte Sinnestätigkeit des Gehirns, von der man im Zusammenhang mit der „Seele" ein so großes Aufheben macht. Die Selbstwahrnehmung würde demnach tiefer im Plasmatischen wurzeln, — eine Tatsache, die auch für die Beurteilung der Pflanze sehr ins Gewicht fiele.

Die Sprache ist zu arm, um all das ausdrücken zu können, was in diesen Dingen steckt. Wer das Wesentliche nicht zu fühlen imstande ist, wird es nicht erfassen. Höchste Lebenskraft wurzelt nicht im Denken, sondern im Empfinden. In diesem Sinne durfte Goethe, als der größte Wirklichkeitsdenker, sagen: *„Die würdigste Auslegerin der Natur ist die Kunst."* Fühlen und Wollen, — das sind die beiden Pole des Vitalseelischen; das Denken, überhaupt der „Intellekt", ist nur Zwischenstation, ist nur ein Vermittler zwischen diesen beiden Polen.

Man spricht von Selbstgestaltung und Selbst-„Differenzierung" des Protoplasmas, wenn der Organismus sich aus dem Ei-Stadium entwickelt oder irgendwelche Umgestaltung erfährt. Selbstgestaltung des Plasmas? Undenkbar! Wir können das Schaffende und Wirkende nicht wahrnehmen, und weil der Menschenverstand schnell glatten Tisch machen möchte, ignoriert er jene unerkennbare und darum „mystische" Instanz, spricht von „Selbstgestaltung" (des Plasmas und lässt solchermaßen den Hammer sich selbst aus dem Feuer schmieden. Es ist genau so, als wenn jemand einem Maler bei seiner Tätigkeit zusähe, dabei jedoch nur das Bild, nicht aber den Maler, nicht den Pinsel und nicht die diesen Pinsel führenden Hände sehen könnte.

In stummer Verwunderung würde er Strich für Strich das Bild nach einem bestimmten Plan sich „gestalten" sehen und vergeblich nach der Ursache dieser Gestaltungsvorgänge suchen. Als Naturgelehrter vom Gegenwartstyp würde er die Möglichkeit einer ihm nicht wahrnehmbaren, an dem Bild dauernd planmäßig wirkenden Ursache gar nicht zugeben, sondern zuerst vielleicht die Achseln zucken und dann mit der Miene der Weisheit, die ihr letztes Wort gesprochen hat, sagen: Selbstdifferenzierung!

Genau so stehen wir aber der Plasmatätigkeit gegenüber. Wir sehen diese in Millionen von Gestaltungen sich auswirken, wir sehen das Plasma selbst sich immer von Neuem wieder gestalten, ändern, zu neuen Mechanismen fortschreiten, aber die ordnende, regulierende, alles beherrschende, vereinheitlichende Kraft, die „Ursache" von alledem, vermögen wir nicht zu sehen. Wir erkennen aus dem Werk, aus der Tat, dass sie vorhanden und wirksam ist, aber sie entschwindet uns im Schleier des Nicht-Sinnlichen. Unser Wahrnehmungsapparat (die gesamte vorstehende Gehirntätigkeit darunter zusammengefasst) ist nicht darauf eingerichtet, diese wirkende Wesenheit sinnlich erfassen zu können (also auch nicht in Raum und Zeit), und zwar aus dem begreiflichen Grund, dass unsere Sinneswerkzeuge eben selbst ein Erzeugnis dieser wirkenden Naturwesenheit sind. Gäbe es auf der ganzen Erde nur einen einzigen Menschen, so könnte dieser niemals die Erfahrung machen, dass er — ein Gehirn besitzt. Er würde nicht einmal eine Ahnung haben, mittelst welchen Apparates er „denkt", geschweige denn eine Ahnung von der Kraft, welche diesen Apparat schafft und leitet. Das Auge kann vieles sehen, nur sich selbst nicht, — außer in einem Spiegel. Der Spiegel aber, der uns wenigstens eine Ahnung von dem Wesen des Schaffenden und Gestaltenden geben kann, ist unser eigenes Empfinden und Wollen. Das unmittelbar erlebte Gefühl der Aktivität[10], das uns durch keine „Sinne" vermittelt ist, das im Zustand der „Bewusstheit" vom Gehirnapparat erfasst wird und uns, trotz aller Scheinvorspiegelungen der „objektivierenden" Physiologie, die eigentlichste „Ursache" alles von uns ausgehenden Geschehens aufdeckt, — das ist der Blitz, der während der aufeinanderfolgenden Sekunden der Bewusstheit das mystische Dunkel des Naturgeschehens erhellt. Vieles mag im Blitzfeuer solcher Bewusstseins-Sekunden noch ahnend erfasst werden, — niemals aber dürfen wir hoffen, das Wirkende mit den Formen des anschauenden Verstandes bezeichnen zu können. Der Schauer des Unendlichen, d. h. des nicht mehr in die Anschauungsformen des Verstandes (Raum und Zeit) Gebannten, erfasst uns. Das ist alles.

Was kindlich frommer Glaube über das jenseits der Vorstellbarkeitsgrenze Liegende zu wissen vorgibt, das ist schöne (oder auch nichtschöne) Märchendichtung, die ihre Nahrung nicht aus dem Boden des Wirklichen schöpft, sondern aus Dunstwolken

---

10 Man vergleiche hierzu: K. Sapper : *„Das Element der Wirklichkeit und die Welt der Erfahrung. Grundlinien einer anthropozentrischen Naturphilosophie."* München, Beck'sche Verlagshandlung, 1924.

saugt, in welche sich das ungeregelte Denken verliert. Es bedarf dessen nicht. Das kleine, aber unzerreißbare Fädchen, das den Menschen mit der Unendlichkeit verbindet, kann ihm genügen. Mit diesem Fädchen in der Hand lerne er die Wunder der Natur immer näher kennen und sich ihrer zu erfreuen; mit diesem Fädchen in der Hand und der wirkenden Natur vor den Augen läuft er ebenso wenig Gefahr, seine Lebenswerte und Lebensaufgaben einer erträumten Fantasiewelt zu opfern, als er Gefahr läuft, dem Bann der geistlos öden, alle Lebensschönheit und alle Lebenswerte vernichtenden Mechanistik zu verfallen.

Eines allein kann noch gesagt werden: Jede Vorstellung erscheint unzulässig, welche das Leben erzeugende Prinzip „außerhalb" des lebendigen Körpers verlegt. Das Plasma eines jeden Lebewesens ist durchdrungen von dem gestaltenden und erhaltenden Prinzip, — nur so ist es möglich, dass aus der Keimzelle der entwickelte bestimmte Organismus entsteht, nur so ist es möglich, dass die Einheitlichkeit in der Lebenstätigkeit des ganzen Individuums sich einstellt, und nur so ist es möglich, dass in jedem kleinsten Teilchen des unversehrten Plasmas die bestimmt eingestellte Willens-, das heißt, Tätigkeitsrichtung des ganzen Organismus, durch die er als solcher charakterisiert ist, sich betätigt; nur so ist es möglich, dass (bei niederen Organismen) das Ganze oder (bei höheren) Teile des Individuums aus einzelnen „Zellen" wiederhergestellt werden können, und zwar im Sinne des Bau- und Tätigkeitsplans, dessen Verkörperung der ganze Organismus ist. Wie wir heute wissen, handelt es sich bei diesem Bau- und Tätigkeitsplan um das Bio-Molekül DNA, das im Zellkern enthalten und somit Teil des Protoplasmas ist. Die DNA enthält in verschlüsselter Form die Information, für die meisten Lebensvorgänge des Körpers. Doch diese Information allein bewirkt noch nicht das Leben. Erst das gesamte System, wie weiter oben erwähnt, macht das Leben aus. Für unsere weiteren Betrachtungen brauchen wir hierüber allerdings keine Details.

## Hat die Pflanze Individualität?

Bei oberflächlicher Betrachtung sieht es nicht stark danach aus, dass man Pflanzen Individualität zugestehen könnte. Was kann man nicht alles von einer Pflanze wegschneiden, ohne dass sie daran zugrunde geht! Und nicht nur, dass die Pflanze selbst, der „Stock", dabei erhalten bleibt, auch die abgetrennten Stücke leben weiter, wenn man sie in Wasser gibt, sogar einzelne Blüten. Allerdings nicht sehr lange; aber dass sie noch weiterleben, scheint wenig für die „Individualität" der Pflanze zu sprechen. Mehr noch: Bei vielen Pflanzen braucht man nur kleine Zweigchen abzuschneiden und in den Boden zu stecken, dann wächst aus ihnen eine neue dauerfähige Pflanze, ein neues „Individuum" heran, fünfzig oder mehr, wenn man will, von einer Pflanze, — und auch der „Stock" bleibt noch erhalten. Kann man ein „Individuum" so aufteilen?

Sehen wir näher zu. Bei diesen „Stecklingen" ereignet sich etwas sehr Merkwürdiges: Sie bewurzeln sich an dem im Boden steckenden Stängelteil! Die Pflanze wird angeregt, an einer Stelle ihres Körpers, wo sie dies im natürlichen Zusammenhang der Teile niemals tun würde, plötzlich Wurzeln zu bilden, also etwas, das ganz außerhalb ihrer „Gewohnheit", ganz außerhalb der „ererbten Mechanik" liegt, und gerade diese Organe, deren sie zu andauerndem Bestehen bedarf. Denn warum geht ein bloß in Wasser eingefrischter Zweig schließlich doch zugrunde? Weil er nur Wasser und nicht auch die im Boden enthaltenen Nährsalze bekommt (also, wenn auch nicht verdurstet, so doch verhungert). Durch Beimischung solcher Salze in Gewichtsverhältnissen, die den natürlichen Bedingungen entsprechen, kann man die Situation vielleicht verbessern, aber lange hält dies nicht vor, denn durch die Schnittfläche des Stängels allein kann der Zweig nicht in entsprechender Weise aufnehmen, — er braucht dazu die Wurzeln, die darauf eingerichtet sind. Und nun erzeugt ein solcher Stängel an der dafür durchaus unvorbereiteten Stelle gerade die Organe, die der Pflanze in diesem Fall zur Erhaltung ihrer einheitlichen Ganzheit fehlen!

Auch das Umgekehrte kommt häufig vor: Schneidet man den ganzen oberirdischen Stamm oder Stängel fort, so treibt die Pflanze aus der Wurzel oder der stehen gebliebenen Stammbasis neue Sprosse (solange sie über genügende Stoffvorräte in der Wurzel verfügt). Auch hier wird das Fehlende, aber Notwendige ersetzt. Die Pflanze hat eigentlich nur zwei Organe: die Wurzel und den Blätter und Blüten tragenden Spross. Beide gehören zusammen. Die Wurzel nimmt das Wasser und die Nährsalze aus dem Boden auf, was der Spross nicht kann; der Spross seinerseits ist allein dazu befähigt, die Kohlensäure der Luft aufzunehmen (hauptsächlich mit den Blättern) und deren Kohlenstoff (in den grünen Zellen) zu organischen Baustoffen umzuarbeiten, was wieder die Wurzel nicht kann; diese wird nur vom Spross her ernährt. Fehlt die Wurzel, so geht schließlich der Spross zugrunde; fehlt dieser, so stirbt nach einiger Zeit die Wurzel. Eine dauernde Erhaltung der Pflanze ist nur möglich, wenn im Falle des Verlustes der verloren gegangene Teil ersetzt werden kann. Das gibt denn doch zu denken und wirft ein belehrendes Licht auf die Frage der Individualität: Auch die Pflanze kann nur dann andauernd erhalten bleiben, wenn „alles da ist", was dazugehört. Dass aber der abgetrennte Pflanzenteil im gegebenen Fall gerade das hierzu Fehlende selbst neu bildet, zeigt, dass die „Identität", als das vereinheitlichende, die Ganzheit herstellende Prinzip, auf den abgeschnittenen Teil übergegangen und in dem stehen bleibenden erhalten geblieben ist.

Vielleicht wird dem Leser die Sache hier doch zu kraus. Kann denn ein „Ich" geteilt werden? Man könnte vielleicht deshalb der Pflanze die Identität abstreiten, wenn wir der gleichen Ungeheuerlichkeit nicht — überall begegneten! Zunächst: Ist es etwas anderes, wenn man einen Wasserpolypen oder einen Regenwurm entzweischneidet und sich die Teilstücke dann zu einem neuen „Individuum" ergänzen? Einer solchen Hydra oder dem Regenwurm wird man aber doch schon eher eine Identität zuzugestehen bereit sein usw. Aber die Sache geht weiter und tiefer. Das Ich wird ja in solchen Fällen gar nicht „geteilt", — es entstehen ja keine „halben" Ichs; vielmehr bleibt die ursprüngliche Identität bestehen und die neue Identität wirkt nur wieder in gleicher Weise gestaltend und regulierend. Dem Mysterium der organischen Individualisierung gegenüber versagen eben, wie schon nachdrücklich betont, die raumzeitlichen Begriffsbestimmungen.

Das Wesentlichste der „Identität" liegt nicht bloß in der jeweiligen körperlichen Umgrenzung, sondern in der vereinheitlichenden Tätigkeit. Das hatte uns schon die Betrachtung der Fortpflanzungsvorgänge klar gemacht. Hier liegt aber auch der Punkt, auf den ich eben anspielte: Ist es im Grunde etwas anderes, wenn bei der Erzeugung der Ei- und Samenzellen die Identität ungeschwächt auf jede dieser Tausende von neuen Identitäten übergeht und hier durch Neugestaltung alles „ergänzt", was zur selbstständigen Erhaltung nötig ist, während das „alte Ich" weiter besteht?

Ob aus einer einzelligen Alge durch Zweiteilung unmittelbar zwei neue Individuen, zwei neue Identitäten, hervorgehen, oder ob eine mehrzellige Alge oder ein höherer Organismus einzelne Fortpflanzungszellen abgibt, die ihrerseits solche neue Identitäten sind und deshalb zu gleichen Individuen heranwachsen, — wo soll da ein grundsätzlicher Unterschied sein? Dass man im Fall der gleichmäßigen Zweiteilung nicht sagen kann, welches das „alte" und welches das „neue" Ich sei, — das ist alles. Und da dasselbe Mysterium der Vervielfältigung des Ichs auch beim Menschen (von dem wir doch eben den Begriff der „Identität" hernehmen) vorliegt, wenn in seinem Körper die Keimzellen abgegliedert werden, dann liegt doch sicherlich kein Grund vor, bei der Pflanze (vom Tier gar nicht zu reden) davor zurückzuschrecken.

*

Der Arm, den man dem Menschen abschneidet, stirbt ab; der Zweig, den man von einem Baume bricht, vertrocknet, wenn man ihn an der Luft liegen lässt. Hingegen lebt der Zweig weiter, wenn man ihn in Wasser stellt, der abgetrennte Arm jedoch ist durch nichts am Leben zu erhalten. Wie sonderbar: Der Mensch erscheint dadurch viel mehr als Individuum wie die Pflanze, aber der abgetrennte Teil erscheint bei ihm weniger beseelt als das Bruchstück der Pflanze, das weiterleben kann! Oder sollte das doch ein Hinweis sein, dass Beseeltsein und Lebendigsein nicht dasselbe ist? Das wäre ein Fehlschluss. Dieses verschiedenartige Verhalten ist nicht eine Frage des Lebens oder der Beseeltheit, sondern nur eine Frage der Organisation. Die Organisation ist aber schon ein Erzeugnis des Lebenstriebs, eine Schöpfung der Vitalseele. Organisation ist Technik des Lebens. Lebendig ist der Mensch und lebendig ist die Pflanze; beseelt sind sie beide. Aber die Lebenstechnik der körperliche Lebensapparat der Menschen- und der Pflanzenseele ist ein anderer. Der Apparat bedingt aber die Leistungsfähigkeit. Der Mensch ist vitalseelisch ungeheuer viel leistungsfähiger als die Pflanze, aber seine einzelnen Teile sind es viel weniger als die der Pflanze.

Wir haben an früherer Stelle den Organismus mit einem verwickelten technischen Betrieb verglichen, der wie jener seine „Seele" hat, nämlich den Willen und das Können derjenigen, die den Betrieb „ins Leben rufen" und erhalten. Bleiben wir ein wenig bei diesem Vergleich. Denken wir uns einen kleinen, bescheidenen Betrieb, der mit wenig Mitteln arbeiten kann und vielleicht nur von zwei oder wenigen Personen geleitet wird, welche alles Wissen um diesen Betrieb und alles Können, das dazugehört, gleichmäßig besitzen. Wenn eine dieser Personen aus dem Betrieb austritt oder entlassen wird, dann kann diese Person aufgrund ihrer Gesamtfähigkeit einen gleichen Betrieb ohne Weiteres selbstständig fortsetzen bzw. erneuern.

Nun denke man einen großen Betrieb mit einem ungeheueren Apparat sowohl an Räumen und maschinellen Einrichtungen als auch an Ausführenden, also wollenden und handelnden Angestellten. Die volle Kenntnis alles zu diesem Betrieb Nötige, mithin auch die Fähigkeit, ihn aufrechtzuerhalten, haben hier nur einige wenige der in diesem Betriebe tätigen Menschen, vielleicht nur der Chef selbst. Ein Untergebener oder gar irgendein mit einer besonderen Verrichtung allein betrauter Arbeiter könnte, aus dem Betrieb entlassen, niemals einen gleichen Betrieb fortsetzen oder neu schöpfen. Wir sagen: Ein solcher Betrieb ist zu verwickelt organisiert und zu stark zentralisiert, als dass ein beliebiger Teil für sich allein bestehen könnte. Wohl kann in solchem Fall der Betriebsleiter nichts ohne seine Hilfskräfte machen, wenn er auch einzelne von ihnen entbehren kann, ohne dass der Betrieb stillstehen müsste; niemals aber kann der untergeordnete Angestellte für sich allein diesen Betrieb weiterführen.

Der Sinn dieses Gleichnisses wird bereits offenbar sein: Die Stufenleiter der Lebewesen ist eine aufsteigende Reihe immer vollendeterer Organisationen, immer neuartigerer und verwickelterer Technik des Lebens. Das Wesentliche einer gesteigerten Betriebstechnik ist einerseits Arbeitsteilung, andrerseits als unausbleibliche Folgen und Bedingung zugleich Vereinheitlichung (Zentralisation). Je mehr die einzelnen Teile eines Betriebes auf beschränkte besondere Tätigkeiten eingestellt sind, desto mehr geraten diese Teile in gegenseitige Abhängigkeit (Integration) und desto mehr müssen — eben zur Entlastung der anderen — bestimmte Einzelbetriebe innerhalb des Ganzen bestimmte „Funktionen" ganz allein übernehmen, bis zur „Zentralstelle", wenn es zur Bildung einer solchen kommt.

Im Organismus verhält es sich ganz ähnlich. Je höher organisiert ein Lebewesen ist, desto mehr kommt es zur Ausbildung von „Zentralstellen": Herz, Lungen, Ganglien, Gehirn usw. Diese werden unentbehrlich und müssen unbeschädigt bleiben, wenn der Betrieb fortbestehen soll; Organe, die verhältnismäßig untergeordnet oder mehrfach vertreten sind, können wegfallen (natürlich immer zu irgendwelchem Schaden des Ganzen), vorausgesetzt, dass durch ihren Wegfall kein Zentralorgan in Mitleidenschaft gezogen wird. Die Individualität und damit auch die Identität ist um so ausgeprägter, je mehr die Funktionen zentralisiert erscheinen.

Hingegen erscheint es sinnlos, nach einer „Zentralstelle des Lebens" im Individuum zu suchen. Weder Herz noch Gehirn usw. ist eine solche „oberste" Zentralstelle. Neben dem „Zentralisierten" steht das „Zentralisierende", und hier versagt

78

der unmittelbare Vergleich mit dem künstlichen menschlichen Betrieb, sobald man als die Seele dieses Betriebes nicht den schöpferischen und leitenden Geist, der das ganze durchdringt, verstehen will. Auch die „Vitalseele" des Organismus ist nicht räumlich fassbar. Sie ist nur geistig fassbar und „sitzt" weder in der Zirbeldrüse noch sonst irgendwo. Aber ohne sie nichts und mit ihr alles, was die Lebenstechnik des betreffenden Organismus ermöglicht.

Deshalb ist es oberflächlich gedacht, wenn man der Pflanze Vitalseele, Individualität und Identität absprechen will, weil sie nicht auf jener Höhe lebenstechnischer Zentralisation steht, wie das Tier. Als ob dies etwas damit zu schaffen hätte! Die kleinste Schusterwerkstätte ist dem Wesen nach ebenso ganz und gar ein technischer Betrieb, wie es die große Schuhfabrik mit Tausenden von Angestellten, palastartigen Räumen und modernsten Maschinen ist.[11]

Ich glaube bereits hinreichend begründet zu haben, aus welchen schwerwiegenden Gründen es unzulässig erscheint, die Frage nach der Identität (= vitalseelische Individualisierung) mit der nach Ich-Bewusstsein und der Ich-Vorstellung zu verquicken. Man muss sich eines gegenwärtig halten: Hat der Mensch zur Zeit seiner Geburt und während der ersten Entwicklung ein Ich-Bewusstsein und eine Ich-Vorstellung? Das Letztere kann man bestimmt verneinen, — es dauert lange, bis das Kind den Ich-Begriff bekommt und von sich nicht mehr in der dritten, sondern in der ersten Person zu sprechen beginnt. Die Frage nach dem Vorhandensein eines Ich-Bewusstseins (das heißt der Empfindung seiner selbst als eines tätigen Subjekts) ist natürlich nicht unmittelbar beantwortbar. Mindestens aber kann es als nicht eher vorhanden angenommen werden, als bis der entsprechende Apparat für den Eintritt von Bewusstwerdens-Zuständen im Gehirn entwickelt ist. Jedenfalls hat aber auch der Neugeborene bereits seine „Vitalseele" und ist ebenso bereits eine „Identität";

---

11 „Ist es nicht sonderbar, dass, da man die Seele doch gewöhnlich selbst als das die Mannigfaltigkeit des Leiblichen verknüpfende Prinzip betrachtet, man anderseits so geneigt ist, noch das sichtliche Hervortreten eines ausgezeichneten Punktes oder Organs in dieser Mannigfaltigkeit als besonderen Ausdruck ihrer einigenden Gewalt zu verlangen?" (Fechner.)

das wird wohl schwerlich jemand leugnen wollen. Wenn aber der Neugeborene, trotz mangelnden Selbstbewusstseins, Vitalseele und Identität besitzen muss, und wenn der Erwachsene seine Identität auch in Momenten der Unbewusstheit (z. B. Schlaf oder Narkose) bewahrt, dann ist es in keiner Weise widersinnig oder unerlaubt, zu denken, dass niedere Lebensstufen diesen Grad der Identität, der auch bei allen „bewussten" Lebewesen das Beharrende ist, eben ständig haben können, ohne durch (gelegentliche oder zahllose) Bewusstseinsblitze erleuchtet zu werden.

Die Grundbedingungen, welche die Pflanze mit höheren Lebensformen gemein hat, sind eine geschlossene Ganzheit und eine aktive Handlungsfähigkeit dieser Ganzheit gegenüber die Umwelt. Über den „Gefühlston" des pflanzlichen Empfindungsvermögens können wir nichts aussagen. Dass aber auch die Pflanze eine vitalbeseelte Identität ist, das beweist sie dadurch, dass sie technisch als eine solche organisiert ist und sich aktiv selbstbehauptend, als solche benimmt. Das Grundmysterium des Lebens, die Vernünftigkeit, ist bei der Pflanze nicht mehr und nicht minder wirksam, als bei jedem Lebewesen.

# Das pflanzliche Empfindungsvermögen

Sprechen wir jemandem von der Beseeltheit der Pflanze, so wird, falls uns der Betreffende nicht als Spaßvogel oder bedauernswerten Irrenhauskandidaten betrachtet, eine seiner ersten Fragen sein: Wie mag dann das vitalseelische Empfindungsvermögen der Pflanze geartet sein, wie beschaffen müssen wir es uns denken? Das ist eine Frage, die selbstverständlich ebenso naheliegend wie schwer beantwortbar ist. Unmittelbar beantwortbar überhaupt nicht. Man muss sich auf das Vergleichen verlegen, muss aus den Symptomen auf das Wesen schließen, wie der Arzt auf die Krankheit. Aber hier gleich eines voraus: Ob wir auf diese Frage eine mehr oder minder berechtigte, mehr oder weniger begründbare Antwort finden können oder nicht, — die Frage nach der Vitalbeseeltheit überhaupt der Pflanze wird davon nicht berührt. Für diese haben wir, wie man gesehen hat und noch sehen wird, ganz andere entscheidende Gründe. Die Feststellung einer dem logischen Denken sich aufdrängenden Tatsache und das vollständige Verstehen dieser Tatsache bedingen sich nicht gegenseitig. Wenn wir einen Menschen eine Handlung begehen sehen, die wir „nicht begreifen", das heißt, bei welcher wir nicht verstehen, was er dabei gedacht oder gewollt haben mag, so zweifeln wir doch nicht, dass er dabei gedacht und gewollt habe. Wir zerbrechen uns vielleicht den Kopf darüber, was das Gedachte und Gewollte gewesen sein könne, nicht aber darüber, dass dabei überhaupt etwas gedacht und gewollt wurde. Wenn wir nichts, aber auch gar nichts darüber zu denken vermöchten, auf welcher Stufe die Empfindungen der Pflanze stehen mögen, so bleiben doch alle Gründe für die Überzeugung, dass sie irgendeine Funktion der Vitalseele haben müsse, dadurch gänzlich unberührt.

*

Die Hauptschwierigkeit liegt gar nicht einmal darin, dass die Pflanze in ihrer ganzen Organisation so ungeheuer weit von unserer eigenen entfernt ist, sondern darin, dass es überhaupt schwer ist, fremde Empfindungen zu verstehen. Man täusche sich nicht: Die allgemeinen übereinstimmenden Grundlagen der menschlichen Empfindungen machen es mir scheinbar leicht, in meinen Nebenmenschen eine gleiche Seele zu erkennen, wie ich sie in mir erlebe, so wie ich etwa annehme: Der Mensch dort sieht auch „rot", wo ich „rot" sehe. Wie steht es aber im Feineren, Genaueren? Je mehr Erfahrungen man im Leben macht, desto mehr wird man gewahr, wie schwer und unzulänglich sich eigentlich die Menschen gegenseitig verständigen können.

Ich wage ganz getrost die Behauptung, dass die Missverständnisse im emotional-seelischen Verkehr der Menschen weit überwiegen. Selbst bei größter geistiger und sonstiger Seelenverwandtschaft, auch zwischen best harmonierenden Persönlichkeiten, bleiben stets im tiefsten Denken und Empfinden gleichsam Isolierungsstellen, an denen sich die beiden Persönlichkeiten nicht zu berühren vermögen. Man setzt sich im täglichen Leben darüber hinweg. Aber irgendeinmal, da und dort, kommt wenigstens ein flüchtiger Augenblick, wo der Verständnismangel offenkundig, sogar schmerzhaft fühlbar werden kann. Starke Persönlichkeiten kommen darüber hinweg, ohne dass die allgemeine Harmonie des Zusammenlebens gestört wird. Zuweilen aber, unter der „Hand des Verhängnisses", kann ein solcher flüchtiger Augenblick des Nichtverstehens zu tragischen Auswirkungen führen, an die niemand gedacht hätte. Es braucht dabei auch nicht immer ein größerer geistiger Unterschied die eigentliche Ursache des Nichtverstehens zu sein, ebenso wenig irgendwelche Minderwertigkeit der einen oder anderen Person: Es wirkt da oft, gerade in den auffälligsten Beispielen, die uranfängliche Veranlagung der Persönlichkeit, die dem Individuum angeboren ist und die es nicht zu durchbrechen vermag.

Keine Individualpsyche gleicht völlig der anderen. Jede folgt nicht bloß den allgemeinen Gattungsgesetzen, sondern in höchster Schärfe auch Individualgesetzen. Dies wird um so mehr der Fall sein, je reichhaltiger auf einer gegebenen Lebensstufe die Auswirkungsmöglichkeiten der Psyche sind. Gerade in der Auswirkung von Mensch zu Mensch ist es um so weniger verwunderlich, als ja im Leben des Einzelnen wiederholt Augenblicke eintreten, wo er „sich selbst nicht versteht". Die geheimnisvollen unterbewussten Strömungen der Individualität durchkreuzen nur zu oft die Einstellungen der bewussten Funktionen des Seelenlebens.

*

So steht eine Schranke für die volle Erfassung fremder Empfindungen schon zwischen Mensch und Mensch. Wie viel mehr zwischen Mensch und Tier! Von der Verfehlung des Menschen gegen den Menschen ist viel die Rede, — wer spricht von der allgemeinen Verfehlung des Menschen gegen das Tier?! Und doch: Welches Sündenregister kann man da der Menschheit vor Augen halten! Freilich: Man hat jedoch genug zu tun, der Verfehlung des Menschen gegen den Menschen zu wehren, — soll man sich darüber hinaus noch zum Anwalt der Tierwelt machen? Wie gegen den Mitmenschen, so handelt der Mensch auch gegen das Tier verwerflich in zweifacher Weise, im Geist und in der Tat.

Der Rohheiten gegen die Tierwelt gibt es so ungezählte, dass der fein organisierte Mensch sich mit Schauder von der größten aller Bestien, dem Menschen, abwenden möchte. Es ist ein vitalseelischer Defekt des Menschen selbst, der diesen zu solchem Verhalten gegen die Tiere antreibt. Will ich Gewissheit über den Seelenadel eines Menschen haben, so betrachte ich nicht sein Benehmen gegen die Mitmenschen; da ist alles Komödie, — oder kann es wenigstens sein — Eigennutz, Berechnung, Furcht in allen möglichen Auswirkungen.

Nein, sein Verhalten zu der Tierwelt studiere ich und weiß dann, wie ich mit ihm daran bin, denn da verstellt und maskiert er sich nicht. Wer von Menschenliebe überfließt und gleichsam mit der einen Hand „Wohltaten" übt, während er mit der anderen die Tiere peinigt, von dem weiß ich, dass er ein Heuchler ist, der mich niemals betören kann. Wer die Tiere nicht liebt — vielleicht bloß, weil er sie nicht kennt —, dem kann man daraus noch keinen moralischen Strick drehen; wer sie aber roh und gefühllos behandelt, dem gehe man aus dem Weg, soweit man kann, denn er wird gegebenen Falles gegen seine Mitmenschen genau so roh, gefühllos und rücksichtslos sein, — wo er es nämlich zu seinem Vorteil tun kann, ohne eine Gefahr befürchten zu müssen. Mag er sich noch so liebenswürdig zeigen, er ist für mich gezeichnet und trägt das Warnungsschild „Vorsicht!" an der Brust. Das ist die Verfehlung des Menschen gegen das Tier mit der Tat.

Was aber ist die Verfehlung mit dem Geist? Die falsche Einschätzung der Tierpsyche. Die völlige Ableugnung der Tierpsyche ist nur eine Hochmutsgeste des Menschen, der gern den Glauben erwecken möchte, seine eigene tierische Natur entfließe einer „edleren" Quelle, auf welchen Freibrief hin er dann alles für erlaubt hält.

Aber auch derjenige, der die Tierseele sucht, wird wohl zahllose Fehler begehen, denn nun zeigt sich sehr bald, was für eine Schranke des Verstehens zwischen der Menschen- und Tierseele aufgetürmt ist. Zwei Fehler begeht der Mensch hier allzuleicht: dass er der Tierpsyche zu viel rein menschliche Züge andichtet, und dass er, diese Züge nicht findend, oder ihre unangemessene Übertragung vermeiden wollend, vergisst, dass die Tierpsyche durch andere Züge ausgezeichnet sein könnte, die wieder der Menschenpsyche fehlen. Man geht so weit, den Tieren (sogar höheren!) Bewusstsein und Selbstwahrnehmung abzustreiten, obwohl deren Vorhandensein zwischenzeitlich durch zahlreiche Experimente der Tierpsychologie bestätigt ist.[12]

Gegen solche Unfähigkeit, im Verschiedenen das Gemeinsame sehen zu können, ist jeder Kampf vergebens. Aber ebenso gefährlich ist es, wenn jemand in dem Gemeinsamen nicht auch das Verschiedene sehen kann. Was wissen wir beispielsweise über die Empfindungsfähigkeit der Tiere? Was darüber, wie sich aufgrund ihrer Sinneswahrnehmungen ihr Vorstellungsbild der Umwelt gestalten mag? Wie streiten sich die Gelehrten über die Sinnesfähigkeiten beispielsweise der Insekten! Ob sie mehr „riechen" oder mehr „sehen"? Aber ich bin noch wenig der Frage begegnet, ob sie nicht vielleicht Sinneswahrnehmungen besitzen, für die wir überhaupt kein Vergleichswort haben können. Was für Außen-

---

12  vgl. u. a. Sedlacek, *Unsterbliches Bewusstsein*, Norderstedt (2008), S. 89 ff

weltseinsdrücke mag so ein Insektenfühler mit seinen eigenartigen Sinnesorganen übermitteln? Und welche subjektiven Auswirkungen mögen diese Sinneseindrücke auslösen, welche Gefühlstöne, Empfindungskombinationen, Willensregungen? Viele Menschen fragen sich vielleicht, inwiefern die Empfindungsfähigkeit der Tiere „niedriger", in mancher Beziehung auch „höher" als die unsrige sein möge, — wie viele aber dürften schon gefragt haben, inwiefern es vielleicht ganz anders sein möge, ohne Vergleichsmöglichkeit?

Es ist hier nicht meine Aufgabe, den Problemen der Tierpsychologie nachzugehen. Nur einen Hinweis wollte ich geben, wie ganz im Dunkeln wir schon herumtasten, wenn wir uns eine Vorstellung bloß des tierischen Empfindungsvermögens machen wollen, besonders bei weiter abliegenden Organisationen. Denn: Andere Sinnesorgane, andere Zentral- und Verbindungsorgane und andere Gesamtorganisation des Körpers können und werden auch mit einer anderen subjektiven Prägung des Empfindungsvermögens verbunden sein. Diesen Hinweis wollte ich aber bringen, um so recht hervortretend zu unterstreichen, wie viel schwieriger es sein muss, irgendeine bestimmte Vorstellung über das pflanzliche Empfindungsvermögen, also bei Lebewesen zu gewinnen, welche in vieler Beziehung unstreitig einfacher, dabei aber eben auch ganz anders organisiert sind!

*

Hält man sich den gewaltigen Gegensatz vor Augen, der zwischen der Organisation einer höheren Pflanze und selbst schon einer niedrigen Tierform besteht, so ist man versucht, zu sagen: Es ist müßige Gedankenspielerei, die Natur des pflanzlichen Empfindungsvermögens erkennen und irgendetwas darüber in Begriffen des menschlichen Seelenlebens ausdrücken zu wollen: Begnügen wir uns mit der durch die Tatsachen geforderten Erkenntnis, dass auch der Pflanze ein irgendwie geartetes Empfindungsvermögen zukommen müsse, und enthalten wir uns jeder Aussage über dieses für uns unfassbare Innenleben. Das wäre gewiss das Sicherste. Aber der Menschengeist sucht nicht immer bloß das Sichere (da käme er nämlich gar nicht weit!), sondern auch das Wahrscheinliche, sogar auch das bloß Mögliche.

Auf der anderen Seite: auch die Empfindungen unserer Mitmenschen „erraten" wir bloß; wir machen uns Wahrscheinlichkeitsgedanken darüber, schließen aus den Symptomen. Auch hier spielt intuitives Erfassen eine viel größere Rolle als kalte Verstandesarbeit und rein logisches Denken. Sollte intuitives sich Versenken in das Wesentliche der Pflanze nicht doch wenigstens eine gewisse äußere Einordnung der Pflanzenpsyche in das Begriffsschema der Psychologie ermöglichen?

*

Bei allen folgenden Betrachtungen muss festgehalten werden: Das pflanzliche Empfindungsvermögen haben wir gegenüber dem des Menschen und wenigstens der höheren Tiere nicht so sehr bloß als „niedriger", sondern vor allem als „anders" beschaffen zu denken.

## Erledigt die Pflanze ihre Aufgaben im Schlaf?

Weil wir der Pflanze ein bewusstes Vorstellungs- und Gedankenleben im Sinne unseres eigenen und desjenigen der höheren Tiere nicht zuschreiben können, begegnet man vielfach der Neigung, das pflanzliche Empfindungsvermögen so als dem eines Schlaf- und Dämmerzustands aufzufassen, als ein Empfindungsvermögen, das unserem (!) im Schlaf entspräche. Dazu bemerkt schon Fechner: „Im Grunde ebenso gedankenlos ist es, ein Seelenleben der Pflanzen überhaupt zwar anzuerkennen, aber auf einen schlaf- oder traumartigen Zustand reduziert finden zu wollen. Sehen wir die Pflanzen nur scharf an, werden wir alles nur gegen eine solche Annahme sprechend finden."

Schläft die Pflanze überhaupt? Ich glaube, man kann diese Frage ziemlich getrost mit Nein beantworten. Was man als Schlafbewegungen, Schlafstellungen bezeichnet, ist in Wirklichkeit etwas ganz anderes. Das sind nicht Ruhezustände, bei denen die Wahrnehmung von Reizen ausgeschaltet ist, sondern vielmehr ganz im Gegenteil besondere Tätigkeiten als Antwort auf bestimmte wahrgenommene Reize, — Tätigkeiten, die gerade gegenüber der Umgebungssituation Zweckmäßigkeitscharakter haben.

Wenn die Blättchen eines Schmetterlingsblütlers oder anderer Pflanzen, die solches Verhalten zeigen, in der Dunkelheit zusammenklappen, so tun sie dies nicht, um „auszuruhen" (es wäre auch gar nicht einzusehen, inwiefern diese Lage mehr „Ruhe" bedeuten sollte, als die andere), sondern um sich gegen gewisse, in der Natur mit der Dunkelheit (Nacht) verbundene Einwirkungen (vielleicht Transpirations-, vielleicht Kältegefahr, vielleicht noch etwas ganz anderes, wovon wir nichts wissen) zu schützen. Auch sind solche „Schlafbewegungen" zu wenig häufig, als dass man ihnen eine grundsätzliche Bedeutung beimessen könnte.

Mehr Schlafcharakter zeigt die Vegetation im Winter. Hier „ruht" alles. Die Bäume stehen kahl und starr, nichts „rührt" sich an ihnen; die unterirdischen Knollen, Zwiebeln und Wurzelstöcke ruhen und harren der „weckenden" Wirkung der Frühlingswärme. Aber ist Ruhe auch schon Schlaf? Die Winterruhe wird der Pflanze von außen aufgezwungen, der Schlaf des Tieres ist innerlich bedingt. Kein längerlebiges Tier und kein Mensch bringen es zustande, wochen- oder monatelang ohne Schlaf zu leben. (Die Bienen schlafen nicht, aber ihr Leben währt auch nur einige Wochen, dann ist es verbraucht!). Das organisatorisch bedingte Schlafbedürfnis ist das Vorausgehende, die Ausschaltung der Sinnestätigkeit das Nachfolgende. Der Vorrat an Bewegungskräften ist erschöpft, es muss im Organismus für neue Bewegungsfähigkeit vorgearbeitet werden, und für die dazu nötige Zeit wird der Sinnesapparat, dieser ständige Erreger der Bewegungstätigkeit (wozu wir auch das Bewegungsspiel der Gedanken rechnen müssen) ausgeschaltet.

Bei der Winterruhe, dem „Winterschlaf" der Pflanze ist es gerade umgekehrt: Die Pflanze ruht hier nur, weil der Mangel der nötigen Temperatur mit allen seinen physiologischen Folgeerscheinungen die Ausübung vieler Funktionen hemmt. Die Ursache liegt außen, beim Schlaf liegt sie innen. Der Schlaf ist die Auswirkung einer innerlich bedingten notwendigen Arbeitsteilung, die Ruheperiode der Pflanzen ist eine aufgezwungene Untätigkeit. Dass die Pflanze keinen Schlaf hat und keinen braucht, zeigt sie in der Vegetationszeit, während welcher ihre Regulationstätigkeit Tag und Nacht fortdauert, und sie bezeugt es in den Erdstrichen mit jahreszeitlosem Tropenklima, wo selbst die Vegetation eine solche „Ruheperiode" überhaupt nicht kennt.

Ausschaltung des Sensoriums, der Sinnestätigkeit, des Rapportes zwischen dem Ich und der Umwelt, das ist das Wesen des Schlafes. Das gibt es bei der Pflanze nicht. Die Wahrnehmungsfähigkeit ihrer Sinne besteht bei Tag und Nacht, ohne Unterbrechung. Wir sprechen bei Pflanzen statt von Sinnen besser von Rezeptoren (= Empfänger) oder Reizrezeptoren anstelle von Sinnen bzw. Sinnesorganen, denn Sinnesorgane wie bei Menschen oder Tieren setzen das Vorhandensein eines Nervengewebes für die Weiterleitung der Sinnenreize voraus. Ein solches Nervengewebe wie bei den höheren Lebensformen findet man jedoch nicht bei Pflanzen.

Die in Winterruhe erstarrte Pflanze gleicht nicht dem schlafenden, sondern dem an Händen und Füßen gefesselten Menschen, der sich nicht rühren kann. Wir werden gleich weiterhin davon zu sprechen haben, dass ein aus seiner natürlichen Lage gebrachter wachsender Pflanzenteil durch Änderung seiner Wachstumsrichtung sich wieder in die richtige Lage einstellt: Der waagrecht gelegte Stängel krümmt sich wieder nach oben, die Wurzel wieder nach unten. Durch die Änderung der Stellung wird das Organ in eine ungewohnte Lage zur Richtung der Schwerkraft gebracht, — diese Änderung empfindet die Pflanze und antwortet darauf mit einer zweckmäßigen (also intelligenten!) Bewegung. Das tut sie aber bei Tag und Nacht, im Dunkeln wie im Licht. Die Krümmungsbewegungen der Ranken, mittelst welcher sie sich, auf den Berührungsreiz hin, an der Stütze befestigen, erfolgen bei Tag wie bei Nacht; die Wurzel wendet sich nach der Seite größerer Feuchtigkeit, zu welcher Stunde auch dieser Reiz sie treffen mag, im Dunkeln wie am Licht; jene Insekten fangenden Pflanzen, welche ihre Opfer durch bestimmte, auf dem Weg des Berührungsreizes ausgelöste Organbewegungen festhalten, tun dies bei Tag und Nacht, und ihre Verdauungsdrüsen reagieren auf den chemischen Reiz durch den gefangenen Körper, sobald sie eben diesen Reiz empfangen. Nur gewisse Reizrezeptoren, die eben auf Lichtwirkung und Lichtausnützung abgestimmt sind, ruhen begreiflicherweise bei Nacht, aber dann stets zugunsten anderer Regulationstätigkeiten, die sich während dieser Zeit ungehemmter entfalten können. Nein, die Pflanze schläft nicht und ruht nicht; ihre Rezeptoren arbeiten Tag und Nacht. Der Rapport der Pflanzenwelt mit der Umgebung ist ein ununterbrochener.

*

Eine Episode im Leben der Pflanze gibt es, da sie wirklich zu ruhen, zu „schlafen" scheint, ist der Samenzustand. Der Same enthält ja schon die junge Pflanze. Aber sie rührt sich nicht, sie ist tatenlos. Erst wenn Wasser hinzutritt und die nötige Temperatur, Sauerstoff, kurz: die entsprechenden äußeren Lebensbedingungen vorhanden sind, „erwacht" sie zum Leben, der Same „keimt". Aber innerlich? Schläft die Pflanze in diesem Zustand? Nein. Das ist kein Schlaf, das ist mehr: Das ist vollständige Erstarrung, Scheintod. Aber es ist ein von der Intelligenz der Pflanze gewollter Zustand, denn er stellt sich nicht als Folge einer krankhaften Hemmung des Lebenstriebs ein, sondern wird in gesetzmäßigem Ablauf herbeigeführt. Das Protoplasma in den Zellen des reifenden Samens gibt mehr und mehr von seinem Wasser ab; im reifen Zustand sind die Zellen des Samens trocken und hart. Entzieht man einem noch unreifen Samen künstlich, also gewaltsam, sein Zellwasser, so geht er zugrunde; wenn es aber im natürlichen Entwicklungsvorgang geschieht, dann ist es gerade ein Vorgang wieder von höchster Zweckmäßigkeit.

Lebendes Protoplasma kann Lebensbetätigungen nur bei einem bestimmten Wassergehalt ausführen, das gehört mit zum Lebensapparat. Gibt das Protoplasma aber sein Wasser freiwillig ab, wie beim natürlichen Ausreifen des Samens (allerdings nicht ganz, denn auch der trockene Same enthält noch bestimmte geringe Prozente an Wasser), dann verliert es zwar die Fähigkeit der sichtbaren Lebensäußerung, aber nicht das Leben selbst. „Latentes" (verborgenes) Leben nennt die Wissenschaft diesen Zustand. Solches latentes Leben haben auch die Dauersporen niedriger Pflanzen. Ob ein Same „noch lebt", sehen wir ihm nicht an, also auch nicht, ob er ein totes oder vital beseeltes Häuflein „Materie" ist, denn nur an der Betätigung erkennen wir Leben und Psyche. Ein Same, der vor mir liegt, kann ebenso gut tot als noch lebend sein; nur der Keimerfolg gibt mir darüber Aufschluss.

Wenn aber auch ein Same „sterben" kann, — was verursacht dann in ihm den Übergang vom Leben zum Tode? Wir wissen das wieder einmal nicht. Nur so viel können wir vielleicht sagen: So unmerkbar für uns das Leben eines Samens ist, — es müssen doch noch unscheinbarste Lebensvorgänge in Form von Stoffumsetzungen in ihm stattfinden, durch welche der Protoplasma-Apparat lebensfähig erhalten bleibt. Bei zu langer (also unnatürlicher) Vorenthaltung der Keimungsbedingungen erlöschen wohl auch diese unscheinbaren Vorgänge, der Apparat für die Lebensbetätigung wird unbrauchbar, der Lebenstrieb lässt von ihm ab. Ob ein blühender Mensch in der Vollkraft seines Lebens plötzlich dem Tod verfällt, oder in solch scheintotem Samen das letzte zitternde Lebensflämmchen erlischt, — es ist das gleiche Naturmysterium.

Aber wie steht es mit der Zweckmäßigkeit des „Latenz-Zustandes"? Wohl ist das wasserarme, scheintote Protoplasma kein Apparat mehr für aktive Lebensäußerung, aber es ist in diesem Zustand zugleich der höchsten Widerstandskraft fähig. Was dem lebenstätigen, wasserhaltigen Protoplasma zum Verderben wird: plötzliche große oder andauernde Trockenheit, große Kälte, starke Erhitzung, — dem Samen gegenüber bleibt es machtlos. So ist dieser Zustand des Scheintodes hier in Wirklichkeit ein Mittel der Lebenserhaltung. Der Same ist bei den höheren Pflanzen (bei den niedrigeren treten die „Sporen" an seine Stelle) nicht nur das

90

Organ für die Vermehrung der Individuen, sondern auch besonders für die Erhaltung des Lebenstypus unter widrigen Umständen zuständig. Der solchermaßen gegen die Angriffe der Umwelt gewappnete Same mag auf trockenen Boden fallen, — er kann warten, bis Feuchtigkeit kommt; er mag von der winterlichen Kälte und dem Frieren des Bodens überrascht werden, — er kann warten, bis der Frühling in sein Innerstes dringt; er mag auf hartem Gestein von der Sonne durchglüht werden, — er kann warten, bis ein mitleidiger Windstoß ihn fortträgt oder ein wohltätiger Regen ihn von der ungastlichen Stätte fortspült.

Zahllose einjährige Lebensformen der Pflanzenwelt wären in Klimaten mit winterlicher Kälteperiode oder wasserloser Trockenheit längst dem Aussterben verfallen gewesen, wenn nicht Jahr für Jahr der scheintote Same ihr Leben, ihre Fortdauer in neuen Individuen rettete! Zu dieser plasmatischen Widerstandsfähigkeit kommen dann noch die äußeren Schutzmittel des Samens, die feste, oft steinharte Samenschale, durch welche die junge Pflanze vor mechanischer Verletzung und chemischen Einflüssen geschützt wird. Können doch viele Samen den Darmkanal der früchtefressenden Tiere passieren, ohne in ihrer Keimkraft geschwächt zu werden. Der anscheinend gefahrdrohende, schmutzige Weg, den sie da gehen müssen, wird der Erhaltung der Gattung zum Wohl, denn gerade auf diese Weise wird der Same weit verschleppt und dem Lebenskampf der Gattung neues Terrain zur Lebensbehauptung erobert. Die Naturintelligenz arbeitet in großen Zusammenhängen. Man darf sie bloß nicht aus dem Einzelnen heraus beurteilen wollen.

*

## Die Mysterien des Pflanzensamens

Der Same der höheren Pflanzen erscheint also schon in der eben geschilderten Beziehung als ein mysterienreiches Naturgebilde. Er ist dies in höherem Grade noch durch etwas anderes. Solche Lebens-Latenz, solche Scheintod-Zustände, treffen wir auch anderswo, im Pflanzenreich sowohl als auch in der niederen

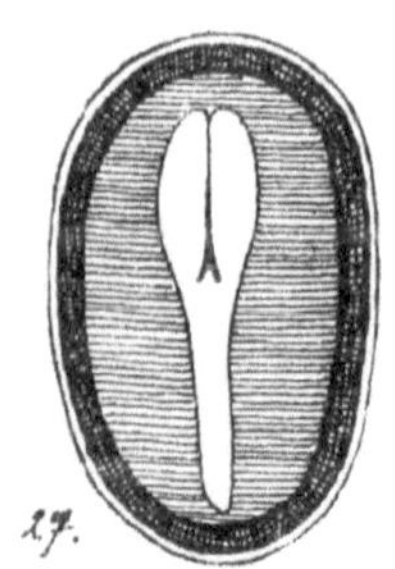

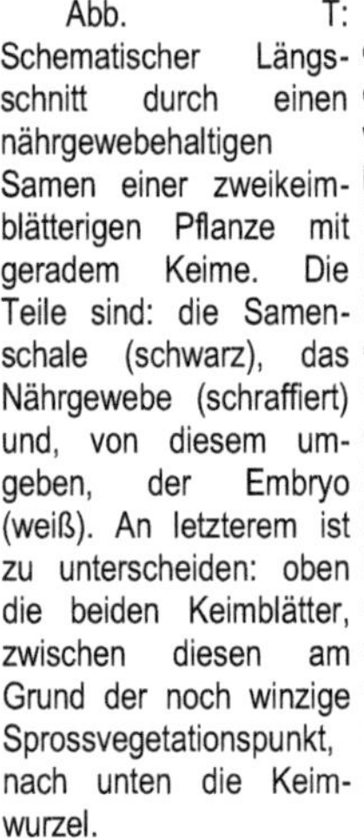

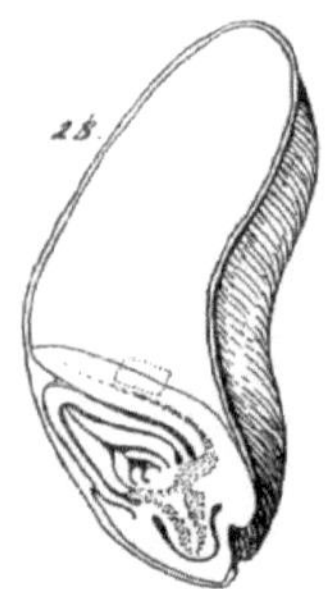

Abb. T: Schematischer Längs-schnitt durch einen nährgewebehaltigen Samen einer zweikeim-blätterigen Pflanze mit geradem Keime. Die Teile sind: die Samen-schale (schwarz), das Nährgewebe (schraffiert) und, von diesem um-geben, der Embryo (weiß). An letzterem ist zu unterscheiden: oben die beiden Keimblätter, zwischen diesen am Grund der noch winzige Sprossvegetationspunkt, nach unten die Keim-wurzel.

Abb. S: Schematischer Längsschnitt durch ein Weizenkorn. Zu äußerst die mit der sehr dünnen Samenschale ver-wachsene Fruchtwand. Der weiß ge-lassene Teil wird von dem umfangreichen Nährgewebe eingenommen. Der Embryo ist unten seitlich angelagert. Er hat nur ein Keimblatt (Klasse der Einkeimblätterigen); dieses ist hier, bei den Gräsern, zu einem schildförmigen, dem Nährgewebe durch die ganze Breite des Samens fest an-liegenden Saugorgane umgewandelt, das bei der Keimung gar nicht aus dem Samen kommt, sondern in diesem bis zur Er-schöpfung der Vorratsstoffe ausdauert und dann zugrunde geht. An dem Embryo unterscheidet man weiter nach unten die Keimwurzel, nach oben die bereits von mehreren Blattanlagen gebildete Stamm-knospe mit dem Vegetationskegel zu innerst.

Tierwelt. Hingegen nun das Besondere am Samen:

Viele Samen (zum Beispiel Bohnen, Kastanien) enthalten innerhalb der Samenschale nur den „Keim", das heißt den Embryo des neuen Individuums, der in diesen Fällen in seinen dick an-geschwollenen Keim-lättern (die beiden „Hälften" der Bohne) die ihm vom Mutterorganismus mitgegebenen Nahrungsstoffe auf-espeichert hat. Das ist die eine Art von Samen. Bei der anderen nimmt der

viel kleinere und zartere Embryo nur einen geringen Teil des Samens ein, dessen Hauptmasse von einem besonderen „Nähr-gewerbe" (Endosperm) gebildet ist, welches die Nahrungsvorräte enthält, deren der keimende Embryo bedarf, bis er selbst er-nährungsfähig wird (Abb. T.27 bis U.29). Dieses Nährgewebe, das neben oder um den Embryo herum, also jedenfalls außer ihm ge-legen ist, — wozu gehört es, nämlich vom Individual-Gesichts-punkte, vom Gesichtspunkte des „Ich" betrachtet? Gehört es zum Embryo, als Teil von dessen Identität, oder ist es ein Rest der Mutterpflanze? Ist der so beschaffene Same eine einheitliche Identität, oder enthält er zwei Identitäten und dann eigentlich zwei Seelen? Unheimliches Bild. Täuschen uns hier die Begriffe,

92

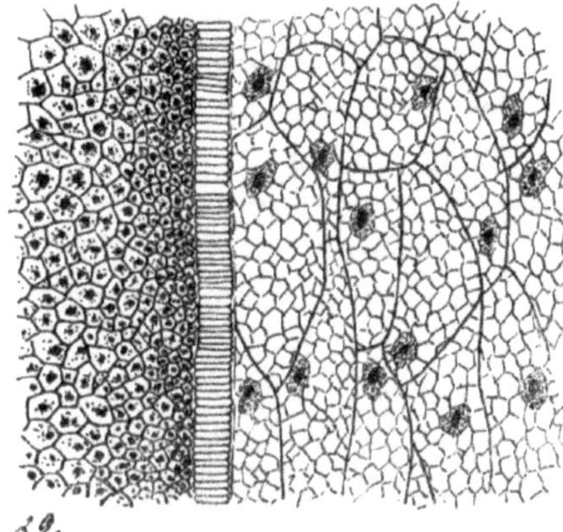

Abb. U: Eine beiläufig dem punktierten Rechtecke in der vorigen Figur entsprechende Partie an der Grenze zwischen Keimblatt und Nährgewebe bei starker Vergrößerung und mit schematisch eingezeichneter Gewebestruktur. Rechts die großen Zellen des Nährgewebes, vollgepfropft mit den sich gegenseitig abplattenden Stärkekörnern. In jeder Zelle irgendwo eine größere Plasmaansammlung mit dem Zellkern; links Randpartie des Keimblattes, dessen äußerste Zellen langgestreckt und zu einer palisadenartigen Schicht angeordnet sind: durch sie findet die Aufnahme der zur Zeit der Keimung flüssig gemachten Vorratsstoffe der Nährgewebezellen zur Ernährung der Keimpflanze statt.

oder sind wir doch mit der Vorstellung einer pflanzlichen Identität auf dem Holzweg? Oder gibt es noch eine Möglichkeit, dieses Paradoxon zu erfassen? Vielleicht ja. Doch mache sich der Leser auf etwas Unerhörtes, mindestens ganz Unerwartetes gefasst.

Greifen wir vorübergehend auf Früheres zurück. Die Beschaffenheit der Samenanlagen im Fruchtknoten wurde im vorigen Kapitel erörtert. Aus der Samenanlage wird nach vollzogener Befruchtung der Same, das heißt: Diese Befruchtung hat nicht nur die Entwicklung des Embryos zur Folge, sondern sie wirkt auch als Anreiz für weitere Gestaltungsvorgänge. Die ganze Samenanlage wächst von diesem Augenblick an weiter, begreiflicherweise (vom Gesichtspunkt der Zweckmäßigkeit aus!), weil ja Raum für den Embryo geschaffen werden muss. Aus den Hüllen der Samenanlage werden die Schichten der Samenschale; der „Embryosack" wächst mächtig heran, zunächst um dem Embryo Raum zu geben, dann aber, wenn neben diesem ein Nährgewebe entwickelt werden soll, auch diesem. Der Embryo geht aus der befruchteten Eizelle hervor. Woraus aber entsteht das Nährgewebe? Es bildet sich ja ebenfalls innerhalb des Embryosackes.

Der Leser wolle sich noch einmal das Bild der befruchtungsreifen Samenanlage betrachten (Abb. N.16). Da haben wir oben die drei Zellen des „Eiapparates" mit der Eizelle, unten die drei „Antipoden", in der Mitte entweder die noch unvereinigten restlichen zwei Zellen des reduzierten Prothalliums (die „Pol-Kerne") oder den schon durch ihre Verschmelzung hervorgegangenen „sekundären Embryosack-Kern". Weiter wolle sich der Leser erinnern, dass der bis in die Samenanlage vorgedrungene Pollenschlauch zwei Befruchtungskerne entlässt, deren einer die Befruchtung der Eizelle besorgt. Was aber geschieht mit dem anderen? Der wandert weiter, bis er zu dem sekundären Embryosack-Kern gelangt, mit welchem er sich nun vereinigt. Das bedeutet nichts Geringeres, als dass hier eine zweite Befruchtung vorliegt! Und wie jede Befruchtung der Auftakt zu einer Weiterentwicklung ist, so auch hier: Aus nunmehr beginnenden Teilungen dieses befruchteten Embryosack-Kernes geht das „Nährgewebe" hervor, das dann in dem weiterwachsenden Embryosack den ganzen Raum ausfüllt, den der Embryo freilässt. Diese Charakteristik des hier Geschehenden erkennt auch die herrschende biologische Auffassung durch den Ausdruck „Doppelbefruchtung" an. Aber die unausbleibliche Folgerung hat sie meines Wissens noch nicht gezogen: dass hier infolge eines unverkennbaren zweifachen getrennten Befruchtungsvorganges auch tatsächlich zwei pflanzliche Individuen im Samen entstehen, allerdings von ganz verschiedener Art und Bestimmung: Nur das eine, das aus der Eizelle hervorgehende Individuum wird zu einer neuen gleichartigen Pflanze, zu einer neuen Verkörperung der Gattungsidee; das zweite Individuum „verkümmert" sozusagen, es wird nicht mehr Träger der gesamten Gattungsidee, sondern ist nur mehr Träger der Idee der Erhaltung des Embryos. Es hat von allen Lebensfunktionen nur mehr diese eine: Speicherung und zur Zeit des Verbrauches entsprechende Umwandlung und Mobilmachung der Nahrungsstoffe für den Embryo. Dementsprechend hat es auch nur mehr die Struktur für diese Funktion, — es sinkt zum Wesen eines einseitig charakterisierten Zellgewebes herab! Hat dieses dergestalt „reduzierte" Individuum auch wirklich „Individualität", das heißt eine „Identität"? Schwer zu sagen, denn es steht nicht im Kampf gegen die Umwelt und kann sein Selbsterhaltungsbestreben nicht bekunden; es opfert sich vielmehr sogar für die Forterhaltung des „anderen" Individuums. Ist es

„vital beseelt"? Sicherlich, denn es lebt, hat auch einheitliche, gesetz- und zweckmäßig verlaufende Funktion.

Und ein weiterer Beweis für eine gewisse Selbstständigkeit liegt in der Tatsache, dass bei Kreuzung von Rassen (zum Beispiel des Mais) auch eine Mischung der Endosperm-Charaktere der Elternrassen festgestellt werden kann. Also erweist sich in solchen Fällen das Nährgewebe des Bastardes als echter „Nachkomme" nach den Gesetzen der Vererbung! Dann dürfen wir ihm aber Individualität, Identität und eine Vitalseele von allerdings sehr beschränkter Auswirkungskraft nicht absprechen. Also doch: in diesem unscheinbaren, zeitweise sogar scheintoten Gebilde des Samens, zwei Identitäten und mithin auch zwei Individualseelen? Es könnte einem allerdings schwindeln, aber es ist nicht darüber hinwegzukommen. Und schließlich: ist die Vorstellung, dass hier im Samen zwei Individualseelen formgestaltend und lebens- erhaltend wirken, unfasslicher als die, dass im Fruchtknoten der Pflanze in vielleicht Hunderten von Samenanlagen ebenso viel neue Individualseelen wirksam werden, oder im Mutterleib eines Tieres? Ich glaube nicht. Nur die Verschiedenheit und Ungleich- heit dieser beiden Identitäten im Samen könnte zu einem Steine des Anstoßes werden.

Aber sehen wir da noch etwas näher hin. Wir werden dabei einem neuen Geheimnis auf die Spur kommen. — Es wurde im vorigen Kapitel davon gesprochen — der Leser verzeihe, wenn ich diese trockenen, aber äußerst wichtigen Tatsachen wiederhole! —, dass die acht bzw. sieben Zellkerne („Zellen") des Embryo- sackes „alles sind, was von dem Prothallium (das heißt der geschlechtlichen Zwischengeneration) auf dieser Stufe der Pflanzenentwicklung noch übrig geblieben ist". Hingegen ist bei den Nacktsamigen noch ein richtiges „Prothallium" vorhanden, das allerdings bereits in der Großspore eingeschlossen bleibt und dementsprechend von verschwindender Größe ist. Dieses Pro- thallium bildet unverkennbare Archegonien und erweist sich dadurch einwandfrei als geschlechtliches Individuum, allerdings aber als äußerst reduziertes (Abb. R.17 S. 49). Eben dieses Pro- thallium, das zuerst die Archegonien erzeugt, dient dann später, wenn aus diesen Archegonien nach erfolgter Befruchtung Embryonen heranwachsen, diesen letzteren als Nährgewebe, das von ihnen aufgezehrt wird. Diese Tatsache bitte ich im Gedächtnis zu behalten. Und nun wollen wir uns die ganze Reihe vergegenwärtigen und sehen, was sie der Lebenslehre für Nüsse zu knacken gibt.

Das Prothallium der Farne ist zweifellos ein pflanzliches Individuum (in dem von uns festgestellten Sinn), denn es ist ja sogar der Repräsentant einer ganzen Generation. Dieses Geschlechtsindividuum hat aber ausschließlich den einzigen Zweck, Fortpflanzungsorgane und später Embryonen zu erzeugen und diese Letzteren bis zur erreichten Selbstständigkeit zu ernähren. Sobald dieser Zweck erfüllt ist, stirbt das Prothallium ab. Also schon hier, wo die Individualität des Prothalliums unzweifelhaft ist, sinkt es zu einem bloßen Werkzeug für den geschlechtlichen Fortpflanzungsakt der Farnpflanze herab! Das Gleiche gilt natürlich für die noch unscheinbareren Prothallien der „doppelsporigen" Gefäßkryptogamen, die aber immerhin noch aus der Großspore herauskommen.

Was bedeutet es nun aber für die ganze Auffassung, wenn auch die letzte äußere Spur der Selbstständigkeit schwindet und das Prothallium bei den Nacktsamigen ganz in der Großspore drinnen bleibt, dabei aber ebenso zuerst die Archegonien erzeugt und dann in der Ernährung der Embryonen aufgeht? Es ist trotzdem nicht an der Tatsache zu rütteln, dass dieses „Nährgewebe" ein v o r dem Embryo entstandenes und noch einige Zeit neben ihm bleibendes pflanzliches Individuum ist. Also tatsächlich zwei Individuen (und nach unserer Auffassung auch zwei pflanzliche Individualseelen) im Samen dieser Gewächse! Vielleicht kann dieser, an der Kette der Zusammenhänge nachweisbare Zustand nun schon auch den anfänglich absurd erscheinenden Gedanken an ein Gleiches im Samen der Bedecktsamigen in den Lichtkreis des Möglichen rücken. Nur beginnt jetzt zunächst eigentlich erst recht die scheinbare Verwirrung der Begriffe.

Denn: das Nährgewebe ist hier, bei den Bedecktsamigen, anscheinend überhaupt kein Prothallium mehr, — es entsteht ja erst nach dem Embryo oder mindestens mit ihm zugleich; die Eizelle, die doch ein Produkt des Prothalliums ist, wäre ja diesem Letzteren hier vorausgehend!

Aber gerade hier erweist es sich so recht eindringlich, dass bei allem, was die gestaltende und regulierende Wesenheit, die Vitalseele im lebenden Körper, betrifft, mit der Einschätzung räumlicher und zeitlicher Beziehungen sehr vorsichtig umgegangen werden muss. Ich habe klar zu machen versucht, dass das Lebensprinzip (der Lebenstrieb, wie wir es nannten) auch dort, wo er zu individualisierten Erscheinungen führt, selbst sich den Zeit- und Raumbegriffen entzieht. Warum soll es dann diesem Lebenstrieb nicht möglich gewesen sein, eine zeitliche Reihenfolge scheinbar umzukehren und in seiner Schöpferkraft einen plasmatischen Apparat zu schaffen, der diese „Umkehrung" nun materiell-mechanisch in Raum und Zeit verwirklicht?

Die funktionelle Gleichwertigkeit des „nachträglich" entstehenden Nährgewebes mit dem „zuerst" entstehenden ist so handgreiflich, dass auch die Biologie (freilich nur im Rahmen ihrer, gerade diese Erscheinung unverständlich lassenden mechanisch-kausalen Vorstellung) das Nährgewebe der Bedecktsamigen gleichsam als eine „verzögerte" Prothalliumbildung bezeichnet hat. Diese Vorstellung kann auch noch aus einem anderen Grund nicht als bloß „aus der Luft gegriffen" angesehen werden: Wie oben gesagt wurde, leitet sich dieses Nährgewebe von zweien der acht Embryosack-Kerne ab, die ja als restliches Prothallium betrachtet werden müssen! Die fast bis an die Grenze geführte „Reduktion" des Geschlechtsindividuums wäre hier demnach überhaupt nur eine Täuschung. Wirklich aufs Äußerste reduziert wäre nur die Erzeugung der Geschlechtsorgane, indem eine einzige und freie Eizelle gebildet wird; hingegen sind zwei bzw. ein Kern dieses auf primitivster Stufe zunächst stehenbleibenden Prothalliums dazu ausersehen, zu geeignetem Zeitpunkt die Prothallium-Entwicklung fortzusetzen bzw. nachzutragen.

Der Leser wolle nicht die Geduld verlieren. Es kommt nämlich noch etwas recht Merkwürdiges. Zunächst entpuppt sich diese Verzögerung und Wiederaufnahme der Prothallium-Entwicklung als etwas durchaus Zweckmäßiges, mithin als unverkennbarer Ausfluss der Natur-Intelligenz: Durch diese Einrichtung spart die Pflanze an kostbarem Nahrungsmaterial. Bei vorausgebildetem Nährgewebe (Nacktsamige) ist das darin aufgespeicherte Nahrungsmaterial (Eiweiß-Stoffe, Fett) vergeudet, wenn die Samenanlage nicht befruchtet wird; diese Verschwendungsgefahr ist vermieden, wenn der Anstoß zur Bildung dieses Nährgewebes erst mit der Befruchtung der Eizelle gegeben wird, wie es eben bei den Bedecktsamigen der Fall ist.

Die Naturintelligenz hat hier eine Einrichtung geschaffen, die es der Pflanze ermöglicht, abzuwarten, ob die Entwicklung des Prothalliums überhaupt Sinn und Zweck hat! — Für denjenigen, der dem Zweck- und Rationalitätsgedanken den Lebensvorgängen gegenüber den ihm zukommenden Platz einräumt, liegt auch noch eine tiefere Intelligenz-Beziehung vor: Es ist kein „Zufall", dass diese verzögerte und nachträgliche Prothallium-Entwicklung zugleich mit der Bedecktsamigkeit eingetreten ist, denn mit der vollständigen Abschließung der Samenanlagen im Fruchtknoten sind für die Befruchtung viel ungünstigere Verhältnisse geschaffen, der Bestäubungsvorgang und die Pollenschlauchbewegung viel umständlicher und daher unsicherer geworden, sodass bei den Bedecktsamigen die Gewissheit der Befruchtung jeder Samenanlage viel geringer geworden ist, als bei den Nacktsamigen mit ihren offen daliegenden Samenanlagen und der riesigen Pollenproduktion (die im gleichen Maße bei den Bedecktsamigen wegen der andersartigen Bestäubungsverhältnisse gar keinen Sinn hätte). Die Verzögerung der Nährgewebe-Entwicklung bis zum Zeitpunkt der zur Tatsache gewordenen Befruchtung der Samenanlage bei den Bedecktsamigen ist die „Kompensation" (der „Ausgleich"), welche die Natur-intelligenz hier gefunden hat![13]

Wenn solchermaßen diese nachträgliche Nährgewebe-Entwicklung, das heißt also eigentlich: Die nachträgliche Fertigentwicklung des zur Embryo-Ernährung bestimmten Pflanzenindividuums eine neue Erfindung des Lebenstriebs war, so war aber damit seine Erfinderkraft noch nicht erlahmt. Er schuf noch ein neues Instrument zur „mechanischen Sicherung" seiner Neuschöpfung: der zweite der aus dem Pollenschlauch austretenden Befruchtungskerne, der sonst überflüssig wäre, da ja nur eine Eizelle vorhanden ist, wurde als Werkzeug für den neuen Zweck herangezogen. (Bei den Nacktsamigen dienen die zwei Befruchtungskörper ja zur Befruchtung der vorhandenen zwei Archegonien!) Denn — und das ist jetzt das besonders Merkwürdige und Verblüffende: Wenn man auch von „Doppelbefruchtung" spricht, eine richtige „Befruchtung" ist diese Verschmelzung des zweiten Befruchtungskörpers mit dem Embryosack-Kerne nicht, —sonst müsste ein zweiter Embryo entstehen! Der Embryosack-Kern ist aber keine Eizelle! Daran liegt es, denn an der Gleichwertigkeit der beiden Befruchtungskörper ist nicht zu zweifeln. Es kommt aber zu keiner Entfaltung der „gesamten Arteigenschaften", sondern nur zur Entfaltung der „Prothallium-Eigenschaften", obwohl der männliche Befruchtungskern normalwertig sein muss und obwohl der Embryosack-Kern eine der Eizelle ganz gleichwertige Abstammung hat! Die Chromosomentheorie der mechanistischen Biologie mag an dieser Tatsache die Feuerprobe ablegen. Ich denke aber, dass die im Zellkern vorhandene Erbsubstanz, die DNA mit ihren Bau- und Tätigkeitsplänen, nicht allein solche Vorgänge erklären kann.[14]

---

13 Ein solches lebensökonomisches „Zuwarten" kommt auch noch anderwärts vor. So bleiben z. B. bei den Orchideen schon die Samenanlagen auf unentwickelter Stufe stehen und empfangen den Anreiz zur fertigen Ausbildung erst durch die erfolgte Bestäubung! Die besondere Zweckbeziehung liegt hier noch darin, dass viele tropische Orchideen infolge ihrer Blütengestaltung so sehr auf ganz bestimmte Bestäubter angepasst sind, dass die Wahrscheinlichkeit der Bestäubung noch weiter herabgesetzt ist. Damit im Zusammenhang steht die weitere Erscheinung, dass Orchideenblüten vor der Bestäubung sehr langlebig sind, wochenlang frisch bleiben (auf die Bestäubung warten können), während nach erfolgter Belegung der Narbe die Blumenblätter in kürzester Zeit abwelken.

Es ist also eine unbezweifelbare Tatsache: In jedem Samen mit „Nährgewebe" sind zwei Pflanzenindividuen enthalten: Die äußerst vereinfachte Geschlechtspflanze und der Embryo der neuen ungeschlechtlichen, die Erstere zugleich von vornherein zur Opferung für die Letztere bestimmt. Bei nährgewebelosen Samen tritt die Doppelbefruchtung auch ein, aber das entstehende Nährgewebe wird frühzeitig von dem heranwachsenden Embryo verdrängt, das heißt aufgezehrt, der dann selbst die zuströmenden Nahrungsstoffe aufspeichert. Der Opfertod des Geschlechtsindividuums tritt hier früher ein, das ist der ganze Unterschied. In diesen ganzen Vorgängen offenbart sich ein Stück Naturbrutalität des in seinen Einzelerscheinungen im Kampf mit sich selbst stehenden Lebenstriebs. Die unscheinbare Samenschale umschließt eine Gesetz gewordene Lebenstragödie.

Es ist nicht bloß ein poetisches Gleichnis, es ist in Wahrheit, wenn auch auf niederster Stufe, die Tragödie des Lebensopfers der Mutter für das Kind, hier nur unheimlich in ihrer scheinbar zum mechanisierten Gesetz gewordenen Ausnahmslosigkeit. — Wer aber angesichts der Bestimmung des Geschlechtspflänzchens, lediglich aufgezehrt zu werden, vor dem Gedanken einer „Individualität" eben auch dieses Pflänzchens zurückschrecken sollte, den frage ich bloß: Ist dieses Problem weniger schwierig bei einem Tier, das von einem anderen langsam gefressen wird, zum Beispiel bei einer Schmetterlingsraupe, die bei lebendigem Leib von der Larve aufgezehrt wird, die sich aus dem in den Körper der Raupe von der Schlupfwespe abgelegten Ei entwickelt?

Sie sind wahrlich nicht gering, weder an Zahl noch an Größe, — die Mysterien eines Pflanzensamens! Ich habe den Leser absichtlich hier eingehender so tief geführt, damit er fühlen lerne: Man braucht nicht erst in die Abgründe der Menschenseele zu tauchen, um vor den Geheimnissen des Lebens zu erschauern!

*

---

14 Zur Erklärung muss wohl eher ein systemtheoretischer Ansatz zum Tragen kommen (siehe auch S. 58). Allerdings erklären diese bisher auch nur Teilaspekte des Lebensprinzips. Vgl. u. a. Sedlacek, *Die letzten Ursachen*, Norderstedt (2015), S. 249 ff. und a. a. o. das Kapitel zu den biologischen Regelkreisen S. 279 ff.

Mit dem „Schlafleben" der Pflanze ist es also nichts. Ihr Wahrnehmungs- und Empfindungsvermögen auf einen dämmerigen Schlafzustand zu reduzieren, hieße das Wesen der Pflanze gründlich verkennen. Wenn von irgendeinem Wesen gesagt werden kann, es wache Tag und Nacht mit allen Sinnen, so ist es die Pflanze.

## Haben Pflanzen überhaupt „Sinne"?

Die Pflanze hat nicht einfach nur Sinne, wenn wir diese auch als Rezeptoren (vgl. S. 88) bezeichnen, ihre Sensualität ist sogar unendlich fein, mannigfaltig abgestuft und an Empfindlichkeit derjenigen des Tieres vielfach überlegen. Die Pflanze vermag in völliger Dunkelheit einen Lichtschimmer zu erspähen und ihre Wachstumsbewegungen danach zu richten, nach welchem das menschliche Auge vergebens suchen würde; sie verfügt zuweilen (wo sie darauf eingerichtet ist) über eine Berührungsempfind-lichkeit von fast unglaublicher Feinheit: Manche Ranken werden schon durch das Auflegen einer Baumwollfaser zur vollständigen Einkrümmung angeregt; die Fangdrüsen des Sonnentaus empfinden aufliegende Teilchen geschlämmter Kreide; die Feinheit der chemischen Regulationstätigkeit war im vorangehenden Kapitel besprochen worden. Die haardünnen langen Sporangien-träger gewisser Schimmelpilze sind für Feuchtigkeitsunter-schiede in der umgebenden Luft so empfindlich, dass ein in ihrer unmittelbaren Nähe ausgestellter Eisenstab sie veranlasst, sich diesem zuzuneigen, — weil infolge der an der Oberfläche des Eisens sich niederschlagenden Luftfeuchtigkeit die Luft in der Umgebung des Stabes um ein geringes trockener wird, die Spor-angienträger aber stets der Richtung geringerer Feuchtigkeit ent-gegenwachsen, weil sie der Sporenverbreitung wegen aus dem feuchten Substrat an die trockene Luft herauskommen müssen; geringste Steigerung der Trockenheit, für unser Gefühl ganz un-wahrnehmbar, wirkt deshalb auf sie in gleicher Weise, wie die minimalen Zuckermengen auf die Spermatozoen der Moose. Die Wurzeln vermögen bei ihrem Wachstum im trockensten Boden noch den letzten Spuren von Feuchtigkeit „nachzugehen" usw.

Und wie drängen, durchkreuzen, stärken und schwächen sich gegenseitig in der Pflanze die verschiedensten Sensualitäten! So paradox es dem Nichtkenner des Pflanzenlebens auch klingen mag: Die Pflanze ist der Organismus der hochgesteigerten Sensualität. So konnte schon Fechner, zu dessen Zeit man von unseren heutigen Kenntnissen über die Wahrnehmungsfähigkeiten der Pflanze noch weit entfernt war, sagen: „Wir haben eben so mannigfaltige und, wie uns dünkt, vollgültige Zeichen eines sinnlichen Seelenlebens bei den Pflanzen gefunden, als wir anderseits auf kein Zeichen, das höher hinaufweise, gestoßen sind", und „Wenn die Pflanzen sich durch ihr Aufgehen in bloßer Sensualität unter Mensch und Tier stellen, so stehen sie dagegen in der Ausbildung der Sensualitätsstufe nach schon angegebener Andeutung wahrscheinlich über beiden."

*

Das biblische Gleichnis von den Lilien im Feld, die nicht arbeiten, ist falsch. Die Pflanze arbeitet Tag und Nacht und kämpft vom ersten Schritt ihrer Entwicklung um ihr Leben mit den Mächten der Umwelt. In dem schönen Gleichnis steckt mehr naive Poesie als Erkenntnis der Wirklichkeit. Es gibt keine Lebenserhaltung ohne rastlose Arbeit, ohne unausgesetzte Betätigung. Diesem allgemeinen Naturgesetz ist auch die stille und bescheidene Pflanze unterworfen. Es ist ihr nicht vergönnt, von ihrem Wirken viel Aufhebens zu machen, und der naive Beobachter mag sich versucht fühlen, ihr Dasein als ein müheloses und arbeitsloses einzuschätzen. Es ist dies nur eine mehr unter den Ungerechtigkeiten, welche sich die Pflanze gefallen lassen muss. Wenn sie nicht einem Erstarrungszustand verfällt, gibt es für sie keine Ruhe; das lebenstätige Plasma in ihr feiert niemals. Schon ihr nie vollendetes, die ganze Lebenszeit hindurch währendes Wachstum bezeugt diese Ruhelosigkeit. Denn auch das Wachsen ist Lebensbetätigung, ist Arbeit. Wo Plasma „wächst", damit neue, für die Lebensfunktionen notwendige Organe entstehen, da gilt es, auch die Stoffe heranzuziehen, die für das Neuwerden von Protoplasma notwendig sind: Die Wurzeln und Blätter müssen arbeiten, dass sie die Rohstoffe beschaffen. Die von ihnen der Umwelt abgekämpften Stoffe müssen zu den entsprechenden organischen Verbindungen umgewandelt werden, müssen hingeschafft werden, wo der Organismus ihrer bedarf, an die Stätten der Neubildung; sie müssen dort neuerdings umgewandelt werden, dass sie in die Struktur des Plasmas und in dessen technische Erzeugnisse eingehen können. Das alles ist Arbeit. Der Lebenstrieb, der alle diese Vorgänge zielstrebig leitet und überwacht, ist auch zugleich der Schöpfer dieser Arbeit.

Nur wenig ist es, was die Pflanze im Samen an Bau- und Betriebsstoffen mit erhält. Kaum, dass es bei manchen zarten Gewächsen für das erste Würzelchen, für die ersten grünen Blättchen ausreicht. Dann ist der kleine Organismus schon auf sich selbst gestellt: Arbeite, arbeite, oder geh' zugrunde! Und was für Arbeit ist das wiederum! Rastloses Suchen der Wurzeln im Boden nach Wasser und den darin gelösten mineralischen Stoffen, wobei in trockenen oder schlecht wasserhaltigen Böden den Erdpartikeln die letzten anhaftenden, für unser Gefühl längst nicht mehr wahrnehmbaren, Wassermoleküle durch die Wurzelhaare, unter Überwindung der physikalischen Kräfte des Erdbodens, entrissen werden müssen. Wie sicher wissen die Wurzeln ihr Wachstum dorthin zu lenken, wo sie mehr Wasser und bessere Ernährung spüren, und wie wissen sie sich von Stellen wegzuwenden, wo schädliche Stoffe ihre Lebensfähigkeit bedrohen!

Wie ist es zu deuten, dass im trockenen Sand- und Wüstenboden, in Schutt und Geröll die kleinsten Pflänzchen metertief gehende Wurzeln erzeugen, weil sie erst in größerer Tiefe entsprechende Wassermengen finden, während selbst starke Pflanzen im ständig durchfeuchteten Boden sich mit viel oberflächlicherer Wurzelbildung begnügen?

Wie ist es zu deuten, dass die Wurzelhaare, jene feinen schlauchförmigen Gebilde der Oberflächenzellen (die nur an den fortwachsenden, also in neue, noch unausgenützte Bodenregionen gelangenden Wurzelspitzen entstehen!) schwächer und in geringerer Zahl bei wasserreicher, länger und dichter stehend in trockener Umgebung ausgebildet werden, weil wenig Feuchtigkeit eine größere aufsaugende Oberfläche erfordert, damit die Pflanze rechtzeitig das Notwendigste an Wasser erhält?! Ist es mechanisch (also ohne mitwirkende Zweckbeziehung} denkbar, dass etwas nicht Vorhandenes (Mangel an Wasser) eine positive Wirkung auslöse? Nur die Empfindung des Mangels und das Bedürfnis nach seiner Beseitigung können hier als auslösend angesehen werden. Der Lebenstrieb der Pflanze, der zuerst diese Organe schafft, drängt auch zu jenem Grad der Ausbildung, der gerade bei Not und Mangel erforderlich wird. Weil der Lebenstrieb in der Pflanze das Wasser zu seiner Betätigung braucht, hat die Pflanze die Empfindung für das Vorhandensein oder für den Mangel dieses Lebenselementes; und weil sie diese Empfindung hat und leben will, so handelt sie danach, soweit sie dies im Einzelfalle vermag.

Um einem scheinbar gänzlich trockenen Boden die letzten Wassermoleküle entreißen zu können, müssen die Wurzelzellen in ihrem Inneren einen osmotischen Druck erzeugen können, der bei Wüstenpflanzen bis zu 50 und selbst mehr Atmosphären ansteigen kann! Was für eine lebendige Arbeitsleistung! Wie kann der bloße Mangel des nötigen Wassers die Zellen veranlassen, Wasser anziehende Stoffe in so ungewöhnlicher Menge zu erzeugen, dass dadurch diese notwendige aufsaugende Kraft erzeugt wird? Notwendig? Bei bloß mechanischem, beziehungslosem Zusammenhang würde das Fehlen des Wassers eben das Zugrundegehen der Wurzeln zur Folge haben. Das wäre die „mechanische" Notwendigkeit, nicht aber der Anreiz, diesem Zugrundegehen so weit als möglich entgegenzuarbeiten. Dieses zu bewirken, vermag nur ein, das gesamte System beherrschenden, gestaltenden und regulierenden, die einzelnen Lebenstätigkeiten vereinheitlichenden Lebenstrieb! Die Pflanze will leben, und so tut sie ihr Möglichstes, das heißt das in ihrer Organisation jeweils Gegebene, um diesen Willen durchzusetzen.

Empfindung und Lebenstrieb, gebunden an ein gegebenes, bestimmt beschaffenes materielles Gebilde, bestimmen und

104

dirigieren nach dem Rationalitätsgesetz, da jedes „Gesetz" im Einzelfall Schranken an dem jeweils Gegebenen findet, so auch hier. Weil nicht aller Pflanzen Wurzeln solche extreme lebenserhaltende Technik entfalten können, weil die Wurzeln an stets durchfeuchteten Örtlichkeiten wachsender Pflanzen ein jähes Hereinbrechen von Trockenheit nicht vertragen, — ist das ein Gegenbeweis gegen das Rationalitätsgesetz des Lebenstriebs? Diese, stets in einem Überfluss an Wasser schwelgenden Pflanzen haben es nie gelernt, sich nach dieser Richtung hin um die Erhaltung ihres Lebens bemühen zu müssen. Sprechen wir einem Menschen, der im sorgenlosen Überfluss aufgewachsen ist, deswegen Vitalseele und Intelligenz ab, weil er, einem plötzlichen Mangel hilflos gegenübergestellt, zusammenbricht?

Bei dem kleinsten Wurm, der sich in den Erdboden einwühlt, zweifeln wir keinen Augenblick, dass er dabei „arbeitet", und zwar in einem, für seine Körpergröße sicherlich oft ganz gewaltigen Ausmaß. Wir zweifeln deshalb nicht daran, weil wir seine Anstrengungen, seine Bewegungen sehen und uns gleichsam an seine Stelle denken können. Wie viele aber denken wohl daran, welche Arbeit eine Pflanze mit all ihren Wurzeln vollzieht, wenn sie diese nach allen Richtungen in den Erdboden hinabtreibt? Welche Widerstände müssen da oft im Boden von den zarten Wurzelspitzen (nur diese sind der fortwachsende Teil der Wurzel) überwunden werden!

Man hat die Arbeit, die da geleistet wird, auch gemessen. Stellt man einer wachsenden Wurzelspitze eine Quecksilberschicht entgegen, so dringt sie bis zu einem gewissen Grad aktiv in das Quecksilber ein und überwindet solchermaßen dessen Widerstand, was nichts Geringeres bedeutet, als die Verdrängung einer Masse von dreizehn Mal größerem Gewicht.

An eingegipsten wachsenden Wurzeln hat man den Druck, der von diesen Organen zur Entfernung der hemmenden Widerlage aufgewendet wird, bis zu zwölf Atmosphären gemessen. Was das bedeutet, wird klar, wenn man sich vergegenwärtigt, dass sogar in Hochdruck-Dampfmaschinen keine höhere

Spannung wirksam ist! Da begreift man erst so manche „Kraftleistung" der Pflanzenwelt!

Wachsende Hutpilze können Pflastersteine emporheben, im Dickenwachstum sich ausdehnende Stämme und Wurzeln Felsen und Mauern sprengen! Diese mechanische Arbeit (das heißt Kraftleistung) ist aber Lebensarbeit; nur eine Reihe zweckdienlicher Regulationen seitens des lebenden Plasmas ermöglicht diese Arbeitsleistungen. Auch der kräftigste Mensch vermag nur ganz kurze Zeit den ausgestreckten Arm durch die bloße Arbeitsleistung seiner Muskeln in dieser Lage zu erhalten. Die Pflanze ist da ganz anders leistungsfähig. Sie hat zwar keine Muskeln, denn das ist eine Plasmagestaltung, eine Plasmatechnik, die erst im Zusammenhang mit der großen und raschen Beweglichkeit des tierischen Organismus entstanden ist; für Kraft- und gelegentlich auch schnellere Bewegungsleistung hat die Naturintelligenz der Pflanze eine andere Technik verliehen. Die Pflanze arbeitet hier mit dem „Turgor", das heißt, mit der Zellen- und Gewebespannung. Das ist nun eine sehr verwickelte Sache, die sich dem Laien nicht so leicht verständlich machen lässt. Da es sich dabei aber um eine Lebensbetätigung handelt, die bei der Pflanze in vielseitigster Beziehung eine ungeheuer wichtige Rolle spielt, so sei es versucht, wenigstens das Wesentliche der tieferen Zusammenhänge, die da wirksam sind, zu veranschaulichen.

*

## Wie die Pflanze ihre Wasseraufnahme reguliert.

Wenn an den Wachstums- und Bildungsstätten der Pflanze neue „Zellen" angelegt werden, das heißt, das sich vergrößernde Plasma der Pflanze sich immer wieder in die kleinen Arbeitsbezirke sondert, welche (durch plasmatische Verbindungsstränge im Zusammenhang bleibend) mittelst der Zellwände in die „Kämmerchen" des „Zellenbaues" eingeschlossen werden, — da sind diese neuen Zellen zunächst sehr klein und zart (embryonal).

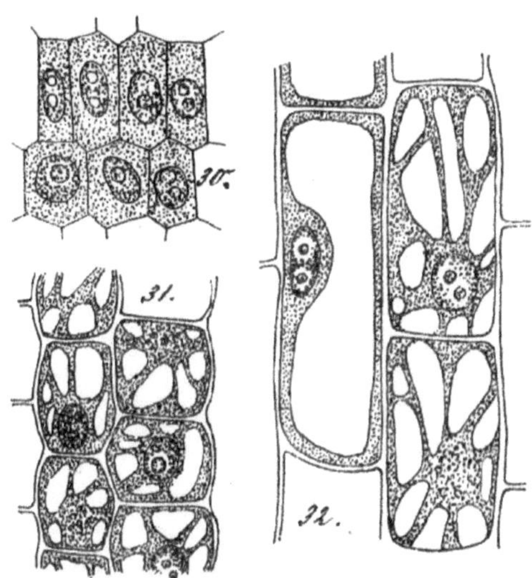

Abb. V: Fortschreitende Entwicklungsstadien heranwachsender Klanzenzellen. In Fig. 30 noch embryonales Stadium (am Vegetationspunkt): die Zellen noch äußerst klein, eben durch Teilung entstanden, sehr zartwandig und ganz vom Plasma und dem Zellkerne ausgefüllt. Fig. 31 und 32: Zunehmende Vergrößerung der Zellen (in entsprechender Entfernung vom Vegetation-Punkt) durch Aufnahme von Wasser; Ausscheidung der Flüssigkeit zuerst in getrennten Saftbläschen (Vakuolen), dann endlich Zusammenfließen zu einem einheitlichen „Zellsaftraume", durch welchen das Protoplasma in dünner Schicht an die Zellwand zurückgedrängt wird; zuweilen durchsetzen zusammenhängende derbere oder feinere Plasmastränge diesen Saftraum nach verschiedenen Richtungen. Bei zunehmender Wasseraufnahme wird durch die Ausdehnung des Saftraumes auf die Zellwände jener Druck (Turgor) ausgeübt, der in ausgewachsenen Geweben zur Entstehung der Zell- und Gewebespannung führt.

Die spätere, erst zur sichtbar werdenden Vergrößerung der Pflanze führende Zunahme beruht dann nicht mehr auf Vermehrung des Plasmas in der einzelnen Zelle, sondern auf steigender Wasseraufnahme in die Zelle. Die Zellwand sowohl wie das Protoplasma selbst sind beide wasserdurchlässig. Den jugendlichen Zellen zuströmendes Wasser kann also in diese eindringen und sich dort ansammeln; es bildet sich mehr und mehr ein „Zellsaftraum" (Abb. V.30 bis 32). Dieser nimmt in steigendem Maß das Innere der Zelle ein und drängt das anfänglich die Zelle ganz ausfüllende Plasma an die Zellwand. Das erhöht den auf die Zellwand wirkenden Druck (Turgor), der diese dehnt. Unter diesem Wasserdruck wächst die Zelle weiter. In der ausgewachsenen Zelle erzeugt dann die inzwischen entsprechend verstärkte Zellwand durch ihre Elastizität den nötigen „Gegendruck", der zur Erzielung eines Spannungszustandes erforderlich ist. Mit Wasserzunahme steigt dieser Spannungszustand, mit Wasserverlust der Gewebe sinkt er, allenfalls bis zum vollständigen Schwinden. Jeder „welkende" Pflanzenteil zeigt dieses Spiel der Wasserkräfte in den Zellgeweben.

Nun aber das lebendig Regulatorische in diesem Spiel der physikalischen Kräfte. — Wenn zwei Flüssigkeiten von verschiedenem Sättigungsgrad, also zum Beispiel einerseits reines Wasser, andererseits eine Zucker- oder Salzlösung, mittelst einer durchlässigen Scheidewand voneinander geschieden sind, dann findet zwischen ihnen, durch diese Scheidewand hindurch, ein „Ausgleich" statt. Es dringt durch die Scheidewand Wasser auf die Zuckerseite und Zuckerlösung auf die Wasserseite, bis beiderseits gleiche Sättigung vorliegt. Dann herrscht Ruhe. Das ist die Osmose. Wenn in eine lebende Zelle Wasser eindringt, dann geschieht dies unter Vermittlung derselben physikalischen Kräfte. Weil in der Zelle (durch die Tätigkeit des lebenden Plasmas!) solche Wasser anziehenden Stoffe ausgeschieden und im Zellsaft gelöst gehalten werden, vermag diese Zelle aus der Umgebung Wasser aufzunehmen. Falls die Zelle sich in einer Umgebung befindet, die an „osmotisch wirkenden" Substanzen reicher ist, dann geschieht das Umgekehrte: Es wird der Zelle Wasser entzogen. Wenn die Zelle in solchem Fall Wasser aufnehmen „muss" — biologisch gesprochen! Also eigentlich aufnehmen „will" —, so muss sie durch Produktion geeigneter Stoffe ihren Zellsaft stärker sättigen; dann geht es wieder. Da ist also schon eine Möglichkeit, beziehungsweise ein Anlass zu Regulationen, die das lebende Plasma auch tatsächlich unausgesetzt ausübt. Auf diese Weise wird in der Pflanze der Wasserverkehr der Zellen und Gewebe bedürfnisgerecht, das heißt zweckmäßig geregelt. Dies würde nun aber nur zu einer wechselnden Wasserbewegung, nicht auch schon zu einer Wasseransammlung und damit zu einem Innendruck in der Zelle führen. Dieser Letztere wird dadurch herbeigeführt, dass der Stoffverkehr zwischen der Zelle und ihrer Umgebung (zu welcher auch schon die Nachbarzellen gehören) ein einseitiger ist. Aufgrund seiner Struktur — weil es sich aber um wichtige Eigenschaften handelt, die hier in den Dienst der Lebenstätigkeit gestellt sind, werden wir besser sagen: Aufgrund seiner Technik — verhält sich das Plasma wie eine sogenannte „halbdurchlässige" Membran: Es lässt Wasser immer durch, hält aber darin gelöste Stoffe zurück. Dadurch füllt sich die Zelle, ohne von ihrer Seite etwas abzugeben; dies führt zur Inhaltsvermehrung und damit zu dem dehnenden Druck auf die Zellwand. Aus dem Gegenspiel mit der elastisch zurückstrebenden Zellwand ergibt sich die Spannung und durch diese die Festigkeit der Zelle, so wie ein Gummiball, dem man Luft einpresst, aufschwillt und dabei prall und tragfähig wird, oder wie ein schlaffer Gummischlauch durch Einpressen von Luft oder Wasser die Festigkeit eines Stabes erreichen kann. So schafft sich die Pflanze überall dort, wo ausreichende innere Stützgerüste fehlen, (also in jungen und krautig-saftigen Organen) ihre Festigkeit und Tragkraft.

Man könnte das nun rein physikalisch betrachten, wie bei dem gefüllten Gummischlauch, — wenn das alles so schön „mechanisch"-gesetzmäßig verliefe. Davon ist aber keine Rede. Unausgesetzt wechselt das Plasma sein Verhalten. Es reguliert die osmotischen Verhältnisse der Zelle durch Änderung der stofflichen Verhältnisse des Zellinhaltes; es ändert seine eigene Durchlässigkeit für gelöste Stoffe usw., aber nicht nach Maßgabe allein der jeweiligen physikalischen und chemischen Bedingungen, sondern nach Maßgabe der jeweils gebieterischen Lebensnotwendigkeiten. Man hat sich natürlich viel den Kopf zerbrochen, und wird dies auch noch weiter tun, welche Strukturänderungen des Plasmas dem jeweils geänderten Verhalten zugrunde liegen mögen. Man weiß begreiflicherweise sehr wenig darüber. Es wäre selbstverständlich sehr interessant, dies genau und zuverlässig zu wissen, aber das Problem wäre damit nicht gelöst, denn das Rätsel liegt immer wieder darin, dass das Plasma solche Strukturveränderungen erfährt und dass dies im Sinne der Ausführung der jeweils lebensnotwendigen oder lebensfördernden Funktionen geschieht, dass also diese Plasmastrukturen selbst schon zweckmäßig, intelligent reguliert sind. Wieder ist hier Mechanik, und zwar die molekulare Mechanik des Plasmas selbst, bloß Mittel zum Zweck, aber zugleich eben wirklich Mittel zu einem Zweck, und als solches einer höheren, in ihm wirksamen Gesetzmäßigkeit eingeordnet. Es ist, unter intelligenter Ausnützung der gegebenen physikalischen Bedingungen, selbsterhaltende Technik des Lebenstriebs.

*

Diese zwei Regulationsfähigkeiten des lebenden Plasmas (mit dem Tode des Plasmas hören sie auf!), nämlich: Die sinngemäße Änderung der Durchlässigkeit und die Regelung der osmotischen Spannung in den Zellen, — diese Lebensfähigkeiten treten nun in der Pflanze unausgesetzt zutage. Was die erstere dieser Fähigkeiten betrifft: Stoffe, die in einer Zelle gespeichert werden sollen, werden eingelassen, solche, die anderweitig gebraucht werden, werden hinausgelassen; Stoffen, die auf dem Wege zu den Verbrauchsstätten durch viele Zellen hindurch müssen, wird der Passierschein ausgestellt, ihr Abtransport wird aber verhindert. Sekrete, die in Drüsenzellen zum Zweck der Ausscheidung gebildet werden, können aus der Zelle hinaus. Geschieht diese Entlassung im Inneren der Gewebe, in Gewebelücken und Hohlräumen, so fällt es den umliegenden Zellen nicht ein, diese Stoffe aufzunehmen, — außer sie brauchen sie vielleicht.

Das Plasma der Wurzelzellen „wählt" die Stoffe, die es aufnimmt, und nimmt sie durchaus nicht in dem gleichen Maße auf, als sie vorhanden sind. Dasselbe Plasma, das sich gegen den Eintritt eines Salzes, auch wenn es ein lebensnotwendiges ist, wehrt, sobald es in einer zu starken Konzentration geboten wird, gestattet ihm den Eintritt, sobald es in der gewohnten Verdünnung vorhanden ist, oder es lässt nur so viel davon eintreten, als es braucht, beziehungsweise als ihm nicht schädlich ist. Es kann von einem Stoff, der wichtig, aber im Bodenwasser nur in geringer Menge vorhanden ist, nach und nach viel mehr aufnehmen, als von einem minderwichtigen, der aber reichlich anwesend ist. Es ist aber auch das bei Weitem nicht immer ein streng festgesetztes Verhalten.

Das Plasma kann sich auch nicht selten an allmähliche Steigerung der Konzentration gewöhnen; ebenso haben sich gar manche Pflanzen darauf eingeübt, gewisse Stoffe (reichlich oder spärlich im Boden) in ungewöhnlicher Menge anzusammeln und daraus auch Nutzen zu ziehen (zum Beispiel Kieselsäure zur Erhöhung der Festigkeit). Die Pilze, als Organismen, die wegen Mangel des grünen Farbstoffes keine unorganische Nahrung verarbeiten können, haben unendlich verschiedenartige Fähigkeiten, Substanzen (Enzyme) auszuscheiden, welche organische Stoffe auflösen, beziehungsweise so umwandeln, dass sie von den Pilzzellen aufgenommen werden können. (Das Prinzip der „Verdauung", wie es im Tierkörper allgemein geworden und im Pflanzenreich auch in ganz „tierischer" Weise von den „fleischfressenden" Pflanzen ausgeübt wird.) Auch diese Fähigkeiten pilzlicher Plasmen müssen durchaus nicht „fixiert" sein. Schimmelpilze können sich auf den verschiedensten Nährböden zurechtfinden und scheiden dann allemal die auflösenden Stoffe aus, die zur Benützung der gerade gebotenen Nahrung dienen. Sie können, bei langsamer Veränderung des Nährbodens auch vielfach daran gewöhnt werden, andersartige Stoffe zu verarbeiten. Alle Gärungs- und Verwesungsprozesse beruhen auf solcher Tätigkeit (hauptsächlich durch Schimmelpilze und Bakterien), leider beruhen auch viele Krankheiten auf diesen Prozessen.

Aber gerade gegen Krankheiten hat das gesunde Plasma wieder seine Abwehrmöglichkeiten; das Gefährliche sind in solchen Fällen gewisse Gifte, die von den in den Körper eingedrungenen Parasiten bei ihrem Stoffwechsel ausgeschieden werden; das Plasma bildet Abwehrstoffe, durch welche es jene Krankheitserreger unschädlich macht, und ein Plasma, das solche Abwehr einmal erfolgreich durchgeführt hat, kann dauernd oder auf längere Zeit einem neuen Angriff durch gleichartige Parasiten widerstehen (Immunität). In gewissem Sinn ist es also lernfähig.

Man kennt auch bei Pflanzen eine vergleichbare Abwehr- und Immunisierungsfähigkeit. Es ist natürlich vom bloß chemischen Standpunkt ganz unverständlich, dass durch rein chemische Gesetzmäßigkeit ein Stoff da allemal einen anderen Stoff hervorruft, der ihn selbst wieder vernichtet.

Alle diese Vorgänge, die hier nur in kürzesten Worten angedeutet werden konnten, und noch viele andere dazu verlaufen in der Pflanze in buntestem Wechsel, neben-, durch- und gegeneinander, in Unzahl und an den verschiedensten Orten des pflanzlichen Körpers, aber doch alle dem Prinzip unterworfen: Lebenserhaltung und Lebensförderung für das Ganze. Sinn- und zweckgemäß, — Intelligenzcharakter. Allein von einer blindmechanischen Kausalfolge abhängig, müssten alle diese Vorgänge ein Chaos erzeugen, das jedem Leben ein Ende bereiten würde. Hier wirkt also unzweifelhaft ein anderes Prinzip, als das blinde kausal-mechanische.

Das ist die eine Seite dieser plasmatischen Aktion des Lebenstriebs. Die andere Seite, die Regelung der osmotischen Spannungen, ist in ihrem Intelligenzcharakter noch viel unmittelbarer. Die Bedeutung, welche diese Regelung für den Kampf hat, den die Wurzeln mit der Umgebung um die Gewinnung der lebensnotwendigen Wassermengen führen müssen, wurde schon betont. Ich will noch zwei andere Beziehungen herausgreifen.

*

## Die Bewegungen der Pflanzen

Der Nichtfachmann hält die Pflanze für bewegungslos. Weil sie ihm nicht davonläuft und nicht mit ihren Zweigen um sich schlägt, glaubt er das. Von ihren vielen, wenn auch langsamen Organbewegungen wissen nur wenige. Wenn jemand vielleicht auch wiederholt das sich Aufrichten eines geknickten Stängels gesehen hat, wenn er auch hundertmal beobachten konnte, wie Stängel oder Blätter sich der Lichtseite zuwenden, und wenn er auch vielleicht anerkennend bewundert, wie sich eine Bohnenpflanze um die Stange windet, eine Erbse oder ein Weinstock sich mit seinen Ranken an die Stütze klammert, — dass dies alles „Bewegungen", aktive, von Rezeptoren und Empfindungen vermittelte Handlungen der Pflanze sind, fällt ihm wahrscheinlich nicht ein. Die Pflanze wächst eben so! Das ist die ganze Weisheit.

112

Es ist schon recht. Aber warum sie gerade so wächst und wie sie das macht, das ist wiederum hier die Frage. Wenn wir irgendeinen Menschen eine Handlung begehen sehen, so begnügen wir uns auch nicht mit der Auskunft: Er bewegt eben seine Hände und Füße so!

*

Die Pflanze hat keine Muskeln. Solche haben nur Sinn bei einem Organismus, der rasche Bewegungen ausführen muss oder ein eigenes größeres Körpergewicht von der Stelle zu bewegen hat. Dazu ist die Entspannung großer aufgestapelter Spannkraft notwendig. Deshalb musste die Natur dort, wo der Lebenstrieb sich im Typus der Tiere auszuwirken begann, die Technik des Muskels erfinden, welche diese Bedingungen verwirklicht. Die Pflanze braucht das nicht. Sie selbst kann sich nicht vom Platz rühren; sie braucht ihre Nahrung weder im Vorbeihuschen zu fassen, noch ihr nachzujagen; was sie braucht — Wasser und Mineralstoffe im Boden, Kohlensäure und Sauerstoff in der Luft und Sonnenlicht — das bietet ihr die Umgebung, in der sie lebt. Lediglich nur Schwankungen und gelegentliche Veränderungen in der Verteilung dieser Lebenselemente sind es, welche die Pflanze zur Erhaltung und Förderung ihres Daseins durch aktive Betätigung muss ausgleichen können. Weil sie zugleich aber so verhältnismäßig einfach und vor allem so wenig „zentralisiert" in ihren Funktionen ist, dass irgendeine Störung oder irgendein Mangel in den Umgebungsbedingungen ihr in der Regel nicht sogleich lebensgefährlich werden kann, sie also „Zeit hat", hier zweckdienliche Vorkehrungen zu treffen, darum sind im Allgemeinen die Pflanzenbewegungen so langsam und auf eine verhältnismäßig einfache Technik gestellt. Dass der Lebenstrieb auch bei der Pflanze rasche Bewegungsmechanismen schaffen konnte, wo es für einen bestimmten Zweck darauf ankam, wo es dem Lebenstrieb sozusagen „gerade einfiel", auch in der Pflanze sich einmal von dieser Seite zu zeigen, davon soll noch die Rede sein.

Das vorherrschende Mittel, das der Pflanze in ihrer Organisation zur Verfügung steht, um langsame „Orientierungs"-Bewegungen auszuführen, ist eine sinn- und zweckgemäße Änderung der Wachstumsrichtung. Das ist scheinbar eine Sache, die keines großen Aufhebens wert ist. Es verbirgt sich aber gerade hier wieder hinter dem scheinbar Einfachen eine Summe von Lebensgeheimnissen. Zunächst stehen alle diese Wachstumsbewegungen nicht in dem einfachen Verhältnis von Ursache und Wirkung, sondern sind „reizvermittelt", das heißt, sie sind zweckbedingte Antworten des lebenden Organismus auf die Einwirkungen der Umwelt. Das zeigt sich überall darin, dass gleiche Wachstumsbewegungen durch verschiedene Umgebungseinwirkungen hervorgerufen werden können, und dass verschiedene Teile der Pflanze oder die gleichen Organe bei verschiedenen Pflanzen auf die gleiche Umgebungseinwirkung verschieden antworten, — allemal aber so, wie es der Funktion, der Lebensaufgabe des betreffenden Organes entspricht. Wenn dies allein schon der Annahme, dass es sich um eine lediglich mechanische Beziehung handle, den Boden entzieht, so wird diese völlig unmöglich durch den Umstand, dass alle Reizursachen solcher Bewegungen gar keine direkte Beziehung zur Wirkung, sondern nur „repräsentativen" Charakter haben (vergleiche Seite 28), dass sie mithin „Ursachen" nicht schlechthin im physikalischen, sondern im psychologischen Sinne, dass sie Motive sind. Dadurch gewinnen eben alle diese Vorgänge den Charakter von Sinnestätigkeiten, von Wahrnehmungen der Äußeren Verhältnisse und zweckgerichteter Einordnung dieser in die gesamte Lebenstätigkeit.

Bevor wir die innere Technik dieser Wachstumsbewegungen untersuchen und dadurch feststellen, was denn diese Vorgänge mit der in den vorangegangenen Absätzen besprochenen Regulation der Zellspannung zu tun haben, wollen wir zunächst einige Tatsachen aus diesem Erscheinungsgebiet kennenlernen, und zwar gleich in ihrer lebensdienlichen Zweckmäßigkeit, also in ihrem Intelligenzcharakter.

*

Bei jeder Keimpflanze wächst die Wurzel senkrecht in den Boden hinab und der Keimspross senkrecht aufwärts. Das ist durchaus zweckmäßig, denn die Wurzel hat im Boden Wasser und Nährsalze zu beschaffen, der Spross aber muss an Licht und Luft, um mittelst seiner Blätter die Kohlensäure der Luft und das Sonnenlicht, das für die biochemischen Prozesse der grünen Pflanzenzellen die Kraftquelle liefert, abzufangen. Man sieht: durchaus Zukunftsbeziehung schon in diesen ersten Wachstumsbewegungen, Zweckmäßigkeitscharakter. Die spätere Hauptwurzel behält diese Tendenz des senkrecht abwärts-gerichteten Wachstums, die Seitenwurzeln nehmen aber einen anderen „Eigenwinkel" ein. Wiederum durchaus zweckmäßig: Denn wüchsen alle Wurzeläste parallel senkrecht nach abwärts, so käme nur ein ganz beschränkter Teil des Erdreichs zur Aus-nützung. Erst die letzten feinsten Auszweigungen verlieren diese Einstellung in eine bestimmte Richtung, sie wachsen so weiter, wie sie aus den Seitenwurzeln herauskommen, also nach ver-schiedensten Richtungen. Wiederum zweckmäßig, denn dadurch wird jeder Kubikzentimeter Erdboden ausgenützt. Ähnliches gilt für den oberirdischen Spross. Würden bei einer sich ver-zweigenden Pflanze alle Seitensprosse gleichfalls senkrecht nach aufwärts wachsen, so wäre es um die Ausnützung des Luft- und Lichtraumes übel bestellt, — wie sollte ein solches Ver-zweigungssystem seine Blätter zweckdienlich ausbreiten, die Blüten dem Wind und den Insekten bestäubungsgerecht darbieten können?

Indem aber die Seitenzweige bestimmte Eigenwinkel zum Hauptspross einnehmen, wird dieses wichtige Problem glatt ge-löst, — allerdings zuweilen mit großer Kompliziertheit und mit einer mathematischen Genauigkeit, die sehr zu denken gibt, hier aber nicht genauer geschildert werden kann. Auch die Stellung und Größe der Blätter passt sich diesem Raumproblem an.

Zweifellos haben wir hier wieder einen unverkennbaren Intelligenzcharakter. Aber auch zugegeben, dass dem so ist, wird man vielleicht denken, diese regelmäßige Wuchsrichtung ist nun einmal „gegeben" und insofern „selbstverständlich". Was kann die Pflanze selbst dabei weiter ändern? Sehen wir einmal zu, wie es um diese Selbstverständlichkeit aussieht.

Legen wir eine bisher in natürlicher Lage gewachsene Keim- oder Hauptwurzel waagerecht, so krümmt sich der fortwachsende Spitzenteil der Wurzel wieder nach abwärts. Und allemal, sooft wir die Lage ändern, die gleiche Antwort! Mit einem unheimlichen „Eigensinn", mit der Halsstarrigkeit eines Geschöpfes, das einen bestimmten Willen hat und sich durch nichts davon abbringen lässt. Und die Wurzel will ja tatsächlich in den Boden kommen, weil sie dahin kommen muss, wenn ihr Lebenszweck erfüllt werden soll. Und ganz ebenso eigenwillig verhält sich der Spross. Waagerecht oder auch nur schief gelegt, strebt der fortwachsende Teil wieder todsicher in die Höhe. Wer hätte das nicht schon an eingefrischten, noch weiterwachsenden Blütenstängeln beobachtet! Durch diese bestimmte Einstellungsfähigkeit ist der Spross instand gesetzt, immer wieder in die ihm lebensdienliche Lage zu kommen. (Man denke zum Beispiel an das „Lagern" des Getreides.) Das ist nicht mehr bloß „gegebene" Wachstums-„Mechanik", wenn der aus der Lage gebrachte Stängel wieder in die frühere „Orientierung" zurückstrebt, das weist tiefer, auf eine Empfindungsfähigkeit für die jeweilige Lage und auf ein innerlich gegründetes Streben, die „richtige", das heißt, lebensgemäße Lage einzunehmen. Die Pflanze hat also einen „statischen Sinn", einen „Lage- oder Gleichgewichts-Sinn (Rezeptor)", gerade so wie das Tier. Auslösend für die Empfindung wie für die Antwortreaktion ist die Schwerkraft, das heißt die Richtung der Massenbeschleunigung, welche diese Kraft erzeugt und die sich durch Druck (Gewicht) bemerkbar macht, wenn die Bewegung der „angezogenen" Masse verhindert ist.

Der Mensch, der aus der Gleichgewichtslage gerät (das Organ, das ihm zur Empfindung dieser Tatsache verhilft, liegt in den Bogenkanälen des Ohr-Apparates), ficht mit Armen und Beinen „balancierend", um die Normallage zu erhalten. Er fühlt es, ob er steht oder liegt, ob er rücklings, bäuchlings oder seitlings liegt; er fühlt auch, wie er sich zu bewegen hat, um aus einer Lage in die andere zu kommen.

Der Käfer, den man auf den Rücken legt, strampelt so lange mit den Beinen, bis er aus dieser ihm „unangenehmen" (ein Unlustempfindung erzeugenden) Lage befreit ist. Die Pflanze dreht Stängel und Wurzel so lange, bis die „Normallage" wieder erreicht ist. Hat sie auch eine „Unlustempfindung" dabei? Wahrscheinlich. Sicherlich eine irgendwie gefühlsbetonte Empfindung, denn nur eine solche kann das Eintreten und rechtzeitige wieder Aufhören einer solchen „abgestimmten" Zweckbewegung verständlich machen.

Wenn dieses ganze Verhalten nicht auch zugleich der Ausdruck eines Wollens, und zwar eines sich der ungünstigen Lage beharrlich zu entziehen wollen ist, dann weiß ich nicht, ob der Ausdruck „Wollen" überhaupt noch irgendwo angewendet werden darf. Wir schließen doch überall, wo immer unser Denken hineinlangt, bei zwei oder mehreren Vorgängen aus der Gleichartigkeit ihrer wahrnehmbaren Begleiterscheinungen auf die Gleichartigkeit ihres Wesentlichen. Warum sollte dies gerade hier dann nicht erlaubt sein? Nur deshalb, weil in naturunkundigen Zeitaltern die willkürliche Verbindung Wille – Intellekt (menschlich!) geschaffen wurden und naturunkundige Menschen der heutigen Zeit noch daran festhalten wie an dem mosaischen Schöpfungsbericht? Der Materialist ist wenigstens insoweit in seinem Denken folgerichtig, als es für ihn überhaupt kein „Wollen", sondern nur ein mechanisches zielloses „Müssen, Streben, Tendieren" gibt. Wer aber ein Wollen im Sinne eines Entscheidungskriteriums, und die Existenz eines dazugehörigen Prozesses, der die Entscheidung trifft[15], überhaupt anerkennt, der muss es überall dort anerkennen, wo sich seine Charakteristika zeigen.

*

Ist denn aber wirklich die Massenanziehung der Schwerkraft der auslösende Faktor? Und wie kann eine solche Wirkung auf

---

15   vgl. auch Sedlacek u. Lipps: *Gebundener Wille*, Norderstedt (2016), S. 167ff bzw. 161 ff

117

den Organismus zustande kommen? — Ich kann es mir nicht versagen, hier ein hübsches Tierexperiment zu beschreiben. Der Flusskrebs hat vorn an seinem Kopf ein Gleichgewichtsorgan: eine längliche Tasche mit einer freien Öffnung nach außen. In dieser Tasche findet man immer feinste Sandkörnchen, welche das Tier selbst aus der Umgebung aufnimmt. Dies hat man dadurch herausgefunden, dass man Krebse gleich nach einer Häutung in ein Wassergefäß setzte, dessen Boden mit gefärbtem Sand beschichtet war; nach einiger Zeit fand sich solcher Sand in den Taschen. Solange das Tier in der normalen Lage (auf den Beinen) steht, sinken diese Körnchen unter dem Zug der Schwerkraft an die untere Seite der Tasche. An der Oberseite läuft eine von einem in die Tasche eintretenden Nerven gebildete Leiste, die feine Nervenendungen trägt. Kommt nun das Tier auf dem Rücken zu liegen, dann sinken natürlich die Sandkörnchen auf die jetzt unten liegende obere Seite ab und belasten die Nervenleiste mit ihrem Gewicht. Dieser Druck erregt in dem Tier offenbar eine Unlustempfindung, denn es bemüht sich nach Kräften, wieder in die Normallage zu kommen, in welcher diese unangenehme Empfindung aufhört. Gibt man in das Versuchsgefäß statt gefärbten Sandes Eisenfeilspäne, so nimmt das Tier auch diese in die Tasche auf; nähert man nun von oben her einen starken Magneten, so zieht dieser die Feilspäne nach oben, sie fliegen an die Nervenleiste hinauf und üben also jenen Druck aus, welcher sonst nur bei der Rückenlage des Tieres eintreten kann. Und der Erfolg? Der Krebs legt sich auf den Rücken, weil er dadurch in die Normallage zu kommen glaubt! Jeder Zweifel ist gelöst: Der Druck auf empfindliches Plasma löst die Unlustempfindung aus, und diese wird für die Psyche des Tieres das Signal zur aufhebenden (und zugleich zweckmäßigen!) Gegenaktion.

Nun wissen wir zum Beispiel, dass die Wurzeln an ihrer äußersten Spitze, in den Zellen der sogenannten „Wurzelhaube" (die zugleich ein Schutzorgan für den zarten Vegetationspunkt der Wurzelspitze ist) ziemlich große, leicht bewegliche Stärkekörnchen enthalten, deren Zweck zunächst ganz unverständlich

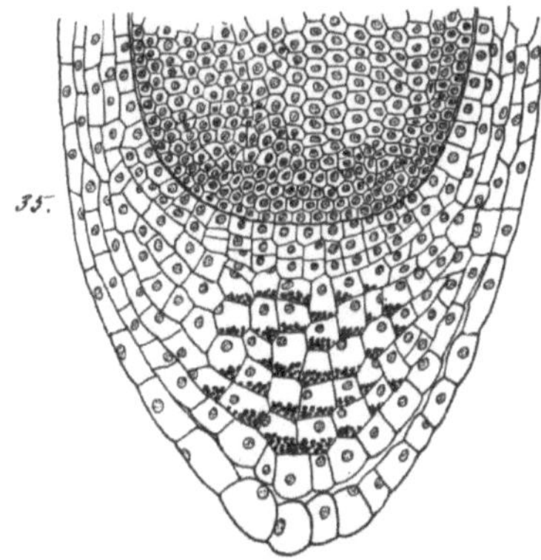

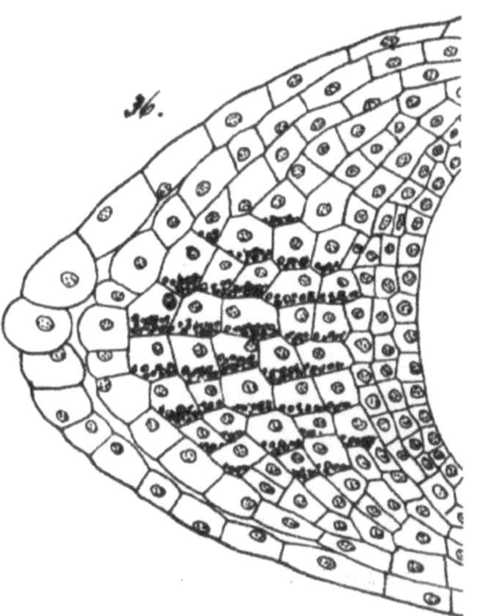

Abb. X: Das „statische Organ" der Wurzel. Schematisiertes Längsschnittsbild einer äußersten Wurzelspitze. Oben noch ein Stück des embryonalen Vegetationspunktsgewebes der Wurzel. Darüber, kappenförmig deckend, die Gewebe der „Wurzelhaube". (Nach Maßgabe der Abnützung dieses Schussorgans während des Vordringens der Wurzel im Boden wird das Gewebe vom Vegetationspunkt her erneuert), In den zentralen Zellen dieser Haube befinden sich die beweglichen Römer der „Statolithen-Stärke" (schwarz gezeichnet). Bei dieser (normalen) Orientierung der Wurzel sinken die Körner an die untere Zellwand, hier durch Drude auf das dort anliegende Plasma die „Normalempfindung" erzeugend.

Abb. W: Zeigt die Umlagerung dieser Statolithenstärke bei Horizontalstellung der Wurzel. Indem die stets der Richtung der Schwerkraft folgenden Stärkekörner nun auf andere Partien des wandständigen Plasmas drücken, erzeugen sie die Reizempfindung, welche die Wachstumsregulation zur Wiedererreichung der Normalstellung zur Folge hat.

ist. Dank ihrer (natürlich passiven!) Beweglichkeit, die sonst an Stärkekörnern in den Zellen nicht zu beobachten ist, folgen diese Körner leicht dem Zug der Schwerkraft, und liegen bei normaler Stellung der Wurzel an der unteren, der Spitze der Wurzel zugekehrten Zellwand, dabei natürlich auf das dort befindliche Plasma drückend (Abb. X.35 und W.36).

Wird die Wurzel waagerecht gelegt, so sinken die Stärkekörner an eine Seitenwand und drücken auf eine andere Stelle des Plasmas, welches diese Veränderung dann als „Reiz" empfindet, diesen Reiz weiter hinauf an die Zone des Wachstums leitet und dort die Wachstumskrümmung auslöst, die zur Wiederaufhebung des Reizes führt, sobald dann nämlich die Wiedererreichung der Normalrichtung und damit auch der

Normalempfindung hergestellt ist. Dass diese Umlagerung der Stärkekörner (der „Stato-lithenstärke", wie man sie in Anlehnung an die unorganischen „Statolithen" in den Gleichgewichtsorganen niederer Tiere nennt) hier die vermittelnde Technik ist, geht aus einem weiteren Versuch hervor.

Wenn man geeignete Versuchspflanzen so aushungert, dass sie zur Auflösung dieser Stärkekörner als letzter Nahrungsreserven veranlasst werden, dann hört bei der betreffenden Wurzel die Empfindlichkeit für die Schwerkraftwirkung, also für die Lageveränderung, auf. Sie stellt sich erst wieder ein, wenn die Pflanze die Stärkekörner zu erneuern in die Lage kommt. Sehr bemerkenswert, diese eminent zielstrebige Tätigkeit der Pflanze, Zucker zum Zwecke der Stärkebildung an diesen aller fernsten Punkt zu leiten, wo gar keine andere Verwendung dafür wäre, und die schleunige Erneuerung dieses lebenswichtigen Apparates nach seiner künstlich erzwungenen Entfernung! Das sieht verteufelt wenig nach ziel- und beziehungsloser Mechanik aus! Und ebenso bemerkenswert ist die ingeniöse Erfinderkraft des Naturwillens, hier die der Pflanze stets zu Gebot stehende und leicht durchführbare Stärkebildung in den Dienst dieser hochwichtigen Regulationstätigkeit zu stellen. Die Tatsachen sprechen hier so deutlich, dass an eine irrtümliche Auffassung kaum zu denken ist. Aber selbst wenn, trotz allem, den Stärkekörnern hier und in den Stängelgeweben, wo man ähnliche Einrichtungen mit umlagerbarer Stärke beobachten kann, diese zugeschriebene Bedeutung nicht zukommen sollte, so bleibt doch noch die Tatsache, dass die Schwerkraft, wenn sie von verschiedenen Richtungen auf ein Organ einwirkt, entsprechende Empfindungen auslöst, die zu einer zweckmäßigen Wachstumsänderung und damit zu einer lebensgemäßen Antworthandlung führen. Dass die Technik gerade der Statolithenstärke nicht die einzige ist, über welche die Pflanzenwelt verfügt, beweist eine gleiche Lage-Empfindlichkeit bei Pflanzen, welche nichts von einem derartigen Apparat aufweisen und überhaupt ganz anders gebaut sind, wie die haarfeinen Sporangienträger der Pilze.

*

Die Einordnung der Schwerkraftempfindung in den zweckmäßigen Lebensbetrieb der Pflanze geht aber noch viel weiter. Nicht jeder Stängel ist von vornherein, wie man sagt: „negativ" geotropisch (erdwendig), das heißt, stellt sich in seiner Wachstumsrichtung gegen die Wirkungsrichtung der Schwerkraft, und nicht jede Wurzel ist „positiv" erdwendig, das heißt, wächst in die Richtung der Schwerkraft. Nur diejenigen dieser Organe tun dies, die dadurch in die für sie lebensrichtige Stellung kommen. Schon die Seitenwurzeln und Seitenzweige stellen sich seitlich in einen bestimmten Winkel ein, wie bereits vorhin hervorgehoben wurde. Manche Stängel sind aber auch auf waagerechte Wachstumsrichtung eingestellt, zum Beispiel die Ausläufer der Erdbeere u. a. Diese kriechen am Boden hin, bewurzeln sich in gewissen Abständen an einem Stängelknoten und erzeugen dort ein neues Pflänzchen. Ihr Zweck ist: vegetative Vermehrung der Pflanze. Zur Erreichung dieses Zweckes haben sie am Boden zu bleiben und nichts in der Luft zu suchen und deshalb sind sie auf eine ganz andere Schwerkraftreaktion „eingeübt", — sie stellen sich quer zur Schwerkraftrichtung. Unterirdische „Wurzelstöcke", die ja auch Stängelorgane (nicht Wurzeln) sind, verhalten sich gleichartig. Ebenso abweichend benehmen sich zum Beispiel Kletterwurzeln (Efeu), die (mit Rücksicht auf ihre Funktion) nichts von dem Verhalten der Bodenwurzeln zeigen. Ja, es gibt (bei gewissen Sumpfpflanzen) Wurzeln, welche geradezu nach aufwärts wachsen, weil sie als „Atmungsorgane" dienen und über den Wasserspiegel an die Luft zu kommen haben, um durch ihr lockeres Gewebe hindurch das in dem schlammigen, wasserdurchtränkten Boden Sauerstoffmangel leidende Wurzelsystem mit der nötigen Atmungsluft zu versorgen.

*

## Weitergehende Regulationswunder

Noch viel weiter gehen diese Regulationswunder. Die oben beschriebenen Einstellungen der Pflanzenorgane sind erblich fixiert. Sie sind zwar, wie eben alle Lebenstätigkeiten und Lebenseinrichtungen, in ihrem Wesen und in ihrer Entstehung nicht mechanisch erklärbar, aber in ihrem strengen, unveränderten Ablauf machen sie zunächst wenigstens auf den Beobachter den Eindruck des Mechanischen, des absolut Zwangläufigen, — eine Täuschung, die ja auch bei den tierischen „Reflexhandlungen" die schiefe, blind-mechanistische Deutung gezeitigt hat. Nun kennen wir aber nicht wenige Fälle, in denen die Pflanze aus sich selbst heraus, bei Erreichung einer bestimmten Entwicklung, eine „Umstimmung" erfährt, das heißt, nunmehr auf den Schwerkraftreiz ganz anders antwortet als bisher. Es gibt viele Pflanzen, die mit unterirdischen kriechenden Sprossen (Wurzelstöcken) überwintern; aus diesen kommen dann zur Vegetationszeit neue beblätterte und Blüten tragende Sprosse ans Licht hervor, deren Aufbau mit den in der abgelaufenen Vegetationsperiode in diesem Wurzelstock aufgespeicherten Nahrungsvorräten bestritten wird. Oder es kommen zunächst bloß Blätter und erst später ein besonderer Blütenspross über den Boden heraus. Man beachte hier gleich das veränderte Verhalten der Blätter: In jenen Fällen, wo der ganze, Blätter tragende, Spross die lebensgemäße Richtung einschlägt, pflegen sich die Blätter nicht auf eigene Rechnung erdwendig einzustellen (wie sie es zum Beispiel häufig dem Lichte gegenüber tun), weil sie das nicht weiter nötig haben, nachdem der ganze Spross sie in die Lichtzone führt; im vorliegenden Falle jedoch, wenn der Spross (der Wurzelstock) unterirdisch bleibt, müssen die Blätter selber ans Licht streben und antworten auf die Richtungsempfindung, die ihnen der Schwerkraftreiz gibt, mit einem Wachstum, das sie über den Boden heraufbringt, — eine notwendige zweckmäßige Orientierungsbewegung, die meistens durch ein entsprechendes Verhalten des Blattstieles erreicht wird. Wenn nun aber ein Blüten tragender (oder gleich von Anfang an ein beblätterter und zugleich Blüten bildender) Stängel hervorkommt, dann ist dies

122

meistens nicht, wie man erwarten würde, ein Seitenspross des Wurzelstockes, sondern dieser Letztere selbst, während es gerade ein neuer, im Boden bleibender, und wieder waagrecht weiterwachsender, Seitenspross ist, der die Fortsetzung des Wurzelstockes übernimmt. Auch dies klingt zunächst wieder wie eine recht nüchterne und nicht gerade hervorragend interessante Tatsache. Wenn man aber näher darüber nachdenkt, ist es doch etwas recht Eigentümliches, das uns die geheime Regulationstätigkeit des Lebenstriebs so recht deutlich vor Augen stellt: Die ganze Erscheinung besagt nicht weniger, als dass der ursprünglich (zum Zweck des Im-Boden-Bleibens) sich zur Schwerkraft quer einstellende unterirdische Spross, von dem Augenblick an, wo es für die Pflanze anscheinend lebensnotwendig wird, mit Blüten und Blättern ans Licht zu kommen, sein Verhalten ändert und sich nun plötzlich dauernd von dem Schwerkraftreiz nach oben leiten lässt! Der Gefühlston der Schwerkraftwirkung im Plasma seiner Zellen wird plötzlich ein anderer, und zwar — das ist das für unsere Betrachtung Entscheidende — ein solcher, dass dadurch eine lebenswichtige, zweckdienliche, für die Pflanze vernunftgemäße Tätigkeitsänderung die Folge wird. Diese Änderung kommt aber ganz aus dem Inneren der Pflanze, denn in der Umgebungs-Situation hat sich nichts geändert, das als auslösender Anstoß gelten könnte, — was übrigens an der Zweckbedeutung der Bewegungsänderung, also an ihrem über - mechanischen Charakter, nichts ändern würde. Nur erscheint der ganze Vorgang durch diesen rein innerlichen Ursprung noch um ein Erkleckliches geheimnisvoller.

Es mag zunächst als unberechtigt erscheinen, wenn man dabei an einen Menschen denkt, der plötzlich, nur aus seiner inneren, vielleicht sogar ganz unterbewussten vitalseelischen Tätigkeit heraus, zu dem Entschluss kommt, sein bisheriges Verhalten zu ändern, um seine Existenz zu sichern. Gewiss werden manche über diesen Gedankensprung von der Pflanze zum Menschen lächeln wollen. Ich nehme es ihnen nicht übel. Nur sage ich ihnen zugleich mit freier Stimme: Es ist doch mehr, als bloß ein Poeten-Vergleich; es handelt sich in beiden Fällen um eine vom Lebenstrieb, von der Vitalseele, diktierte Umstimmung, die zu einer Leben bewahrenden Handlungsänderung führt. Der Abstand zwischen Mensch und Pflanze mag dabei gewaltig groß genommen werden, der Kern ist der gleiche. Er ist es auch dann, wenn man berücksichtigt, dass es sich im Menschenfall hier um eine einmalige, nicht vorgesehene Änderung einer Willensrichtung handelt und ein sehr komplizierter Verwirklichungsapparat in Gang gesetzt wird, während im Pflanzenfall der „Mechanismus" der Verwirklichung verhältnismäßig einfach ist, zugleich aber das ganze Verhalten gleichsam „automatisch" erscheint, weil es ja erblich festgelegt, vorausbestimmt ist. Aber gerade dieser letztere Umstand nimmt der geschilderten Erscheinung ganz und gar ihren angeblich nur mechanischen Charakter: denn es ist kein Mechanismus denkbar, der eine Entwicklung vorausbestimmt, noch dazu eine solche, die mit hundert anderen Tätigkeiten verkoppelt ist, und zwar so verkoppelt, dass sie in dem Augenblick aktiv wird, wo sie eine Notwendigkeit für die Erhaltung des Ganzen wird! Schon der Begriff des Mechanischen verflüchtigt sich bei solchen Zusammenhängen zu einem nichtssagenden Wortschwall.

Wenn etwa einmal der Nachweis gelingen sollte, dass im gegebenen Zeitpunkt in jenem Wurzelstock vielleicht Stoffe entstehen, die derartig auf die Struktur des Plasmas einwirken, dass es zu der veränderten Reizstimmung gelangt — (was ist aber dann die veränderte „Stimmung" und die veränderte Empfindung?) —, was wäre damit „erklärt"? Würde dadurch verständlich, wieso diese fraglichen Stoffe gerade in dem Zeitpunkt auftreten, an welchem das geänderte Verhalten lebensnotwendig wird? Würde dadurch verständlicher, wieso diese Stoffe in dem Plasma nun die Struktur gerade so verändern, dass eben die zweckdienliche Wachstumregulierung erfolgt?

Die Kardinalfrage bleibt ebenso ungelöst zurück wie zuvor: Kann die Regulation, die das mechanische Geschehen gerade am zweckentsprechenden Ort und im zweckdienlichen Zeitpunkt eintreten macht, determiniert, also gesetzmäßigmechanisch sein oder muss man eher von einer nicht determinierten Entscheidung ausgehen? Das mysterienumwobene Rätsel ist das gleiche beim Menschen wie bei der Pflanze. Und deshalb ist der von den Physiologen gebrauchte psychologische Ausdruck „Umstimmung" von ihnen in unterbewusster und hintennach geleugneter Intuition gewählt. Richtig ist: die Stimmung der Pflanze, ihre Willensrichtung ändert sich; das ist das Vorausgehende, alles andere ist Folgeerscheinung. Immer wieder werden wir auf den Lebenstrieb zurückgeführt, der sich als der Gesamtbegriff für das im Organismus einheitlich planmäßig Wirkende, Entscheidungen treffende, aufdrängt. Will mir jemand Vorhalten, dass damit auch nichts „erklärt" werde und deshalb dabei auch nichts gewonnen sei, so antworte ich: Der Welt in uns und der Welt als Ganzem, wie sie sich in unserem Inneren darstellt, kommen wir ohne eine über die „exakte" Naturwissenschaft hinausgehende Natur-Philosophie nicht bei.[16] Was die Wissenschaft „weiß" (und nicht auch bloß dazudichtet), ist, was die Tiefe der Kenntnisse betrifft, so herzlich wenig, dass des Menschen Geist dabei verhungern müsste. Wenn aber auch in der Wissenschaft die subjektive, gestaltende, schöpferische Vorstellungskraft (künstlerische Intuition) den geistigen Kitt zu den „Tatsachen" liefern muss, dann soll sie sich eben auf dasjenige als Grundlage werfen, was allen Lebenserscheinungen als gemeinsamer Nenner zukommt. Wenn wir die gesamten Lebenserscheinungen im Licht

---

16 Was man „exakte" Wissenschaft nennt, ist lediglich Statistik des tatsächlichen oder möglichen Geschehens. Sie bringt es aber nirgends zu einer „Erkenntnis" oder „Erklärung" des in diesem Geschehen Wirkendem Der Satz „Erklärung ist möglichst genaue Beschreibung" ist einer der irreführenden Sätze der Naturwissenschaft. Auch die genaueste Beschreibung einer regelmäßigen Erscheinungskette ergibt stets nur eingehende Kenntnis dieser Kette, niemals jedoch eine Erklärung ihres inneren Zusammenhanges. Mir will scheinen, dies müsste selbstverständlich sein. Die „exakte" Wissenschaft kann nur die Rätsel der Welt zeigen, aber sie kann sie nicht lösen! Der beste Beweis dafür ist die Tatsache, dass dieser Rätsel immer mehr werden, je weiter sich unsere „Kenntnisse" ausdehnen. Besonders gilt dies von den Lebenserscheinungen. Deshalb ist es auch so schwer verständlich, warum immer noch ein großer Teil der zünftigen Naturforscher sich Betrachtungen wie den vorliegenden grundsätzlich entgegenstemmt. Denn das, was sie als das eigentlich „Wissenschaftliche" im Rahmen der Naturauffassung betrachten, nämlich die Feststellung der Teil Vorgänge jedes Geschehens, wird doch davon gar nicht berührt, — so wenig als die „wissenschaftliche Analyse" oder „Erklärung" einer Maschine irgendwie durch die Einsicht Einbuße erleidet, dass die Maschine nicht das Ergebnis zufällig zusammenwirkender „nicht lebender Kräfte" (falls dieses Wort überhaupt einen Sinn hat!), sondern das Erzeugnis eines zielstrebig schaffenden Willens ist!

eines geistigen Prinzips und eines lebenszeugenden und -erhaltenden Naturwillens[17] sehen, dann stehen wir diesen Geschehnissen der Natur wenigstens so gegenüber, wie den Aktionen der Schauspieler auf der Bühne, welche wir begreifen, weil wir ihnen Handlungswillen nach unserem eigenen Aktivitätsgefühl unterlegen können. Den blind-mechanistischen Schemen gegenüber fühlen wir uns aber wie vor einem Puppentheater stehend, während man uns weismachen will, diese mechanischen Figuren seien selber die Erzeuger ihrer Bewegungen. Der Wahn einer blind-mechanistischen „Erklärung" erzeugt das Schlimmste, was dem Menschengeist widerfahren kann: Die Zerstörung jeder Harmonie zwischen Innen- und Außenwelt. Der Intellekt soll zur Leugnung dessen gezwungen werden, was die Empfindung, das innere psychische Erleben, niemals ableugnen kann! Ich habe noch keinen gebildeten „Mechanisten" kennengelernt, der als Mensch für seine Theorie Zeugnis abgelegt hatte! Und wenn es solche gibt, die das auch anderswo als an ihrem Schreibtisch und in ihrem Laboratorium tun, dann nehme sich die Menschheit vor ihnen in acht! Dennoch aber wird diese intellektuelle Einstellung, die in tödlichem Widerspruch zu allem inneren Erleben steht (zu welchem doch die Funktionen des Intellekts auch gehören!), zunächst fälschlich als „Wissenschaft" hingestellt, dann aber sogar als Grundlage für eine erschöpfende und einheitliche (das heißt harmonische!) Weltanschauung gepriesen!

Nur empfindungsmäßig, mit vitalseelischem Tiefblick lässt sich ahnen, dass allüberall ein urgründiger Daseinswille sich Geltung schafft und in seinen Erscheinungen mit sich selbst im Kampf liegt, jede Beobachtung, die wir neu an der Natur machen, und jedes Durchdenken des Beobachteten erhöht unser Erstaunen und unsere schauernde Ehrfurcht vor den unbegrenzten Auswirkungen der Naturintelligenz.

*

---

17  Bei dem „geistigen Prinzip" und dem Naturwillen handelt es sich um informationsverarbeitende Prozesse, die bei Erfüllung bestimmter Kriterien auch eine Art Bewusstsein sein können. Mehr zum Thema der informationsverarbeitenden Prozesse findet sich in den Werken des Autors Klaus-Dieter Sedlacek, u. a. z. B. im Buch mit dem Titel „*Unsterbliches Bewusstsein*", Norderstedt (2008).

## Wie der Pflanzenkeim sein Leben sichert

Ich möchte nunmehr den Leser einladen, mit mir ein wenig Umschau zu halten, wie sehr die Pflanze, vom ersten Schritt ihrer Selbstständigmachung aus dem Samen, auf allseitige Betätigung ihrer Sensualität angewiesen und eingestellt ist.

Im Samen einer jeden Pflanzenart hat das junge Pflänzchen (der Embryo, der „Keim") eine bestimmte Lage. Nehmen wir den einfachsten Fall, dass der Embryo der Länge nach im Samen liegt, mit dem Wurzelende nach der einen, dem Sprossende nach der entgegengesetzten Richtung (Abb. T.27 S. 92). Bei der Keimung, das heißt, wenn der Embryo unter Wasseraufnahme zu wachsen beginnt und die Samenschale sprengt, streckt sich zuerst das Wurzelende zur herauskommenden Keimwurzel; das Sprösschen der Keimpflanze folgt erst später nach. Schon dieses Verhalten ist von intelligenter Zweckmäßigkeit diktiert, denn die erste Notwendigkeit für das junge Pflänzchen ist die Gewinnung des Anschlusses an den Boden zwecks Aneignung des Wassers, dessen es ja schon zu seinem Wachstum bedarf und was das Einzige ist, das ihm die Mutterpflanze im Samen nicht mitgeben kann. Ist dieser Anschluss einmal gesichert, dann kann der junge Spross sein Wachstum energischer aufnehmen. Dass nun gleich von Anfang an in den ganz gleichartigen, winzigen, unentwickelten, gleichmäßig durch Teilungen aus der Eizelle hervorgegangenen Zellen eine so zweckmäßige Lokalisierung des Wachstumsdranges sich geltend macht, gehört eben schon zu den Mysterien des Lebens. Würden nun Wurzel- und Sprossende einfach nach der Richtung weiterwachsen, welche sie im Samen haben, so möchten sich recht fatale Misshelligkeiten einstellen. Die Samen kommen im Boden ja in sehr verschiedene Lage: Normal, senkrecht, schief, waagrecht, kopfüber.

In unserem angenommenen Fall würden dann bei einem waagerecht liegenden Samen Wurzel- und Sprossende ebenfalls waagrecht nach entgegengesetzten Richtungen auswachsen, das heißt, die Wurzel käme nicht in die Tiefe, wie es zum Zwecke ausreichender Wasser- und Nahrungsaufnahme, sowie zur Befestigung der Pflanze notwendig ist, und der Spross käme gar nicht ans Licht. Bei einem verkehrt im Boden liegenden Samen käme gar die Wurzel über die Erde heraus, wo sie nichts fände und auch vertrocknen würde, der Spross aber müsste der Unterwelt zuwachsen, wo er zwecklos ist. In allen diesen Fällen wäre das betreffende Pflänzchen dem Untergang geweiht.

Was sehen wir aber in Wirklichkeit? Alle Pflänzchen der wirklich zur Keimung gelangenden Samen finden mit ihren Organen die richtige, lebenssichernde Orientierung, gleichgültig, wie der Same gelegen war! Und graben wir solche jüngste Keimpflänzchen heraus, so sehen wir, wie gar verschiedenartige, fast „krampfhafte" Krümmungen Würzelchen und Sprösschen gemacht haben, um in die richtige Wachstumslage zu gelangen.

Während der neugeborene Mensch äußerst beschränkt in seiner Sinnestätigkeit und Reaktionsfähigkeit ist, zeigt sich die Pflanze im Augenblicke der Geburt mit aller nötigen Sensualität ausgerüstet. Sowie Spross und Wurzel aus der Samenhülle hervorkommen, sind sie schon mit der Lageorientierung, mit der Empfindungsfähigkeit für den Schwerkraftreiz ausgestattet und durch diese Empfindung instand gesetzt, gleich jene Wachstumsrichtung zu finden, die dem in ihnen wirksamen Lebenstrieb entspricht. Wie notwendig ist aber auch diese frühzeitige sinnliche Selbstständigkeit! Ist doch, namentlich bei kleinen Samen, die Menge der Vorratsstoffe für die erste Lebensfristung so knapp bemessen, dass die Keimpflanze keine Zeit zu gefährlichem Suchen und Zufalls-Experimenten hätte. Jeder Schritt Wachstum kostet Bausubstanzen, und wird das Pflänzchen nicht rechtzeitig in den Stand gesetzt, selbst mit der Wurzel Wasser und Bodensalze, mit den Blättern aber am Licht Kohlensäure zu gewinnen und zu verarbeiten, dann ist es um das junge Leben geschehen.

Die Pflanze braucht gleich von Anfang an volle Empfänglichkeit für die Umgebungsreize und zielsichere Reaktionsfähigkeit; deshalb hat sie diese auch. Im Zusammenhang mit diesen

Lebensnotwendigkeiten der eben „zur Welt" kommenden Pflanze entdecken wir aber noch etwas sehr Lehrreiches.

Wer kennt sie nicht, die langen, dünnen, schlangengleichen, wachsbleichen und fast blattlosen Triebe, welche in dunklen Räumen lagernde Kartoffeln ausbilden? Auch in der Dunkelheit des Bodens liegende Knollen machen zuerst solche „vergeilte" Sprosse, während am Licht austreibende Knollen kurze, gedrungene, grüne und sofort blätterbildende Sprosse erzeugen. Lässt man Keimpflanzen vergleichsweise am Licht und in andauernder Dunkelheit heranwachsen, so nehmen die Dunkelpflänzchen eine ähnliche, „krankhaft" anmutende anormale Beschaffenheit an: Der Keimspross mächtig überverlängert, schwach und sehr bald unter dem eigenen Gewicht einknickend, wachsbleich, die Keimblätter gar nicht oder kaum merklich entfaltet, klein bleibend, von gelblichem Farbentone, aber ohne Spur von Blattgrün. Auch späterhin lässt sich ein ähnliches Verhalten erzielen: Wenn man eine im Lichte erwachsene Pflanze auf Tage oder Wochen verdunkelt, so schädigt man sie dadurch noch nicht am Leben, denn sie hat dann, wenigstens vorübergehend, schon genügend Überschussstoffe in sich, oder fristet ein Weiterwachsen auf Kosten älterer Organe. Aber die in dieser Situation neu hinzuwachsenden Stängelteile zeigen alle die gleiche Vergeilungs-Erscheinung: Bleichwerden, übermäßige Streckung der Stängel und Blattstiele, Kleinbleiben der neuen Blattanlagen. Was hier den Beschauer „krankhaft" anmutet, ist nun in Wirklichkeit gerade eine höchst zweckhafte Lebensbetätigung.

Der bloß den Tatbestand nüchtern registrierende Physiologe sagt: Wachstumsbeeinflussung durch andauernde Dunkelheit. Recht schön. Aber gesagt ist damit nichts außer der Feststellung eines unmittelbar wahrnehmbaren Zusammenhangs. Von der Tatsache, dass dies ganze Verhalten der verdunkelten Pflanze eine intelligente, weil lebensdienliche Antwort auf eine bestimmte Umgebungssituation ist, steht nichts im Lexikon des Physiologen. Freilich: Dass später einmal der Mensch kommen und gelegentlich über die Pflanze Dunkelkasten stülpen werde, hatte die Natur nicht vorausgesehen, als sie der Pflanze diese Reaktionsfähigkeit gab. Für diesen Fall ist auch die Reaktion zwecklos. Wie aber ist es dort, wo die Pflanze in ihrem natürlichen Schicksal in eine solche Verfinsterungslage kommt?

Was macht der Keimling eines Samens, der (zum Beispiel durch Regengüsse oder aufgewehtes Erdreich, Laub usw.) tief in den Boden hinabgelangt? So ein winziges kleines Keimpflänzchen, das (bei sehr kleinen Samen) seine Reservestoffe schon verbraucht hat, wenn es vielleicht kaum einen halben Zentimeter groß geworden, liegt jetzt vielleicht mehrere Zentimeter tief im Boden! Tod und Verderben harren sein, ehe es an die Lebenssonne und an die Lebensluft gelangen kann. Aber da treibt es der Lebenstrieb empor, der hier sein Plasma schon längst auf diesen Fall geschult hat: „Unnatürlich" streckt sich der fadendünn werdende Keimstängel, mit beschleunigtem Wachstum und einem Mindestverbrauch von Baustoffen strebt er an die Lichtzone, bevor ihm das Kesselfeuer in seiner Lebensmaschine erlischt! Nur strecken will er seine Zellen — mit dem dazu nötigen Wasser versorgt ihn ja seine Wurzel —, um die „gefährliche Zone" so schnell wie möglich zu durchmessen; er bildet die Zellen nicht weiter aus, lässt sie in allem Übrigen halb embryonal bleiben, spart Nährstoffe durch bloß notdürftige Ausbildung der Leitbahnen, spart vor allem den großen Aufwand für die dickwandigen Skelettgewebe, die er hier nicht braucht, weil ihn ja noch der umgebende Erdboden aufrecht hält und stützt; er spart auch an der Ausbildung der Blätter (hier beim Keimling zunächst der Keimblätter), weil ihre Tätigkeit ja doch erst am Licht beginnt und sie hier in der Dunkelregion nur Verzehrer, aber keine Arbeiter wären. Auch das Bleichbleiben der Stängel und Blätter fällt unter den gleichen Gesichtspunkt. Der Physiologe sieht in dem Unterbleiben der Chlorophyllbildung nur eine physikalisch-chemische Beziehung: Licht ist „Bedingung" der Chlorophyllbildung. Zweifellos richtig. Aber dass dem so ist, dass Chlorophyll nur am Licht entsteht (mit wenig Ausnahmen, die gerade auch zeigen, dass keine notwendige chemische Beziehung herrscht), ist eine Intelligenzeinrichtung der Naturökonomie. Denn das Chlorophyll kann nur am Licht „arbeiten"; es wäre hier

130

im Dunkeln nutzlos und verlangte nur zu seiner Herstellung kostbare Stoffe, vor allem das der Pflanze gar nicht reichlich zur Verfügung stehende Magnesium.[18]

Man sieht: auf alles verzichtet der Keimling, nur um die Lebenssituation zu retten! Das Pflänzchen gleicht hier einem armen Menschen, der alles, Kleidung und Ernährung, zurückstellt und seine letzte kümmerliche Barschaft nur auf die Kosten der Reise spart, die ihn an den Ort bringen soll, wo ihn sicherer Lebenserwerb erwartet. Erst wenn das Pflänzchen ans Licht gelangt ist, wird alles nachgeholt, was versäumt worden war. Jetzt ist ja die erstrebte Kraftquelle, das lebenserhaltende Sonnenlicht erreicht! Die Physiologie rechnet diese „Reaktionen" der Pflanze nicht zu der „Reizverarbeitung" der sensorischen Systeme, sie gehören für sie nur in das Kapitel „Wachstums-Physiologie". Sehr zu Unrecht! Denn wenn auch das Licht als verzögernder Wachstumsfaktor wirkt (bei Nacht wächst die Pflanze unter sonst gleichen Bedingungen stärker als am Tage), so kann doch diese zweckmäßig abgestufte Wirkung andauernden Lichtmangels, die das Wachstum des Stängels, also des vorwärts-treibenden Organs, hervorragend steigert, dafür aber das Wachstum der (vorläufig unnützen!) Blätter fast bis auf null ab-schwächt, nur in der Beziehung zur Lebenstätigkeit begriffen werden. Es ist also eine Antwort auf den ausbleibenden Reiz bei den Lichtrezeptoren, denn das fehlende Licht wirkt hier nicht schlechthin als physikalische Ursache, sondern als „repräsentativer" Reiz, der eine lebensbedrohende Situation anzeigt, welcher die Pflanze mit einer verschiedenartigen, aber einheitlich zweckmäßigen Antworthandlung zu entkommen sucht! Um es noch einmal ganz deutlich zu sagen: Eine Ursache, die nicht vorhanden ist (fehlendes Licht), kann nicht als Ursache für einen physikalischen Vor-gang dienen. Auch hier müssen wir eher davon ausgehen, dass

---

18 Eine lebensökonomische Einrichtung liegt auch in der Zerstörung des Chlorophylls vor dem Laubfall der Bäume, in dem „Vergilben" der Blatter, wobei die kostbaren Substanzen des Chlorophylls ebenso wie die Eiweifestoffe der Zellen von der Pflanze vorher eingezogen werden; mit dem Abwerfen des abgestorbenen Laubes werden dann nur Rest-Stoffe und die Zellwandsubstanzen, die jederzeit leicht wieder hergestellt bzw. erworben werden können, preisgegeben.

ein geistiges Prinzip (vgl. S. 126) für die Organisation des Verhaltens verantwortlich ist.

Was für die Keimpflanze gilt, trifft auch für tief lagernde Knollen, Zwiebeln und Wurzelstöcke zu, deren Erneuerungstriebe ebenfalls vorteilhaft möglichst rasch die Lichtzone erreichen sollen. Und weil, so oder so, jede Pflanze in eine derartige Lage kommen kann, so ist es eine uralte Eigenschaft des pflanzlichen Protoplasmas, den Lichtmangel als Ansporn für zweckmäßig zu ändernde Wachstumstätigkeit auszunützen. Mögen auch die beiden Sensualitäten, die hier beschrieben wurden, entwicklungsgeschichtlich bescheidener in der Wirkung gewesen sein und erst mit der vollen Umwandlung des pflanzlichen Organismus zum Land- und Luftwesen die Höhe ihrer heutigen Ausbildung erlangt haben: Ihr Auftreten sowohl wie ihre Erhaltung und Weiterbildung als Grundbedingung für alle Entfaltung pflanzlichen Lebenstriebs kann nicht auf Rechnung mechanischer Zufallsverkettung gesetzt werden. Man halte nur das Wenige zusammen, was auf diesen letzten Seiten geschildert wurde.

*

Das Beschriebene ist aber erst die Kindheitsleistung der Pflanze, eine immer noch beschränkte Intelligenzleistung, mit der sie sich sozusagen den Weg von der Wiege ins Leben hinaus ebnet. Was kommt nun noch alles dazu, wenn die ganze Umwelt sie in ihren Bann nimmt! Schon die Keimwurzel richtet ihr Verhalten nicht bloß nach der Schwerkraftempfindung. Sie, und das ganze spätere Wurzelsystem, sind noch durch eine Reihe anderer Fähigkeiten der Rezeptoren geleitet. Da sind in der Nähe der wachsenden Wurzelspitze feuchtere Stellen im Boden, — sofort wendet sie sich mit ihrem Wachstum diesen zu, von dem trockeneren Erdreich weg; sie „wittert" die Feuchtigkeit, wie das Tier den in der Nähe befindlichen Wasserlauf. So mächtig ist der „Dursttrieb", dass er den Schwerkraftreiz überwindet und die Wurzel (in diesem Fall zu ihrem Nutzen) aus der senkrechten Richtung weglockt.

Oder es findet sich in der Nähe der Wurzel eine starke Ablagerung von Salzen, die eine für die Wurzel gefährliche Konzentration ihrer Lösung im Bodenwasser bedingt, — die Wurzel „wittert" diese Gefahr und meidet sie, so gut es geht, durch abwendiges Wachstum. Oder: die Wurzel kommt irgendwo, an einer Böschung oder in einem aufgerissenen Loch, ans Licht; wenn schon nicht die Trockenheit der Luft, dann treibt sie ihre „Lichtscheu" von der gefährlichen Bahn zurück in das ihr angemessene Dunkelreich. So ist schon das Wachstum des Wurzelsystems im Boden, hinter welchem der Nichtfachmann ganz sicherlich keine so verwickelten Lebensvorgänge sucht, ein ununterbrochenes zwecktätiges sich Einstellen auf allerlei Empfindungen; alles das ist sinngemäß, lebensgemäß.

Wenn mehrere Rezeptoren der Pflanze gleichzeitig gereizt werden, kann es zu Zielkonflikten kommen. Beispielsweise kann es sein, dass in der Umgebung des Wasserlaufs auch Ablagerungen von Salzen vorhanden sind. In solchen oder ähnlichen Fällen muss die Pflanze abwägen und sich entscheiden, welchem Bedürfnis sie folgen soll: Entweder dem Bedürfnis die gefährliche Salzablagerung zu vermeiden und damit auch auf die größere Feuchtigkeit beim Wasserlauf zu verzichten oder zur größeren Feuchtigkeit hinzuwachsen und die Salzkonzentration in Kauf nehmen. Für welche Alternative sich die Pflanze entscheiden wird, lässt sich nicht vorhersehen.

Nun aber erst der oberirdische Spross. Er ist vor allem lichtempfindlich. Vom Standpunkte des Lebenstriebs aus ist das auch sehr verständlich: Er ist ja ein „Licht"-Organ, er braucht das Licht für die Ernährungstätigkeit seiner Blätter, also muss er auch imstande sein, es zu suchen und zu finden, soweit seine pflanzliche Organisation dies zulässt. Es war vorhin die Rede von den vergeilten Kartoffelsprossen, die im Dunkeln gebildet werden, — wenn dies nicht im absolut dunklen Raum geschieht, wenn nur von irgendwo Licht eindringt, und wäre es noch so schwach, so wird man sehen, dass die Kartoffelsprosse in ihrem beschleunigten — fast möchte man sagen: „Angstwachstum" auch noch genau die Richtung nach diesem Lichtschimmer einhalten und, wenn der Spalt oder das Loch durch welchen das Licht eindringt, für sie erreichbar ist, schließlich durch diese Lücke den Ausgang ins Freie finden werden! Aber auch der am Licht wachsende Spross antwortet mit solcher Richtungsbewegung, wenn er von einer Seite mehr Licht bekommt. Wer wüsste es nicht, wie einseitig und „lichtwendig" Zimmerpflanzen wachsen, wenn sie auf den Unterschied in der Helle des Fenster- und des Zimmerlichtes antworten. Denn darauf kommt es an, nicht auf die absolute Lichtstärke. Die Pflanze spürt den Unterschied der Beleuchtung und spürt auch die Richtung, aus welcher das stärkere Licht kommt. Dies allein ist schon ein deutlicher Beweis, dass es sich nicht um eine rein physikalische Beeinflussung des Wachstums handelt, sondern dass das Licht hier ebenfalls als „repräsentativer" Reiz von der Pflanze zur möglichst lebensfördernden Orientierung ihrer Organe ausgenützt wird. Diese Ausnützung der Lichtsituation steht für die oberirdischen Teile der Pflanze in erster Linie aller Interessen, sie hat das Übergewicht über den Schwerkraftreiz, welcher in diesem Fall zurücktreten muss. Das ist vom Standpunkte des Zweckgesetzes wieder durchaus einleuchtend: Aus dem lichtlosen Boden führt den Spross seine Lageempfindung auf kürzestem Wege ans Licht. Einmal über dem Boden angelangt, ist in dieser Beziehung das Wichtigste geschehen. Jetzt ist das weitere senkrechte Aufwärtswachsen viel weniger dringend, als das Einschlagen jener Wachstumsrichtung, welche nicht bloß in die Lichtregion überhaupt, sondern in die günstigste Lichtsituation führt. Wenn also in dieser Hinsicht tatsächlich Verschiedenheiten in der Umgebung der Pflanze vorhanden sind, dann wirken diese als viel stärkere Motive auf die Pflanze, und wir können gar nicht einmal wissen, ob nicht während dieser Lichtwahrnehmung in der Pflanze die Schwerkraftempfindung ganz aufgehoben sein kann, — ähnlich wie bei uns die übrigen Sinne „ausgeschaltet" sein können, wenn unsere Aufmerksamkeit, unser ganzes Gefühl durch wichtige und vordringliche Tätigkeit eines Sinnes in Anspruch genommen ist. Es ist also diese Herrschaft des Lichtrezeptors über den Schwerkraftrezeptor beim Spross durch dieselbe Nützlichkeitsbeziehung bestimmt, wie bei der Wurzel die Herrschaft des Feuchtigkeitsrezeptors über den Schwerkraftsinn: Ist die Wurzel einmal sicher im Boden angelangt, dann wird unter Umständen für die Wurzel das Wachsen nach der Richtung der Feuchtigkeit wichtiger, als das in der Richtung nach unten, wenn die Feuchtigkeitsverteilung nun eben einmal eine andere ist.

Selbstverständlich sind nicht alle Sprosse aller Pflanzen gleich empfindlich für das Licht. Manche reagieren sehr schnell, manche langsam, manche gar nicht. Es kommt immer darauf an, was für die betreffende Pflanze Lebensbedingung und Lebensgewohnheit geworden ist. Sehr lichtempfindlich sind begreiflicherweise alle Keimpflanzen. Für sie, die ja im Allgemeinen das Licht sofort brauchen, kann es sehr wichtig werden, dass sie, auf kleinste Unterschiede reagierend, möglichst bald in die günstigste Situation gelangen. Wohin die Samen kommen, das ist Zufallslaune. So ein Same und mit ihm das Keimpflänzchen, das ihm entsprosst, kann es gut treffen: auf freiem Feld oder sonst in sonniger Lage gebettet, kann der hervorsprießende junge pflanzliche Weltbürger des hellen Lichtes Wohltat genießen. Vielleicht ist es ihm gar nicht einmal recht, denn es gibt auch Pflanzen, die solche Lichtfülle gar nicht mögen und an dem Zuviel zugrunde gehen. Für diese war dann gerade das ein Unglück, was für einen rechten Sonnenliebling höchstes Glück wäre. Aber nehmen wir an, es handle sich um eine Pflanze, die viel Licht braucht und verträgt, — wie schlecht kann es da der Keimling treffen: Er kommt in schattengedeckter Lage heraus, kräftigere Konkurrenten decken ihn mit protzigem Laub, oder die Tücke des Schicksals hat ihn unter einen gestürzten Baumstamm gebracht, oder was es sonst für Widerwärtigkeiten für ein solches, an die Scholle gefesseltes Lebewesen geben mag. Aber zwischen dem deckenden Laub hindurch oder an den Seiten des Baumstammes flimmert helleres Licht, — flink das kleine Sprösschen gedreht, mit etwas durch die Verdunkelung geförderter mäßiger Vergeilung unterstützt, und es gelingt doch noch, der Situation Herr zu werden. Wissen wir, was die Pflanze empfinden mag, wenn sie in solchem Fall mit dem letzten Schritt ans volle Sonnenlicht gelangt? Darüber lachen ist leicht; aber wir dürfen uns jedenfalls nicht getrauen, zu behaupten, dass sie nichts dabei empfinde. Sie empfindet sicher etwas, wenn auch auf andere Weise als im menschlichen Sinne, denn sonst würde sie sich nicht an die jeweilige Situation anpassen.

Die Feinheit der Lichtempfindung kann — gerade bei Keimpflanzen — ganz unglaublich sein. Durch geeignete Versuchsanstellung hat man feststellen können, dass bei starker Lichtquelle auf eine ganz im Dunkeln gehaltene Keimpflanze schon ein Lichtblitz in der Dauer von einem tausendstel Sekunde (oder noch weniger!) aufgefangen, das heißt, empfunden wird, was das Pflänzchen dadurch kundgibt, dass es bei weiterem Verbleiben in der Dunkelheit nach einiger Zeit eine schwache Krümmung nach der Richtung erkennen lässt, aus welcher der Lichtblitz gekommen war. Offensichtlich hat sie sich die Richtung gemerkt.

Hält man empfindliche Keimpflanzen in einer Dunkelkammer, die nur irgendwo in der Wand eine winzige Stelle hat, bei welcher Licht eindringt, und wäre es auch noch so wenig, — sicherlich werden alle Keimpflanzen eine Wachstumsrichtung nach jener minimalen Lichtquelle erkennen lassen. So fein ist unter Umständen die Lichtempfindung der Pflanze.

*

Hiermit ist aber die Lichtempfindlichkeit der Pflanze erst im allgemeinsten Umriss geschildert. Es würde viele Seiten beanspruchen, alle die Abstufungen und Verschiedenheiten zu berücksichtigen, welche da im Verhalten der Pflanze und ihrer Organe zutage treten. Für das Grundthema dieses Buches ist ein solches Eingehen auf zahllose Einzelheiten auch gar nicht nötig. Aber auch nur dieser allgemeine Einblick in die Sensualität der Pflanze wäre unvollständig, wenn wir nicht noch einer besonderen Erscheinung gedenken wollten.

Es war an früherer Stelle geschildert worden, wie verschiedenartig sich an einer verzweigten Pflanze die Seitenzweige zur Schwerkraftrichtung orientieren, und dass durch dieses Verhalten die zweckdienliche „Lichtraum"-Ausnützung seitens der Blätter ermöglicht wird. Unwillkürlich drängt sich da die Frage auf: Wenn die Lichteinstellung der Organe für die Pflanze von solcher Wichtigkeit ist, da werden sich die Seitenzweige wohl ebenso wie der Spross als Ganzes, in ihrer Orientierung besonders nach der Lichtseite wenden? Man betrachte daraufhin eine stark verzweigte Pflanze, am besten einen großen Baum, der unter nicht allseitig gleichen Beleuchtungsverhältnissen steht, etwa am Saum eines dichten Waldes. Wohl wird man vielleicht feststellen können, dass jener Teil der Baumkrone, welcher der freien Lichtseite zugekehrt ist, üppiger und kräftiger entfaltet ist, weil er besser und vor allem unmittelbarer ernährt wird, aber — in den Stellungsverhältnissen der Zweige wird man keinen wesentlichen Unterschied finden. Ebenso verzweigt sich ein Baum inmitten dichten Waldschattens ganz normalerweise nach allen Richtungen, und vor allem seine Seitenzweige verraten keine besondere Neigung, nunmehr etwa alle nach aufwärts zu wachsen, woher in diesem Fall das Licht kommt. Fragen wir nun einmal nicht danach, was ist, sondern zuerst, was in solchem Fall für die Lebensbedürfnisse des Baumes vernünftig wäre. Wenn unter der Einwirkung stärkerer einseitiger Beleuchtung alle Seitenzweige ihre normale Orientierung aufgeben und sich streng der Lichtrichtung zuwenden würden, — wäre das für den Zweck der ganzen Verzweigungseinrichtung (den zahllosen Blättern den nötigen Ausbreitungsraum zu verschaffen) irgendwie förderlich? Sicherlich nicht. Die Seitenzweige würden dann alle parallel, in größter Drängung nach einer Richtung streben, und der Vorteil, in bessere Lichtzone zu gelangen, wäre in ungünstigstem Sinn durch die Folgeerscheinung aufgehoben, dass die Blätter keinen Entfaltungsraum behielten, sich gegenseitig drücken und beschatten oder so klein bleiben müssten, dass für die ergiebigere Ernährung auch im besten Fall nichts gewonnen wäre. Und deshalb, weil dies eben unvernünftig wäre, verhält sich die Pflanze anders. Die Seitenzweige lassen sich in diesem Falle nicht irremachen, sie halten in der Hauptsache an der Schwerkrafteinstellung fest, weil nur diese die zweckmäßige Ausbreitung der Krone garantiert. Der

Lebenstrieb dirigiert hier die zweckdienliche Ausnützung der Außenweltreize.

Dass eine ganz bestimmte Regulation vorliegt und nicht etwa ein grundsätzliches Unvermögen von Seitenzweigen, ihre Richtungseinstellung zu ändern, beweist ein anderes, sehr lehrreiches Verhalten: Die Tanne gilt ja als das Muster eines regelmäßig gegliederten Baumes mit ihrem pfeilgerade aufwärtswachsenden, nach oben sich verjüngenden Stamm und den mehr oder weniger waagrecht abstehenden, an jedem Jahresknoten in Quirlen angeordneten Seitentrieben. Das scheint hier alles so sicher, fast mathematisch fixiert, als ob es eben nicht anders sein könne. Auch in diese strenge Ordnung können jedoch Verwirrung und Störung gebracht werden. Ein Sturm knickt den Gipfeltrieb, oder ein experimentierender Forscher schneidet ihn ab. Und sieh: Nun richtet sich einer der Triebe des unter dem Gipfel stehenden Astquirls senkrecht in die Höhe und stellt sich in die Richtung des verloren gegangenen Gipfeltriebs, diesen zuweilen so vollkommen ersetzend, dass nach Jahren infolge der ausgleichenden Wirkung des Dickenwachstums diese „Stellvertretung" für das Auge des Beschauers ganz verdeckt werden kann. Wie lebenswichtig dieser Vorgang ist, braucht kaum betont zu werden. Ohne den Gipfeltrieb und ohne diese Ersatztätigkeit wäre dem Baume das weitere Höhenwachsen unmöglich gemacht; er würde von den Nachbarbäumen überholt, übergipfelt und überschattet und müsste mit der Zeit an Lichtmangel zugrunde gehen. Was für eine Intelligenzleistung des Lebenstriebs liegt hier vor!

Der Seitentrieb (und zwar meistens nur einer), der bei unbeschädigtem Haupttrieb niemals anders als horizontal sich einstellt, als ob infolge uralter erblicher Gewohnheit gar nichts anderes möglich wäre, ändert auf den lebensgefährlichen Eingriff in die unverletzte Ganzheit des Baumes hin seine Reizstimmung gegenüber der Schwerkraft und, – das ist das Wichtigste –, ändert sie eben in dem Sinne, der zur Wiederherstellung der Ganzheit und zu ihrer weiteren Erhaltung führt! Man versuche — ernsthaft, nicht mit phrasenhafter Wortspielerei — diesen Zusammenhang blind-mechanisch, ohne Verkettung mit dem Zweck des Ganzen, sich zurechtzulegen! Es fiele schon schwer, irgendeine Störung im Wachstum der Seitentriebe als Folge der Gipfelstörung bloß physikalisch-chemisch zu verstehen, — aber diese überwältigend zweckmäßige, lebenserhaltende Antwort der Pflanze und die Beschränkung des veränderten Verhaltens auf einen der Seitentriebe (weil eine Mehrgipfligkeit gegen den Gestaltungstrieb dieser Lebensform wäre!), geht wohl weit über einen blind-mechanischen Zusammenhang hinaus, abgesehen von der Unerklärlichkeit, wie solche zielsichere, außergewöhnliche Reaktionsfertigkeit durch Zufall erworben und so fest erblich fixiert worden sein sollte, dass sie bei gelegentlichen „Unglücksfällen" zur Hand ist! Außerdem: Kann man angesichts dieses selbstausgleichenden Verfahrens noch den Mut haben, der Pflanze Individualität, das heißt „Identität" abzusprechen? Solche lebensdienliche „Stellvertretung" eines zerstörten Organes durch ein anderes, das nicht von Anfang an und für gewöhnlich für solche Dienstleistung bestimmt ist, steht übrigens im Pflanzenreich nicht vereinzelt da. Die Wissenschaft glaubt solche Erscheinungen hinreichend auf mechanische Grundlagen zurückgeführt zu haben, wenn sie dafür das gelehrte Wort „Korrelationen" prägt.

*

## Die eigene Intelligenz der Blätter

Angesichts der für gewöhnlich verhältnismäßig fixierten Starrheit in der Orientierung des Verzweigungssystems könnte es nun den Anschein erwecken, als fehle es der Pflanze eigentlich doch an geeigneten Fähigkeiten, die Lichtverhältnisse der Umgebung im gleichen Sinne aufs Feinste regulatorisch auszunützen, wie es die Wurzel mit jedem Bröselchen Nährsalz und mit jedem Tröpfchen Feuchtigkeit zu tun vermag. Denn: wenn auch das Verzweigungsprinzip der Laubausbreitung den nötigen Entfaltungsraum schafft, — damit allein ist noch nicht alles getan. Es muss hier daran erinnert werden, dass das Laubblatt hinsichtlich seiner Ernährungsaufgabe dann am leistungsfähigsten ist, wenn es ein Optimum an Lichtstrahlen aufzufangen und in chemische Energie umzuwandeln in der Lage ist. Das heißt: Das Blatt wird (von besonderen Fällen abgesehen) dann für die Lebensbedürfnisse der Pflanze am besten ausgenützt, wenn es seine Fläche quer zur Richtung des einfallenden stärksten Lichtes stellt. Der Baum als Ganzes wird seinen „Lichtraum" am besten verwerten, wenn er innerhalb dieses Raumes möglichst alle Blätter in der genannten günstigsten Lichtstellung hat. Ist das aber möglich? Bei der nach allen Richtungen gehenden Orientierung der Zweige müssen doch die an diesen stehenden Blätter zum Teil in günstige, zum Teil in minder günstige, wenn nicht gar in schlechte Lichtstellung gelangen. Dies müsste mit Ausnahme ganz frei stehender, von allen Seiten vom Licht umfluteter Pflanzen der Fall sein, wenn da nicht der vernunftgeleitete Lebenstrieb in der Pflanze erst noch sein feinstes Stücklein spielte, wenn er da nicht eine Technik ersonnen hätte, mit welcher er alles bisher Geschilderte in den Schatten stellt. Die Zweige können recht wohl nur den Hauptzweck verfolgen, lediglich bloß den Lichtraum fortschreitend zweckdienlich zu erweitern, denn die Sorge um die günstigste Lichtstellung ist den Blättern selbst übertragen, — sie haben, jedes für sich und, wo es notwendig ist, doch wieder im gegenseitigen Ausgleich die geeignete Lichtlage zu finden. Man glaubt wohl meistens, die Lage der Blätter an den Zweigen sei überall die gleiche? Weit entfernt davon! Vielleicht gibt es nichts an der Pflanze, was so wechselvoll, so veränderlich und zugleich so lebensdienlich reguliert ist, wie die Stellung der Blätter. Das dreht und wendet sich, schiebt sich über- und nebeneinander, weicht sich aus und macht sich gegenseitig Platz, wie es der weiseste Verstand des weisesten Menschen nicht zweckdienlicher ausklügeln könnte. Wie ist das aber möglich? Dadurch, dass das einzelne Blatt, wenigstens durch eine gewisse Zeit, sein eigenes Wachstum hat und dieses in den Dienst einer außerordentlich feinen Sensualität stellt, — beherrscht von dem Anpassungswillen des Ganzen.

*

Eine Grundlage für die zweckmäßige Lichtausnützung gibt allerdings vielfach bereits die räumliche Anordnung der Blätter an den Stängeln, wodurch häufig schon ohne aktives Dazutun der Pflanze eine zweckdienliche Verwertung des Lichtraumes ermöglicht wird. Betrachten wir zunächst etwa irgendeine Pflanze aus der Gruppe der Lippenblütler, zum Beispiel die gewöhnliche Taubnessel. Da steht an jedem Stängelknoten ein Blattpaar, die beiden Blätter genau einander gegenüber; am nächsten Knoten wiederholt sich das gleiche, nur steht dieses Blattpaar quer zum vorigen; er fällt also hier jedes der beiden Blätter über den Zwischenraum des darunter befindlichen Paares. Dadurch ist vermieden, dass das eine Paar das andere beschattet. Im zweitnächsten Knoten wiederholt sich allerdings die Stellung des ersten Paares, hier ist dann aber die Entfernung (zwischen dem ersten und dritten Paar) schon so groß, dass die Beschattung nicht mehr schädlich wird. Noch besser wirkt in dieser Hinsicht die Aufeinanderfolge einzeln („zerstreut") am Stängel stehender Blätter, wo oft erst das dritte, fünfte oder siebente (usw.) Blatt genau über das erste zu stehen kommt. Diese den Lichtraum ausnützende Anordnung der Blätter ist eine allgemeine Erscheinung. Eine Ausnahme scheinen hier nur die bei manchen Pflanzen anzutreffenden bodenständigen „Blattrosetten" zu bilden. Diese Rosettenbildung kommt dadurch zustande, dass die in anderen Fällen eintretende Wachstumsstreckung der Stängelteile zwischen den einzelnen Blattansätzen unterbleibt. Das eben besprochene „Lichtgesetz" ist aber in solchen Fällen nicht eigentlich umgestoßen. Denn entweder handelt es sich dabei um besondere Anpassungen (wie bei Pflanzen, die mit dieser grundständigen Blattrosette unter dem Schutze der Schneedecke überwintern) oder wir treffen diese Wuchsart bei Pflanzen stark besonnter, exponierter Standorte (Wüsten-, Steppen-, Felsenpflanzen), die also einerseits ohnedies reichlich Licht haben, anderseits zugleich großer Austrocknungsgefahr ausgesetzt sind, welche durch diese Rosettenbildung gemildert wird, insofern die austrocknende Wirkung der Luftbewegung nahe dem Erdboden geringer ist. Auch hier wieder mehrseitige Zweckmäßigkeitsbeziehung.

Abb. Y: Ein aufrecht gewachsener Spross einer tropischen Liane (Actinidia callosa, Farn. Dilleniaceae). Die Blätter gleichmäßig orientiert, mit der dunkelgrünen Oberseite nach aufwärts und außen gerichtet. Die Blattstiele ohne wesentliche Krümmungen, weil bei dieser aufrechten Stellung des Zweiges kein Anlass zu besonderen Orientierungsbewegungen gegeben ist. Stark verkleinert.

Es ist nun klar, dass trotz der an und für sich lichtgünstigen Verteilung der Blätter an den Zweigen doch die Lage des einzelnen Blattes eine sehr ungleich günstige sein und bleiben müsste, wenn eben nicht die Blätter selbst nun die feinere Korrektur „in die Hand" nähmen. Die Verzweigung mit der erblich eingeübten fixen Blattverteilung verschafft nur dem ganzen Individuum die „grobe" Einstellung auf den besten Lichtgenuss; die „feine", letzte und variationsfähigste Einstellung besorgen die einzelnen Blätter selbst.

Betrachtet man einen Strauch oder Baum, so wird man finden, dass die

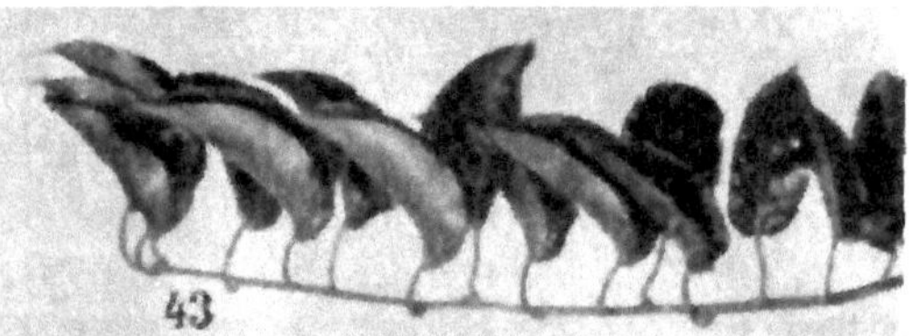

Abb. Z: Ein horizontal gewachsener Zweig der gleichen Pflanze: Alle Blätter, gleichviel ob sie vorne, seitlich oder rückwärts am Stängel stehen, nach der Richtung des (von oben) einfallenden stärksten Lichtes eingestellt. Man sieht auch, welche Krümmungen die Blattstiele zum Teil ausführen mussten, um die optimale Lichtlage der Blattspreite zu ermöglichen.

Blätter, obwohl sie in der Knospe überall ganz gleich angelegt werden, doch an den senkrecht aufwärtsgerichteten Zweigen bzw. am Gipfelspross ganz anders orientiert sind als an den waagerechten Seitenzweigen: Sie kehren alle, mögen sie um den Stängel herum wie immer angesetzt sein, ihre Oberseite (welche bei solchen Blättern, ihres bedeutend reicheren Chlorophyllgehaltes wegen, die eigentlich ernährungsphysiologisch tätige ist) dem Licht zu, das heißt nach aufwärts. Dies geschieht durch Drehungen des jungen, noch wachsenden Blattes, entweder an

142

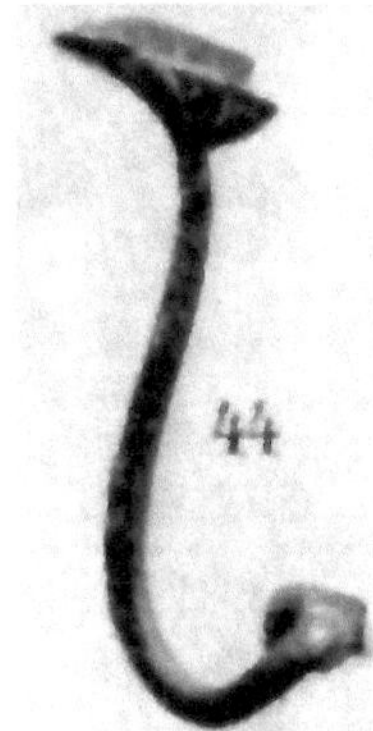

Abb. AA: Der Stiel eines der Blätter in der vorigen Abbildung, in natürlicher Größe, die bisher vollzogenen Wachstumskrümmungen zeigend.

seinem Grund, wenn das Blatt „sitzend" ist, oder bei gestielten Blättern durch entsprechende Wachstumskrümmungen des Blattstieles (Abb. Y.42—AA.44). Auch krautige Pflanzen greifen zu diesem Orientierungsmittel. Die vorhin genannte Taubnessel z. B. wird an einem stark einseitig belichteten Standort auch etwas anders aussehen. Bei ausgesprochen seitlicher Beleuchtung wird auch sie ihre Blattflächen mehr oder weniger alle nach der gleichen Seite drehen.

Es reagieren ja nicht alle Pflanzen auf die Lichtempfindung in gleicher Weise; manche haben hier eine außerordentlich feine, manche eine mehr stumpfe Sensualität. Viele aber antworten auf den einseitigen Lichtreiz so vollendet zweckmäßig, dass bei ihnen, auch bei ganz einfachen krautigen Pflänzchen, die Blätter alle in einer Ebene zu liegen scheinen. Und dabei allein hat es noch gar nicht sein Bewenden. Es wird bei solchen Orientierungsbewegungen der einzelnen Blätter nicht nur von jedem die günstigste Lichtlage angestrebt, sondern auch auf möglichste Vermeidung unmittelbarer gegenseitiger Beschattung gesehen! Die Blätter entwickeln sich, wo ihrer viele sind, in solchen Fällen zu ungleicher Größe. An Horizontalzweigen (zum Beispiel des Ahorns oder der Rosskastanie) mit gekreuzter Blattstellung werden die zwei Blätter eines Paares stets ungleich ausgebildet: Beide wenden ihre Oberseite dem Licht zu, aber das eine Blatt wird bedeutend größer und erhält einen wesentlich längeren Stiel; dadurch schieben sich diese, einen größeren Lichtraum beanspruchenden, größeren Blätter jedes Paares weiter hinaus, zwischen sich Lücken lassend, die durch die kleiner bleibenden Blätter ausgefüllt werden (Abb. BB.48 — 50). Dadurch wird unnütze Blattfläche (alles kostet Baustoffe!) vermieden, der gegebene Lichtraum aber optimal ausgenützt! Wie in aller Welt soll die einfache Tatsache einseitiger Beleuchtung rein biomechanisch eine solche Fülle verschiedenartiger, aber alle dem gleichen Lebens-

Abb. BB: Zweige von Broussonetia papyrifera (Farn. Moraceae) mit verschiedener Lichteinstellung der Blätter: Fig. 48 ein aufrecht gewachsener, Fig. 49 ein horizontal gewachsener Zweig in Seitenansicht und Fig. 50 ein ebensolcher von oben aufgenommen. Außer den gleichen Erscheinungen wie im Fall der Abb. Y.42 und Z.43 liegt hier auch noch der im Texte beschriebene Fall der ungleichen Größenentwicklung der Blätter am horizontalen Zweige vor. Bei dem aufrechten Sprosse (Fig. 48) sind allerdings die zwei je auf gleicher Höhe stehenden Blätter auch nicht ganz gleich groß und auch nicht ganz gleich gestielt, wie es im Idealfalle sein sollte. Ursache: Der Strauch stand hart an einem hohen Bretterzaun, der ihm gegen Abend das Westlicht deckte, — auf diese kleine Abweichung von allseitig gleicher Belichtungsstärke hatte die Pflanze bereits reagiert!

zweck dienender Reaktionen ermöglichen, wenn nicht ein unterscheidendes, einordnendes und einheitlich verwertendes Prinzip tätig ist? Dabei wurde hier nur ein Teil der Erscheinungen berücksichtigt; alle hierher gehörigen vernunftgemäßen Maßnahmen der Pflanze aufzuzählen, würde allzu sehr in die Breite führen.

Nur auf eine ganz besondere Anpassung sei hier noch aufmerksam gemacht. Es gibt für die Pflanzen auch ein Zuviel an Licht. Schon in unserer Flora kann man an manchen Pflanzen stark besonnter Standorte beobachten, dass sie ihre Blattflächen nicht voll dem Licht aussetzen, sondern ihren Blättern eine mehr oder weniger auffallende Steilstellung geben, wodurch die Lichtstrahlen an den Blattflächen schief auftreffen und eine weniger schädigende Wirkung ausüben. Zuweilen ist diese Abschwächung noch dadurch erhöht, dass sich das ganze Blatt in die „Profilstellung" dreht, das heißt der Richtung des Lichteinfalles seine Kante zuwendet. Diese Profil- oder Kantenstellung ist namentlich manchen Tropenpflanzen eigentümlich, die ja mit den viel sengender wirkenden Strahlen der hochstehenden Tropensonne zu rechnen haben. Durch ihre überaus zweckdienliche Orientierung vermeiden die Blätter die Gefahren der hochstehenden Mittagsonne, können aber mit ihren seitlich orientierten Flächen die mildere Morgen- und Abendsonne voll ausnützen. Das Wunder lebensökonomischer Anpassung erstreckt sich dann bei solchen Blättern auch auf die innere Struktur: Sie haben an beiden Seiten hoch entwickeltes leistungsfähiges Chlorophyllgewebe!

Was würde bei Blättern, die darauf eingerichtet sind, schwächere Lichtintensitäten während des ganzen Tages möglichst mit voller Blattfläche auszunützen, ein chlorophyllreiches Gewebe an der stets schwach beleuchteten Unterseite helfen? Unnötige Verschwendung! Bei der Profilstellung ist das aber ganz anders. Überhaupt: die Struktur des Blattes! Nimmt man alles zusammen, was sich am Blatt an sinnvollen Einrichtungen vorfindet in Beziehung auf Lichtausnützung, Transpirationsregulation, Gaswechsel, Wasserversorgung usw., so findet man eine derart komplizierte und doch vereinheitlichte staunenswerte Technik, die immer wieder in jedem Individuum und in jedem einzelnen Blatte neu geschaffen wird und dabei so unendlich vieler lebensgemäßer Variationen fähig ist, dass schon allein angesichts der Beschaffenheit und lebendigen Tätigkeit des Pflanzenblattes eine blind-mechanistische Erklärung wie Irrsinn anmutet.

Die Unmöglichkeit, die Pflanze ohne die Existenz eines individuellen intelligenten Prinzips und selbstbestimmungslos aufzufassen, wird noch viel eindringlicher, wenn man nun das physiologische Zustandekommen aller dieser Wachstumsbewegungen berücksichtigt. Bevor wir aber den letzten Schritt unserer Betrachtungen unternehmen, will ich noch einen anderen Zusammenhang aufdecken, der so recht deutlich zu zeigen vermag, wie vernunftgemäß alles in der Pflanze ineinandergreift.

*

## Die ewige Jugend der Pflanze

Wer unter den geschätzten Lesern hat sich wohl schon einmal die Frage vorgelegt, warum denn eigentlich die Pflanze immerzu wächst, solange sie überhaupt lebt? Das ist bei ihr doch ganz anders als beim Tier. Warum spart sich die Pflanze nicht (an ihren „Vegetationspunkten": Zu innerst der Knospen und an den Wurzelspitzen) immerfort embryonales Gewebe, das unermüdlich für Vergrößerung des Individuums und fortdauernde Neubildung von Organen sorgt?

Die Pflanze ist niemals „ausgewachsen" im Sinne eines allgemeinen Wachstumsabschlusses. Stirbt die Hauptwurzel ab (infolge von Beschädigung oder im natürlichen Entwicklungsgang mancher Pflanzen), dann setzen die Seitenwurzeln allein ihr Wachstum fort oder es treten neuerlich zahlreiche Ersatzwurzeln aus den unterirdischen Teilen des Stängels hervor. Wird der Hauptspross verletzt, so genügen entweder die vorhandenen Verzweigungen zur Fortsetzung der Entfaltung oder es werden dazu noch neue Vegetationspunkte erzeugt.

So unzertrennlich ist diese „ewige Jugend" mit der Natur der Pflanze verbunden, dass auch die Entfernung aller vorhandenen Knospen und Triebe sowie aller Wurzelspitzen noch nicht das Ende bedeutet: Die Pflanze erzeugt auch dann noch neue Vegetationspunkte, auch aus schon ausgewachsenen Teilen und dann oft an Stellen, wo es sonst nie geschehen würde. Warum das?

Wir dürfen uns speziell den Lebenserscheinungen gegenüber nicht achselzuckend mit der Antwort begnügen: Es ist eben so. Immer müssen wir nach den weiteren Beziehungen suchen. Freilich: der blinde biomechanische Standpunkt bedeutet hier Gedankensperre, denn da für ihn alles nur ein sinnloses Abschnurren von Geschehensfolgen ist, muss er sich allerdings mit der erkenntnislosen Auskunft begnügen: Es ist eben so, und zwar ist es im einen Fall so, im anderen anders. Haben wir aber einmal das Zweckgesetz in der Natur erkannt und anerkannt, dann öffnen sich ganz andere Einsichten. Auch hier, bei unserer gegenwärtigen Frage. Wir finden nun unschwer die Antwort: Die Pflanze muss diese „ewige Jugend" bewahren, wenn sie bestehen können soll; der Lebenstrieb, wenn er schon in der „Idee der Pflanze" sich objektivieren wollte, musste diese Organisationseigentümlichkeit schaffen, oder die Pflanze wäre als Lebensform unmöglich.

Kein Organismus kann für sich allein bestehen. Mag er ausgeprägteste Individualität besitzen, er ist immer und überall das Glied einer höheren Einheit, eines übergeordneten Systems. Er ist sozusagen eingebaut in das Gefüge seiner Umwelt, er ist von ihr abhängig, wie letzten Endes auch sie wieder von ihm.

Sogar der Typus „Mensch", die „freieste" aller Individualformen, kann sich dem Gesetz der Umwelt, der „Lebensgemeinschaft", nicht entziehen. Tut er es doch, so geschieht es zu seinem Schaden, oft sehr bald, oft erst nach längerer Zeit, für sich oder für die Nachkommen, für sich allein oder für die Gesamtheit. Eine willkürliche Verletzung der Lebens- und Naturgesetze findet immer, früher oder später, den strafenden Ausgleich. Auch der Mensch, soviel Staunenswertes er vermag, — die Naturgesetze, auch die in seiner eigenen (menschlichen) Vitalseele verankerten, ändern, das kann er nicht.

Vor allem ist jeder Organismus unbedingt in seiner Ernährung von der Umwelt ganz und gar abhängig. Die Pflanze ist nun in dieser Hinsicht sehr bescheiden, — sie braucht nur die Stoffe des Bodens und der Luft, die sie allerdings im Allgemeinen zuverlässig in ihrer nächst erreichbaren Umgebung findet. Andererseits ist sie aber der Umgebung gegenüber viel hilfloser, als das Tier, denn sie kann ihrer Nahrung nicht nachlaufen, so wenig, als sie ihren Feinden entfliehen kann. Das letztere gleicht die Natur dadurch aus, dass sie zwar die pflanzlichen Individuen viel schonungsloser preisgibt, dafür aber durch eine vielfach unbegrenzte, jedenfalls aber stets übergroße Fruchtbarkeit die Erhaltung des Typus sichert. Denn nur darauf kommt es dem Lebenstrieb an.

Das kann nicht oft genug wiederholt werden. Die Natur hätschelt und schützt das Individuum nur als Mittel zum Zweck der Erhaltung und Fortbildung der Lebensform durch die Nachkommenschaft. Zu diesem Naturzweck muss aber eben auch das Individuum jeder Lebensform erhaltungsgemäß beschaffen sein, und das ruhelose Wachstum der Pflanze gehört bei ihr zu dieser Forderung. Auch in der Lebenssituation der an die Scholle gefesselten Pflanze gibt es einen Unterschied von schlecht, gut und besser.

Die Kuh, die in ihrer nächsten Nähe das Gras abgeweidet hat, geht ein paar Schritte weiter. Die Pflanze muss an Ort und Stelle bleiben, mag der Boden (ihr „Weideplatz") ergiebig oder mager, unberührt oder ausgenützt sein. Die Pflanze entzieht dem Boden die mineralischen Stoffe viel rascher, als sie sich erneuern, — was wäre ihr Schicksal, wenn sie eine früher oder später ausgewachsene Wurzel hätte? Von der Stelle fortgehen und nährsalzhaltigen Boden aufsuchen kann sie nicht; welches andere Mittel bleibt ihr, als ihr Wurzelsystem immerfort durch Wachstum zu vergrößern, die Wurzeln wachsen und wachsen zu lassen, dass sie mehr und mehr in die Tiefe steigen (auch dem Wasser nachgehend!), mehr und mehr nach allen Seiten sich ausbreiten und jeden Zollbreit Boden nach Nahrung absuchen? Denn ein Suchen ist es, nachdem wir ja wissen, wie dabei die Wurzel von ihren Empfindungen geleitet wird.

Und der Spross? Muss er nicht ebenso eine ständige Lichtraum-Erweiterung suchen? Muss er nicht durch immerwährende Wachstumstätigkeit in der Lage sein, sich der vielen Konkurrenten um Licht und Raum zu erwehren? Muss er nicht jederzeit bereit sein können, für Zweige und Blüten, die ihm der Sturm abknickt oder die ihm seine tierischen Feinde abfressen, Ersatz zu schaffen?

Außerdem haben wir gesehen, dass alle die feinen Regulationen in der Ausnützung der Umgebung für die Pflanze (besondere Fälle einstweilen beiseitegelassen) nur durch Wachstumskrümmungen möglich sind. Wachsen und immer

148

wachsen können, heißt für die Pflanze nicht bloß leben, sondern zugleich um das Leben kämpfen können. So musste der Lebenstrieb der Erscheinungsform der Pflanze die immerwährende Jugendlichkeit geben, als Ersatz für die Beweglichkeit, die sie nicht hatte. Die Technik des Wachsens wurde beinahe das Universal-Instrument für den pflanzlichen Lebenstrieb.

*

Ich kann es mir nicht versagen, hier noch auf eine besondere Technik des Wurzelwachstums hinzuweisen, die denen noch ein bisschen zu denken geben dürfte, die sich gar so sehr über die Behauptung entrüsten, dass die Technik, die sich der „scharfsinnige" Mensch ausgedacht hat, schon überall in der Natur zu finden sein solle. Es war auf Seite 119 die Rede davon gewesen, dass der Krümmungsanstoß von der empfindenden Wurzelspitze zu der weiter rückwärts liegenden Wachstumszone geleitet ward. Diese Wachstumszone, das heißt jene Region, innerhalb welcher sich die Streckung der am Vegetationspunkte angelegten Zellen vollzieht, beschränkt sich bei den Bodenwurzeln in der Regel auf eine Strecke von 2 bis 12 oder 14 Zentimetern hinter der Wurzelspitze. Nur hier findet Wachstum statt; alle weiter rückwärts befindlichen Regionen der Wurzel sind (was ihr Längenwachstum betrifft) ausgewachsen. Da der Vegetationspunkt der Wurzelspitze immer neues Zellmaterial erzeugt, so rückt auch diese Wachstumszone in stets gleichbleibender Entfernung mit der Wurzelspitze vor. Beim Stängel aber reicht die Streckungszone viel weiter hinter den Vegetationspunkt, viele Zentimeter und selbst Dezimeter (bei Schlinggewächsen bis zu einem halben Meter und darüber). Warum dieser Unterschied? Hohe Intelligenz der Natur!

Die Wurzel hat beim Eindringen in den Erdboden beträchtliche Widerstände zu überwinden (vergleiche Seite 105 f); die dazu nötige vorwärtstreibende Kraft hat ihren Angriffspunkt natürlich dort, wo die Zellen im stärksten Wachstum begriffen sind. Die Wurzelspitze ist aber ein zartes, oft fadendünnes Organ, — wenn die vorwärtsdrängende Kraft nicht nahe hinter der Spitze einsetzte, so würde die zarte Wurzel vor dem Hindernisse aus biegen, statt einzudringen, wie der Faden ausbiegt, den wir in ein feines Nadelöhr einführen wollen, wenn wir ihn weiter rückwärts statt ganz vorne fassen! Oder wie ein sehr langer, aber dünner Nagel unter dem Hammerschlag ausbiegt, während ein ebenso dünner, aber ganz kurzer, anstandslos eingetrieben werden kann.

Je dünner ein Objekt ist, das unter einem von rückwärts wirkendem Druck unter Widerstandsüberwindung vorwärtsgetrieben werden soll, desto näher dem Eindringen sollenden Vorderende muss die treibende Kraft einsetzen. Dieses „technische Prinzip" hat die Natur in der Pflanzenwelt bei der Wurzel längst in Anwendung gebracht. Aber, — nur beim Menschen darf man von „Technik" reden! Wie kann man jedoch diese Technik der Pflanze anders bezeichnen?

*

## Die Technik der Wachstumsbewegungen

Jetzt erst können wir eine Betrachtung wieder aufnehmen, die wir auf Seite 114 angeregt, dann aber scheinbar fallen gelassen haben, — die Frage: Welches ist nun die innere Technik dieser Wachstumsbewegungen?

Wie macht es beispielsweise ein waagerecht gelegter Spross, dass er in seinem wachsenden Spitzenteil sich aufrichtet? Er kann dies nur dadurch erreichen, dass er an der Unterseite stärker wächst als an der Oberseite. Bei der Wurzel, die sich unter dem Einfluss der horizontalen Lage nach abwärts krümmt, ist das Gegenteil der Fall. Nun wolle sich der Leser erinnern, dass das äußerlich sichtbar werdende Wachstum der Pflanzenorgane dadurch zustande kommt, dass die an den Vegetationspunkten angelegten Zellen sich durch zunehmende Wasseraufnahme dehnen und vergrößern und diese Dehnungsvergrößerung schrittweise durch Verstärkung der Zellwände seitens des Plasmas fixiert wird. Erinnern wir uns noch weiter, dass die Wasseransammlung in den Zellen durch das Plasma reguliert wird, indem es erhöhten Wassereintritt durch entsprechende Ausscheidung osmotisch wirkender Substanzen veranlasst. Diese Kausalkette in ihrem zweckdienlich gerichteten Ablauf ist an und für sich schon genügend merkwürdig und physikalisch-chemisch allein nicht verständlich. Aber selbst angenommen, wir würden sie einmal als rein chemisch-physikalische Kausalkette verstehen lernen, so bliebe immer noch die Beziehung unverständlich, dass sie nicht bloß eine lebenserhaltende Bedeutung hat, sondern diese von Anfang an gehabt haben muss. Es wird noch unbegreiflicher, wenn man bedenkt, dass bei der Wurzel die gleiche Reizung des Plasmas der gleichen Pflanze ein anderes Verhalten erzeugt als beim Stängel und wieder gerade dasjenige, das für dieses Organ das lebensgemäße ist! Die „Mechanik" des Plasmas als „selbst"-regulierender Faktor kommt da in ein sehr schiefes Licht. Es ließe sich zur Not noch begreifen, dass der ungewohnte Reiz (ungewohnt bei der den Reiz erstmalig erfahrenden Keimwurzel?) alle Zellen zu verstärktem oder gehemmtem Wachstum veranlassen könnte; dass aber nur gewisse Zellen ihr Verhalten ändern, und zwar allemal diejenigen, durch welche dabei der lebenswichtige Effekt erzielt wird, — das deutet denn doch auf andere und tiefere Zusammenhänge. Vollends mechanisch unverständlich wird dieses sinn- und zweckmäßige Reagieren durch den Umstand, dass es gar nicht die unmittelbar gereizten Zellen sind, welche diese Reaktion ausführen, sondern andere, zuweilen weit abliegende, die selbst von dem Reize gar nicht berührt werden.

Nicht nur die „Reizleitung", welche mit diesen Vorgängen verbunden ist wie bei den durch tierische „Nerven" vermittelten Übertragungen, ist biomechanisch unverständlich, sondern ganz besonders noch die „Richtungsverständigung", welche mit dieser Reizleitung verbunden ist. Man überlege doch: Das Ausführungsorgan erhält ja von dem Empfindungsorgan her nicht bloß einen allgemeinen Wachstumsreiz, sondern in einer ganz mystisch anmutenden Weise eine Verständigung über die Richtung, welche das Wachstum einzuschlagen hat, das heißt, welche Protoplasmapartien (Zellen) mit verstärkter

Wachstumstätigkeit „zu reagieren haben", damit der Krümmungseffekt erzielt werde, der mit der Aufhebung der Reizempfindung zugleich auch die für die Pflanze vorteilhafte Orientierung des Organes herbeiführt! Dies mit reiner Biomechanik erledigen zu wollen, ist gerade so, als wollte man dem Verstand zumuten, er solle es für wahrscheinlich halten, dass in einem Fabrikbetrieb die Maschinen selbst den Anstoß geben und die Ausführung leiten, wenn im Bedürfnisfall die Transmissionen anders verkoppelt werden müssen. Am ehesten lässt sich das Verhalten der Pflanze noch mit einer modernen computergesteuerten Fabrik erklären. Die notwendige Intelligenz wird in diesem Fall von einem Computersystem geliefert. Wir versuchen dagegen, das Verhalten der Pflanze mit dem Prinzip der Regulation durch eine „Vitalseele" zu erklären, welche ein Prinzip ist, das im Zellplasma geeignete Biomoleküle besitzt für eine Art Empfindungen, Unterscheidungen, das Treffen von Urteilen und für aktiv zweckmäßiges Wirken (Wollen).

Auch andere Reize erzielen gleiche Wachstumsregulationen. Der dem Licht sich zuneigende Spross kann diese Bewegung auch nur dadurch zustande bringen, dass er an der von dem stärkeren Lichtreiz abgewendeten Flanke seine Zellen stärker wachsen lässt, während die lichtabwendige Wurzel den gleichsinnigen Wachstumsimpuls ihren der Lichtseite zugewendeten Zellen gibt. Mindestens findet also eine Reizleitung von der das Licht empfangenden Flanke zur entgegengesetzten statt. Das Mysteriöse des gleichzeitigen „Richtungszeichens" tritt aber ganz besonders bei dem Verhalten der Blätter hervor. Das Ausführungsorgan für die Bewegungsregulierung ist (bei gestielten Blättern) der Blattstiel. Solche Orientierungsbewegung braucht nicht bloß durch die ursprüngliche (zum Beispiel horizontale) Wuchsrichtung des Zweiges bedingt zu sein; auch eine nachträgliche Änderung der Lage des Sprosses kann bei den Blättern, wenn sie länger wachstumsfähig bleiben, zu einer regulativen Änderung ihrer Stellung führen. Besonders schön beobachten lässt sich dies an Lianen mit ihren weit ausladenden rutenförmigen Zweigen, denen man leicht eine andere Stellung

152

Abb. CC: Die Umkehrung der Blätter von Actinidia bei verändertem Lichteinfalle zeigend. — Ein horizontaler Spross (wie in Abb. Z.43) wurde in einem Glase eingefrischt und befestigt. Die Stellung des Zweiges ist dabei so gewählt, dass sie einer Aufnahme des Zweiges in Abb. Z.43 von unten her entspricht: alle Blätter sind vom Beschauer abgewendet nach rückwärts gerichtet und zeigen die lichtere Unterseite (Fig. 45). Nach erfolgter Aufnahme wurden Apparat und Objekt in unveränderter Stellung belassen. Der Zweig war nun in der Situation, dass das einseitig vom Fenster her einfallende Licht seine Blätter an der Unterseite traf. Die Folge war eine Orientierungsbewegung der Blätter; die nach 48 Stunden vorgenommene zweite Aufnahme (Fig. 46) zeigt, dass die Blätter sich neuerdings dem stärkeren Licht mit ihrer Oberseite zugewendet, sich also völlig umgewendet haben.

geben kann. Wählt man einen Zweig, dessen Blätter alle mit der Oberseite dem Lichte zugekehrt sind, und dreht ihn so, dass seine Blätter dadurch in die entgegengesetzte Lage kommen, das heißt, alle jetzt die Unterseite der Lichtquelle zuwenden, und befestigt ihn nun in dieser Lage, dann findet man nach einiger Zeit sämtliche Blätter wieder mit der Oberseite dem Licht zugewendet, was bei der Fixierung des Zweiges nur durch eigentätige Einstellung der Blätter möglich ist. Man sieht dann auch deutlich, dass die Blattstiele an ihrer Basis geeignete Drehungen ausgeführt haben (Abb. CC.45 und 46).

Solche Blätter können (was die Spreite betrifft) auch schon völlig ausgewachsen sein; aber ihre Blattstiele sind das in solchen Fällen nicht und sie können diese Richtungsbewegungen, wenn es nötig werden sollte, wiederholt ausführen, weil sie in der „Ruhelage" des Blattes, das heißt, wenn die optimale Lichtlage erreicht ist, überhaupt nicht wachsen, sondern sich den Spielraum, den sie dafür haben, für die besonderen Anlässe zu dieser lebenswichtigen Regulation aufsparen. Auch eine sehr merkwürdige Sache das: dieses „Aussetzen" des Wachstums bis zum „geeigneten" Zeitpunkt, gerade bei Kletterpflanzen, deren Zweige auch aus natürlichen Ursachen (Abgleiten von den Stützen, Herabsinken durch das eigene Gewicht usw.) sehr leicht in eine veränderte Lichtlage gelangen können, wobei dann die Blätter die Nachteile dieser Veränderung nur ausgleichen können, wenn ihre Blattstiele noch wachstumsfähig bleiben! Der Umgebungsreiz wirkt hier nicht bloß Wachstums regulierend, sondern zugleich auch neuerliches Wachstum anregend.

*

## Wie sich die Psyche einer Pflanze äußert

Wo empfindet aber nun das Blatt die veränderte Lichteinwirkung? Verdunkelt man den Stiel eines solchen Blattes (z. B. durch Umwickeln mit Stanniolpapier), lässt aber die Blattflächen frei, dann ändert sich nichts im gewöhnlichen Verhalten der Blätter. Verdunkelt man aber die Blattflächen und lässt den Stiel frei dem Lichte ausgesetzt, dann unterbleibt jede Orientierungsbewegung des Blattes! Der Stiel also, der die Bewegung ausführt, ist zugleich unempfindlich; die Spreite des Blattes ist das Empfindungs-, der Stiel das Ausführungsorgan. Dies setzt natürlich eine Leitung des „plasmatischen Erregungszustandes" von den gereizten Blattzellen zu den ungereizten Stielzellen voraus, durch welche die letzteren „informiert" werden, wie sie sich dem ihnen selbst ganz gleichgültigen Lichtreiz gegenüber lebensökonomisch richtig zu verhalten haben.

Wie kommt zu dem Plasma dieser Stielzellen neben dem Anreiz, überhaupt wieder weiter zu wachsen, zugleich die „Information", an welcher Flanke des Stieles das Wachstum stattzufinden hat, damit die „richtige" Bewegung ausgeführt wird? Dabei ist noch zu berücksichtigen, dass nicht die absolute Lichtstärke als „Reiz" (wir sagen besser: als „Motiv") wirkt, sondern die Empfindung (bzw. Information) des Beleuchtungswechsels und des Beleuchtungsunterschiedes zwischen Blattober- und -unterseite bzw. der Richtung des Lichteinfalls!

Nehmen wir gleich den eben besprochenen Fall des extremsten Lagewechsels, nämlich den der vollständigen Blattumkehrung, so schließt diese Tatsache die Erkenntnis in sich: Das Blatt muss eine Empfindung dafür haben, dass jetzt die Unterseite und nicht die Oberseite stärker beleuchtet ist, und diese Empfindung muss mit einem „Unlust-Ton" verbunden sein (wir haben kein anderes Wort und keine andere Vorstellung dafür!), weil das Blatt diese Empfindung als eine unlustbetonte abzuschütteln bestrebt ist und zu diesem Zweck an jene Teile, die selbst für den Reiz ganz unempfindlich sind, ein „Signal" sendet, wie dort selbst das Wachstum zu regulieren ist, damit das Plasma der Blattzellen von seiner Unlustempfindung befreit und das Blatt jener Lage zugeführt werde, welche mit der („lustbetonten") Normalempfindung verbunden ist. Dass wir nicht wissen, wie sich ein physiologischer Reiz in eine „Empfindung" mit Gefühlsbetonung umwandelt, braucht uns hier nicht zurückzuschrecken, denn wir wissen dies ja bei unseren eigenen Empfindungen auch nicht.

Jedoch auch in jenen einfacheren Fällen, wo nur ein etwas seitlich verschobener Lichteinfall zum „Motiv" der Bewegung wird, ist das Rätsel nicht geringer, bzw. die Wirkung psychischer Wesenheiten ebenso wenig zu verkennen, weil ja auch in diesem Falle der mechanisch vollkommen mysteriöse, zweckhafte Richtungsimpuls an den Blattstiel weitergegeben wird. Auch hier muss der schiefe Lichteinfall allein schon jene Unlustempfindung auslösen, welche die aktive Seite der Vitalseele, den Entscheidungsprozess (Willen), zur Abwehrhandlung treibt. Betrachten wir alle die vorangehend geschilderten, eine zweckmäßige Orientierung anstrebenden Bewegungen, so müssen wir zu dem Schluss kommen, dass sie alle, ohne Ausnahme, auf Empfindungen (wahrgenommene Reize) zurückgehen, denn nur eine Art Gefühlston, der auf der Bewertung von Reizen beruht, kann Veranlassung einer zweckdienlichen Gegenreaktion sein, und nur ein solcher psychischer, über der Mechanik stehender vitalseelischer Faktor macht es begreiflich, dass die Reaktion verschieden (zu- oder abwendig oder anderswie) und jedes Mal so ausfällt, wie es im Lebensinteresse der Pflanze gelegen ist. Desgleichen kann nur die Wirksamkeit eines über der reinen Plasmamechanik stehenden regulativen Faktors die Tatsache erklären, dass in allen diesen Fällen (von Wachstumsbewegungen) die verschiedensten physikalischen und chemischen Umgebungseinwirkungen zur Auslösung des gleichen mechanischen Ausführungsmittels, nämlich der plasmatischen Regulation des Zellsaftdruckes, führen. Deshalb kann man, wenn man sich durch doktrinäre Buchstabenweisheit nicht irremachen lässt, mit berechtigter Überzeugung sagen: Auch für die Pflanze gilt das Gesetz alles Lebendigen: nur bei normalem, ungehindertem Funktionieren der Organe ist harmonische Lebenswahrnehmung vorhanden; jede Störung einer Funktion treibt den Lebenstrieb zu einer Aktion, die auf die Beseitigung des durch die Störung hervorgerufenen Unlustempfindung abzielt, das heißt ihn zwingt, dem Zweckgesetz zu folgen, das in seinem eigenen Wesen liegt. So kommen wir auch auf diesem Weg zur Anerkennung der Pflanzenpsyche, und zwar nicht im Sinne eines „Gleichnisses", sondern als eines intuitiven Erfassens des Wesentlichen, während die biomechanische Naturanschauung nur die allerdings ebenso wirklichen und unleugbaren Neben- und Folgeerscheinungen gelten lassen will.

Dass im Gebiet der pflanzlichen Sensualität die verschiedenen Umgebungseinflüsse nicht als „physiologische" Reize, sondern als psychische „Motive" wirken, ist leicht einzusehen. Als physio-

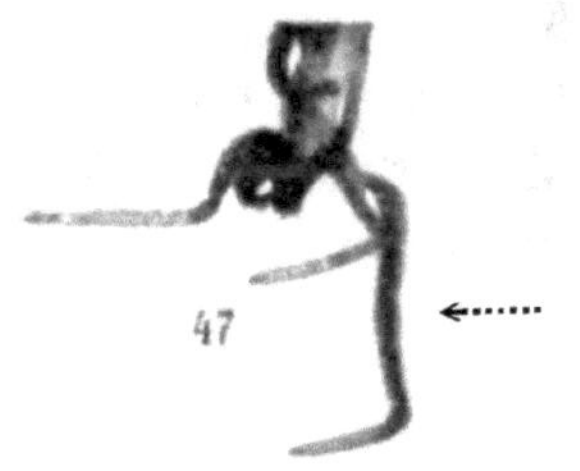

Abb. DD: Luftwurzeln an der Basis eines Sprosses von Chlorophytum Sternbergianum. Diese Wurzeln waren in einem mit Wasser gefüllten Gefäße bei vollständigem Lichtabschluss gezogen worden und, nur dem Einfluss der Schwerkraftwirkung unterworfen, zunächst senkrecht nach abwärts gewachsen. Dann wurden sie einseitiger Belichtung ausgesetzt, und nunmehr wandten sie sich unter dem Einfluss ihrer Lichtabwendigkeit (negativer Fototropismus) in ihrem weiteren Wachstum scharf von der Richtung des entfallenden Lichtes (Pfeil!) ab.

logischer (allerdings deswegen noch lange nicht rein biomechanischer) Reiz bewirkt die Feuchtigkeit an und für sich eine Steigerung des Wachstums: Wenn eine Wurzel also auf einseitige Feuchtigkeit „physiologisch" reagieren würde, so müsste sie sich von der Feuchtigkeitsseite abwenden (weil sie an dieser Seite stärker wachsen müsste), — sie tut aber das Umgekehrte, weil in diesem Falle die Feuchtigkeit nicht als physikalischer, sondern als „repräsentativer", eine bestimmte Lebenssituation anzeigender Reiz empfunden und als Motiv für einen Entscheidungsprozess verwendet wird. Als physiologischer Reiz wirkt das Licht (an und für sich) wachstumsverzögernd: Eine einseitig stärker beleuchtete Wurzel müsste also auf der Lichtseite schwächer wachsen und sich daher nach dieser Seite krümmen, — sie tut wiederum das Umgekehrte (Abb. DD.47). Hinsichtlich der Schwerkraftwirkung ist eine allgemeine „physiologische" Bedeutung überhaupt nicht bekannt und vorstellbar; der „motivische" Charakter der Schwerkraftempfindung ist aber nichtsdestoweniger durch die Tatsachen bewiesen, dass diese Empfindung je nach dem Lebenszwecke der Organe bald zu einer Wachstumsförderung der oberen, bald zu einer solchen der unteren oder auch einer dazwischenliegenden Flanke usw. führt.

Worin soll überhaupt die „Ungeheuerlichkeit" liegen, bei der Pflanze von einem „Willen", zu sprechen? Wir erinnern in diesem Zusammenhang noch mal an die Definition des Begriffes „Wille": *„Wille ist der Bestand abstrakter Informationen, die einem Willensprozess als Entscheidungskriterien dienen."*[19]

---

19   Sedlacek, Lipps: *Gebundener Wille*, S. 167

Warum soll es nur beim Menschen „Wille" sein, wenn er aus der dumpfen, lichtlosen Stube hinaus ans Sonnenlicht strebt, dem Urquell des Lebens zu, und nicht bei der Pflanze, die in einem dunklen Raum dem einzigen Lichtloch zustrebt, das auch ihr diesen Urquell anzeigt, den sie noch viel unmittelbarer benötigt?

Die Pflanze „wächst bloß anders", wenn sie sich der Umwelt und ihren Lebensbedürfnissen entsprechend orientiert, wenn sie einer Reizquelle sich zuneigt oder von ihr zu fliehen sucht, — ja; aber dass sie überhaupt ein Orientierungsbestreben hat und dass sie bei dessen Verwirklichung ihr Wachstum eben gerade so ändert, wie es ihrer Lebenserhaltung dienlich ist, und dazu das einzige ihr zur Verfügung stehende Mittel zweckgemäß verwendet, — darin liegt der Schwerpunkt der Frage. Warum soll dieses Suchen und Streben nach Lebensförderung und Erhaltung nicht ebenso gut Ausdruck eines Lebenstriebs sein, wie das andere? Sind alle die geschilderten Erscheinungen überhaupt denkbar und begreiflich ohne einen bestimmt gerichteten Willen zum Leben?

Wer aber noch immer nicht davon überzeugt sein sollte, dass auch in der Pflanze unmöglich die reine Biomechanik des Plasmas das Ursprüngliche sein könne, sondern dass hinter dieser Biomechanik ein zweckstrebig regulierendes übermechanisches Prinzip tätig sein müsse, — der erinnere sich der an früherer Stelle erwähnten „Umstimmungen", die zu geeigneten Zeitpunkten „von selbst" eintreten, um dem pflanzlichen Organismus veränderte, eben jetzt lebensnotwendig werdende Tätigkeit zu ermöglichen.

## Das unfassbare Wunder der Plasmodien

Ich möchte noch ein Beispiel heranziehen, das besonders auch deswegen lehrreich sein dürfte, weil es recht eindringlich zeigt, dass die Rätsel des Lebens auch schon bei den sogenannten „niederen" Organismen voll und uneingeschränkt auftauchen.

Man kann zuweilen in freier Natur auf humosem Boden, auf faulendem Laub, modernden Baumstrünken usw. schleimige

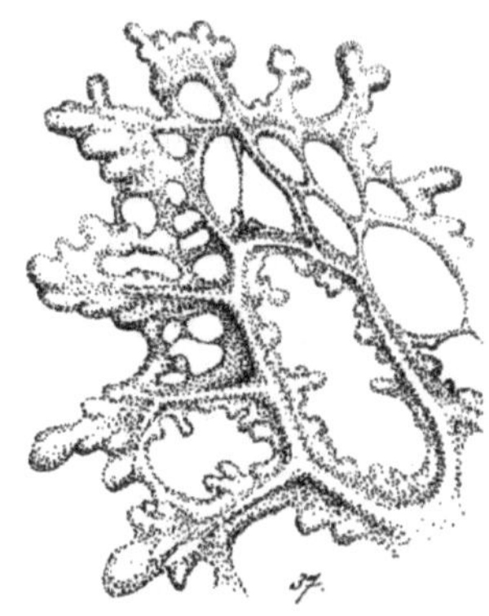

Abb. EE: Randpartie eines Schleimpilz-Plasmodiums: eine nackte, in stetiger Bewegung und Gestaltänderung begriffene Protoplasmamasse. Stark vergrößert.

Klümpchen von manchmal ganz ansehnlicher Ausdehnung und weißer, roter oder gelber Farbe antreffen. Das sind sogenannte „Schleimpilze", welche der „untersten" Region der Lebensformen angehören. Es sind ungeformte, nackte Protoplasmamassen, aber doch lebend, mit sehr ausgeprägten Wahrnehmungsfähigkeiten und ganz merkwürdigen „angeborenen Verhaltensmustern" ausgerüstet. Es ließe sich über die Lebenswunder dieser „unscheinbaren" Organismen, die der Naturunkundige wahrscheinlich überhaupt nicht als solche ansehen würde, ein langes Kapitel schreiben.

Hier würde es zu weit führen, auch nur den ganzen Entwicklungsgang eines solchen merkwürdigen „Geschöpfes" beschreiben zu wollen. Ich greife nur das heraus, was für unsere gegenwärtige Betrachtung von Bedeutung ist. — Man bezeichnet diese Plasmaklumpen als „Plasmodien"; sie sind ein bestimmtes Entwicklungsstadium des betreffenden Schleimpilzes. Diese Plasmodien leben anfänglich im Boden und kommen nicht an die Oberfläche. Sie haben langsame Kriechbewegungen (wie tierische Amöben), wobei der Umriss des Plasmodiums sich beständig ändert (Abb. EE.37). Auf diesen Wanderungen nehmen sie aus der Umgebung die organischen Zerfallsprodukte auf, die sie da finden, bestreiten davon ihre Lebensenergie, ihren Körperaufbau, ihr Wachstum. Auf diesem bescheidenen „Weg durch das Leben" werden sie von verschiedenen sensorischen Funktionen geleitet. Unter diesen sind zwei besonders wichtig: Feuchtigkeits- und Lichtempfindung. Wichtig deshalb, weil durch diese Wahrnehmungsfähigkeiten das Plasmodium gezwungen wird, im Erdboden, der ihm die Nahrung liefert, zu bleiben, solange es eben selbst ernährungsbedürftig ist. Die Lichtscheu, mit welcher die Plasmodien einem Lichtreiz ausweichen, behütet sie vor dem

159

Herauskriechen während der Lichtzeit; der Lichtreiz treibt sie sofort in den Boden zurück. Hier werden sie dann vor allem von der Feuchtigkeitswitterung geführt, die sie immer zu jenen Stellen und Schichten des Bodens lenkt, welche die günstigsten Feuchtigkeitsbedingungen bieten. Dieses einfache, nur der Ernährung und Erstarkung des Plasmodiums dienende Leben geht einige Zeit fort. Dann kommt plötzlich ein ganz anderer Trieb in die Protoplasmamasse. Das Plasmodium, das bisher vor Licht und Trockenheit geflohen war, verhält sich nunmehr im umgekehrten Sinn: Es flieht das dunkle und feuchte Bodeninnere und kommt heraus an Luft und Licht. Warum denn in aller Welt? In der Umgebungssituation hat sich ja nichts geändert, und das Protoplasma (als „blinde Biomechanik" betrachtet) kann sich doch nicht ohne äußeren Anlass ändern! Allerdings nicht; es ändert sich ja auch jetzt nicht die Mechanik der Plasmabewegung, es ändert sich auch nicht die Empfindungsfähigkeit, denn das Plasmodium empfindet nach wie vor den Gegensatz zwischen hell und dunkel, zwischen trocken und feucht. Aber der Organismus reagiert jetzt anders auf die gleichen Empfindungen, er will jetzt anders, als er vorhin wollte. Selbstverständlich sei nochmals gewarnt: Man hüte sich, unmittelbar an unsere, von bewusstem „Erkennen" begleiteten Willenshandlungen zu denken, mit denen diese zielstrebige Willensänderung des Plasmodiums wohl nicht mehr Ähnlichkeit haben dürfte, wie das fernste Wetterleuchten mit dem in unserer unmittelbaren Nähe sich entladenden Blitzstrahl. Aber ein „Wollen" ist es, und zwar schon deshalb, weil diese veränderte Reaktion zugleich einem bestimmten Zweck dient. Nochmals: warum in aller Welt will das Plasmodium plötzlich anders und lässt deshalb die gleichen physiologischen Ursachen nun ganz entgegengesetzt motivisch auf sich wirken? Weil das Plasmodium jetzt vor einer anderen Lebensaufgabe steht! Es ist der Zeitpunkt für die Fortpflanzung gekommen! Die Schleimpilze bilden Fruchtkörper, in denen sie massenhaft „Sporen" erzeugen. Diese Fruchtkörper müssen an der Luft gebildet werden, nicht im Boden, denn solche Sporen sind ja bestimmt, auch zugleich der Verbreitung zu dienen. Für diese neue Aufgabe des Plasmodiums ist, als vorbereitender Akt, das Hervorkriechen und das

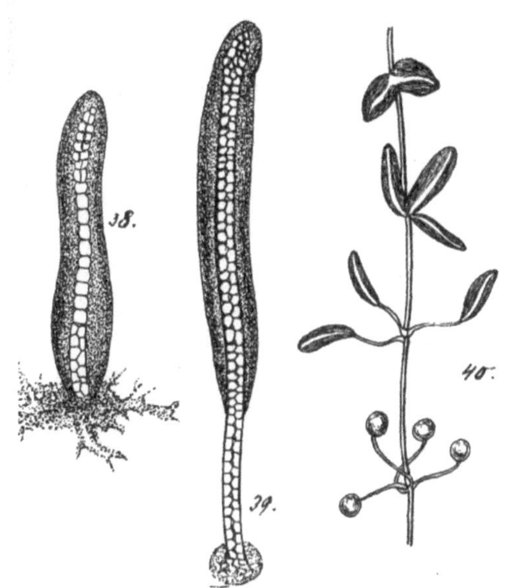


Abb. FF: Ein spezieller Fall von Fruchtkörperbildung eines Schleimpilzes, die im Text beschriebenen Vorgänge erläuternd. Fig. 40 gibt (vergrößert) einen Teil des in diesem Falle entstehenden Fruchtkörpers; nur die unterste Partie zeigt bereits fertige Sporangien, die oberen sind noch in Bildung begriffen.

„Sammeln" seiner Protoplasmamasse zu einem mehr klumpenförmigen Gebilde, notwendig. Das Plasmodium ändert also im Dienst einer erst in der Zukunft stehenden Funktion bereits sein Verhalten, seine Willensrichtung! Aber nicht genug an dem. Das noch größere Wunder kommt erst.

Die Fruchtkörper der Schleimpilze sind sehr verschiedenartig. Manche sind nur flache oder kugelige Gebilde mit einer mehr oder weniger brüchigen Hülle, während das ganze Innere in ein Sporenpulver zerfällt. Andere bilden kleine, zierliche, auch verschiedenartig verästelte, oft nur ein bis zwei Zentimeter große Formen. Wie kann die weiche, schleimige, formlose Protoplasmamasse zu einem solchen festen Gebilde werden? Die Plasmamassen, die sich zu einem dichten Klumpen geballt haben, beginnen sich zu formen, das Gebilde nimmt allmählich „zelligen" Charakter an, das Plasma macht von seiner Membranbildungsfähigkeit Gebrauch. Der Plasmaklumpen spitzt sich (in einem besonderen Fall) nach oben zu, Protoplasmateile kriechen nach oben, sondern sich in Zellen mit fester Hülle und bilden ein erstes solides Fundament. Andere Plasmamassen kriechen über sie hinweg und verlängern in gleicher Technik das Gebilde (Abb. FF.38, 39 u. 40). An den Stellen, wo etwa „Verzweigungen" gebildet werden sollen, werden seitlich neue Fundamente gebaut, neue Protoplasmamassen kriechen über diese hinweg und verlängern die Seitenäste, während die Hauptsäule weitergebaut wird. Denn eine zielsichere, formbestimmte Bautätigkeit ist es, die hier von der ursprünglich gleichartigen Plasmamasse ausgeführt wird. Am Ende der Äste dieses Stützgerüstes sammeln sich die Plasmamassen zu kugeligen Endkörpern, welche dann zu einzelnen Sporen-Bildungsstätten werden. An diesen letzten Sammlungsstellen sondert sich dann das Protoplasma in eine Schicht derber, mit oft noch durch mineralische Einlagerungen verstärkten Zellwänden umgebener Zellen, während die Innenmasse sich in Sporenstaub verwandelt; oder es findet innerhalb dieser Innenmasse nochmals die Bildung eines feinen, netzartigen Stützgerüstes statt, und erst die zwischen den Maschen dieses Gerüstes übrig bleibenden Plasmamengen verwandeln sich in Sporen.

Welches unfassbare Wunder vollzieht sich hier vor den Augen des staunenden Menschen? Es ist, als ob ein beherrschender Wille eine zahllose Arbeiterschar auf ein kompliziertes Gerüst hinausdirigierte, jeden mit der bestimmten Weisung, wieweit er zu steigen habe, wo er stehen bleiben müsse und was er dann dort weiter zu tun habe. Nur dass hier dieses Gerüst bloß im Plan, bloß in der „Idee" vorliegt, nach welcher es von den kletternden Plasmamassen ausgeführt wird! „Plan" oder „Idee" sind nur andere Begriffe für Information. Wie erfahren die einzelnen Plasmateile, wohin und wieweit sie zu kriechen und was sie zu tun haben? Welcher Geist beherrscht hier die Gesamtheit wie ein einheitlicher unbeirrbarer Wille? Wie also ist das informationsverarbeitende und regulierende System der Plasmodien beschaffen?

Wer hier noch von Mechanik redet, der weiß nicht, was er spricht. Den tiefer Blickenden und Denkenden fasst der Schauer des Unheimlichen im Angesicht der zielsicheren Macht, die hier den formlosen Lebensstoff beherrscht und lenkt. Ist es aber anders, wenn das Plasma der höheren Pflanzen, der Tiere und auch des Menschen, bei seinem Wachstum aus der Eizelle, sich in die Billionen von Zellen „sondert", von denen einer jeden bestimmt ist, was sie zu werden hat, wo sie es zu werden hat und wie sie es zu werden hat? Und die letzte Frage: Ist es wirklich etwas so ganz anderes, wenn der beim Menschen im Plasma des Gehirnes tätige Lebenstrieb mit dem Werkzeug der „Vorstellungen" und „Gedanken" planvolle körperfremde Werke schafft, als wenn der Lebenstrieb dies mit der Schaffung des lebenden Körpers selbst, sei es des Tieres oder der Pflanze, tut? Mysterium im einen wie im anderen Falle. Es ist das Mysterium eben des Lebens, das heißt der Vitalseele, die wahrscheinlich selbst nur der Teilakt eines ungleich umfassenderen, alles einschließenden Daseinswillens ist.

*

## Die Sensualität von Pflanze und Tier

Ein Buch wie das vorliegende kann keine umfassende oder gar erschöpfende Reizphysiologie der Pflanze bringen. Es gilt nur, die Tatsache zum Bewusstsein zu bringen, dass die Pflanze eine reiche Sensualität hat und dass auch sie nur durch unausgesetzte, nach allen Seiten wache und regsame Regulationstätigkeit instand gesetzt wird, zu finden, was sie braucht, und zu meiden, was ihr schadet. Deshalb wurden hier jene Wahrnehmungsfähigkeiten und Regulationstätigkeiten etwas ausführlicher geschildert, welche den Pflanzen allgemein zukommen und für das Pflanzenleben von umfassender Wichtigkeit sind. Für ganz beendet darf ich aber diese Streifzüge durch die Sensualität der Pflanze auch im Rahmen dieses Buches nicht gelten lassen, solange wir nicht die Parallele zwischen Tier und Pflanze wenigstens so weit durchgeführt haben, als wir dafür sichere Grundlagen besitzen. In den pflanzlichen Lebenstätigkeiten, die während des Besprochenen an unserem schauenden Geist vorüberzogen, konnte der Leser bereits drei tierische Sinnesfähigkeiten wiederfinden: Lichtsinn, Lagesinn, Gleichgewichtssinn und chemischen Sinn (dem Geruchs- oder Geschmacksinn des Tieres entsprechend). Hat die Pflanze noch andere Rezeptoren? Hat sie zum Beispiel auch den Tastsinn mit dem Tier gemein?

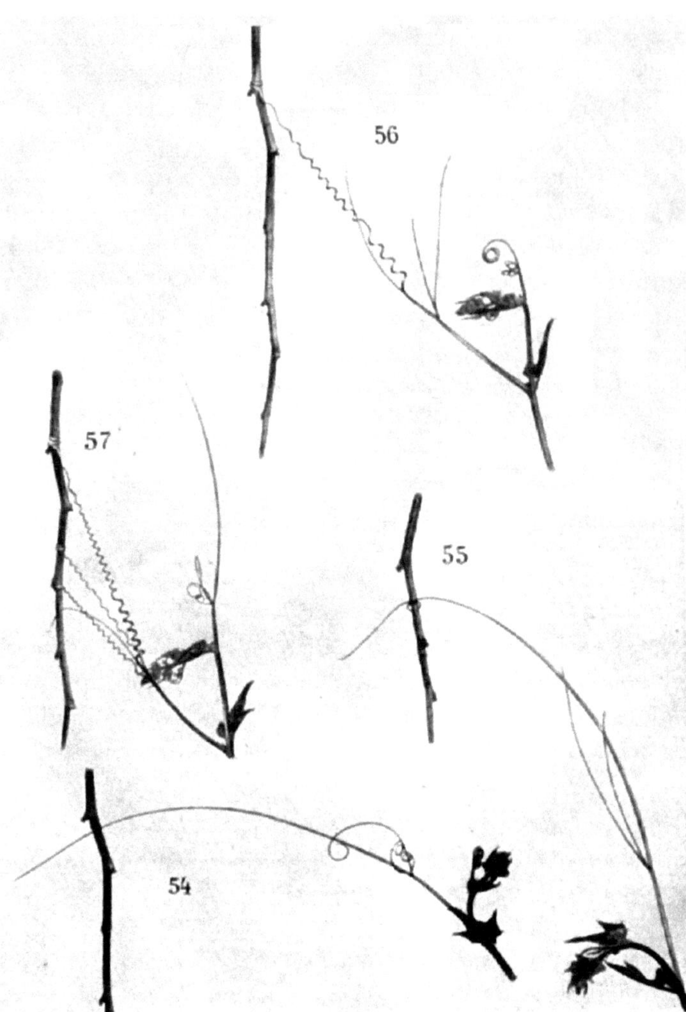

Abb. GG: Aufeinanderfolgende Stadien der Ergreifung einer Stütze durch eine Ranke von Sicyos angulata. Fig. 54: die fadenförmige (hier auch verzweigte) Sprossranke kommt während ihrer Kreisbewegung mit einer dargebotenen Stütze in Berührung. Fig. 55: Bildung der ersten, noch lose anliegenden Umschlingung. Die im vorigen Stadium noch eingerollten Seitenzweige der Ranke haben sich inzwischen gestreckt und wären jetzt auch „greifbereit". Fig. 56: Fortgeschrittenes Wachstum der Ranke; bereits zwei bis drei festanliegende Windungen; der Reiz hat sich fortgepflanzt und zur spiraligen Einrollung des unteren Rankenteiles geführt, wodurch die Pflanze näher an die Stütze herangezogen und zugleich mit ihr federnd verbunden wird. Der fortwachsende Gipfel des ganzen Sprosses hat inzwischen eine neue Ranke entwickelt, welche noch das charakteristische jugendliche Einrollungsstadium zeigt. Fig. 57: Auch die Seitenzweige der ersten Ranke sind inzwischen mit der Stütze in Berührung gekommen, zwei von ihnen haben schon fest gefasst, die dritte kommt eben an die Reihe. Alle Aufnahmen etwas verkleinert.

164

Betrachten wir die Lebenstätigkeit einer „Ranke", das Wort im wissenschaftlichen Sinne gebraucht, — denn der alltägliche Sprachgebrauch spricht von Ranken auch in dem Sinne, dass er damit lange biegsame Zweige bezeichnet.

Der Biologe versteht unter Ranken besondere Organe, die im Dienste der Kletter- und Befestigungstätigkeit stehen und entweder umgewandelte Blätter und Blattstiele oder ganze Seitenzweige sind. Wenn ich als Beispiele die Befestigungs- und Kletterorgane der Erbse (Blattranken) oder des Weinstockes, des „Wilden Weins", des Kürbisses und der Gurke (Sprossranken) anführe, so dürfte damit wohl jedem Leser ein ihm geläufiges Bild in Erinnerung gerufen sein. Diese Organe haben die Bestimmung den bei solchen Gewächsen schwachen und selbst nicht genügend tragfähigen Stängel an fremden Stützen zu befestigen, wodurch solche Pflanzen auch befähigt werden, im dicksten Bestand anderer Gewächse sich selbst ans Licht emporzuarbeiten. Diese Ranken sind berührungsempfindlich, entweder allseitig oder nur an bestirnten Flanken. Erst die Berührungsempfindlichkeit macht sie zu ihrem Lebenszwecke tauglich. Die jungen, noch wachsenden Ranken — und nur diese kommen wiederum für die Pflanze „praktisch" in Betracht — werden zunächst entweder durch das Wachstum des ganzen Sprosses, an dem sie stehen, in den Bereich allfällig in der Nähe befindlicher Stützen gebracht, oder sie führen in manchen Fällen selbstständig kreisende langsame Bewegungen aus, mittelst welcher sie gleichsam den umgebenden Raum „abtasten". Da solche Ranken zuweilen sehr lang sind, ist es gar kein so kleiner Kreis, den sie dabei beschreiben; die Bewegung, die selbst bereits eine regulierte Wachstumsbewegung ist, verläuft natürlich relativ langsam, doch können bei manchen Pflanzen die Ranken unter günstigen Temperaturverhältnissen eine solche einmalige Kreisbewegung schon innerhalb einer Stunde ausführen.

Verfolgen wir einen derartigen Sonderfall (Abb. GG.54 bis 57). Kommt eine solche Ranke während ihres eigenen und auch infolge des Wachstums des ganzen Stängels mit einer Stütze in Berührung, dann drückt sie sich durch das Fortdauern ihrer Drehbewegung seitlich mit einer gewissen Kraft an die Stütze; da ihr eigenes Längenwachstum gleichzeitig noch weitergeht, so schiebt sie sich zugleich längs der Stütze hin. Aus diesen zwei Bewegungen ergibt sich eine Reibung der Rankenoberfläche an der Stütze, und für diese ist die Ranke empfindlich. Sie antwortet auf die Berührungsempfindung mit einer neuen, zweckdienlichen Wachstumsänderung: Sie beschleunigt jetzt (mit dem uns schon bekannten Mittel) ihr Wachstum auf der entgegengesetzten (der Stütze gegenüber außen liegenden) Flanke und krümmt sich dadurch um die Stütze herum. Weil diese Bewegung neue Teile der inneren Rankenoberfläche mit der Stütze in Berührung bringt, schreitet auch die Einkrümmung infolge dieser fortdauernden Reizung weiter und so bildet die Ranke erst eine, dann oft ziemlich viele weitere Schlingen um die Stütze. Auf diese Weise „ergreift" die Ranke die Stütze (die Windungen legen sich allmählich sehr fest an!) und befestigt die Pflanze an ihr. Dabei hat es aber noch nicht sein Bewenden. Durch Reizleitung greift die veränderte Wachstumsweise nun auch auf die weiter rückwärts liegenden, mit der Stütze selbst gar nicht in Berührung kommenden Teile der Ranke über: Der ganze freie Teil der Ranke krümmt sich korkzieherartig ein. Dies führt erstens zu einem strafferen Heranziehen des Stängels an die Stütze, und da die Befestigung doch meistens nach verschiedenen Richtungen hin erfolgt, so wird die Pflanze vielseitig gut und straff verankert. Zugleich hat die Einrollung noch den zweiten Vorteil, dass die (namentlich bei krautigen Pflanzen) nicht sehr kräftigen Ranken nicht so leicht abgerissen werden können (zum Beispiel bei starkem Sturm), weil sie — federnd nachgeben!

Es ließe sich noch viel erzählen. Über die gelegentlich ganz unglaubliche Feinheit der Tastempfindung solcher Organe wurde bereits (S. 101) gesprochen. Während aber zum Beispiel schon eine einzige, der Ranke aufgelegte, beim leisesten Windhauch schaukelnde und daher „Reibung" erzeugende Wollfaser eine Einkrümmung veranlassen kann, sind anderseits diese selben Ranken gegen momentane Stöße, und mögen sie noch so kräftig sein, völlig unempfindlich, — mindestens antworten sie nicht

166

darauf. Weder derbes Schütteln, noch ein stets auf dieselbe Stelle gerichteter Wasserstrahl veranlasst irgendeinen Einkrümmungsversuch. Wie ist das zu verstehen? Wir brauchen dies wiederum durchaus nicht bloß als eine Tatsache hinzunehmen. Das Verhalten entpuppt sich bei näherer Überlegung als hohe Zweckmäßigkeit als erstaunliche Vernünftigkeit. Die Pflanze erreicht ihren Zweck (die dauernde Befestigung) nur durch das Erfassen einer wirklichen Stütze, das heißt eines am Ort bleibenden Objektes. Ein flüchtig vorbeistreifender Gegenstand ist nicht zu brauchen. Wo käme anderseits die Pflanze hin, wenn sie bei jeder Erschütterung durch Sturm oder auffallenden Regen ihre Ranken zwecklos sich einkrümmen ließe! Nun gleitet an einem ruhig stehenden Objekt die Ranke selbst vorbei und bringt daher nacheinander verschiedenen ihrer berührungsempfindlichen Oberhautzellen den Druckreiz. Das ist für sie das „repräsentative" Signal, weil (unter normalen Verhältnissen) dies auf eine bleibende feste Stütze hinweist; auf „flüchtige Bekanntschaften" lässt sich hier die Pflanze nicht ein. Nur wenn die Berührung eine gewisse Dauer und den Charakter des „Streichelns" hat, erfolgt die sinn- und zweckgemäße Reaktion, wird der Befestigungswille aktiv handelnd ausgelöst. Aus demselben Grund bleiben absolut glatte (das heißt reibungslose) Stützen, zum Beispiel ein Gelatine-Stab, wirkungslos. Mit solchen Körpern hat es die Pflanze in der Natur niemals zu tun, daher ist sie auf solche Zufälligkeiten auch nicht eingestellt; Derartiges ist kein „Motiv" für sie.

Die Ranke will „gestreichelt" sein, dann weiß sie, was sie zu tun hat. Und noch etwas: Gar manche unter all den vielen Ranken, die eine Pflanze hervorbringt, verfehlen ihren Zweck, finden keine Stütze. Was geschieht mit ihnen? Jedes lebende Organ verlangt Ernährung, verbraucht Stoffe und Kraft. Ein nur fressendes und nichts dafür leistendes Glied erhalten? Das ist unvernünftig. Solche Weisheit hat erst der Mensch erfunden. Die Natur ist in ihrem Intelligenzgebahren noch etwas ursprünglicher. Eine solche zwecklos gewordene Ranke wird preisgegeben. Sie rollt sich, wenn ihre Wachstumsfähigkeit zu erlöschen beginnt, ohne dass ihr eine Gelegenheit zum „Fassen" geworden ist, un-

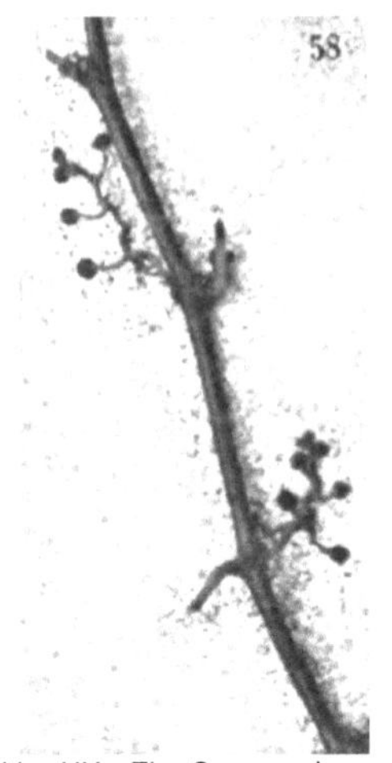

Abb. HH: Ein Spross eines wilden Weinstockes (Parthenocissus), an einer Mauer emporkletternd. Die Blätter sind weggeschnitten und man sieht die mit „Haftscheiben" an der rauen Fläche sich befestigenden verzweigten Sprossranken. Beim gewöhnlichen „Wilden Wein" (Ampélopsis) entstehen diese Haftscheiben überhaupt erst infolge der Berührung mit der Unterlage. Bei der hier abgebildeten Gattung sind sie von Anfang an als kleine knotige Anschwellungen angelegt, erfahren aber ebenfalls erst bei der Berührung mit einer rauen Fläche den Anreiz zu weiterer Entwicklung.

regelmäßig ein und fällt schließlich ab oder vertrocknet auch bloß. Die tätigen Ranken hingegen werden weiter ernährt und gekräftigt (Abb. II.62), bei verholzenden Gewächsen durch jahrelanges Wachstum oft kolossal verstärkt, — weil sie tätig sind und ihren Zweck erfüllen!

Viel wäre noch über Ranken zu sagen, welche (wie zum Beispiel der wilde Weinstock) auf Berührung ihrer Spitzen mit der Bildung von Haftscheiben antworten (Abb. HH.58) und mittelst dieser Technik auch an Flächen (Mauern, dicken Baumstämmen usw.) sich befestigen können; desgleichen über rankende Blatt- und Blütenstiele, über Hakensprosse und Krallenranken (Abb. II.59 bis 62) usw. Ich muss es mir hier versagen. Aber wenn der Leser auch nur das wenige zusammenhält, was über die Rankentätigkeit hier gesagt werden konnte: Wie viel Technik steckt hinter alledem! Und wie viel Intelligenz!

*

Für Berührungsempfindlichkeit sind nun die Ranken allerdings längst nicht das einzige Beispiel. Da haben wir noch die bekannte, weil schon sprichwörtlich gewordene, hohe Empfindlichkeit der Mimosenblätter, die sowohl auf grobe Erschütterung, wie auf zarte Stöße, aber auch auf Wundreiz (zum Beispiel Ansengen) die Fiedern zusammenklappen und die Blattstiele senken, und zwar momentan bei allgemeiner Erschütterung, allmählich unter Fortleitung des Reizes bei lokaler Berührung. Da haben wir ferner die vielfachen Reizbewegungen bei Staubfäden, bei denen

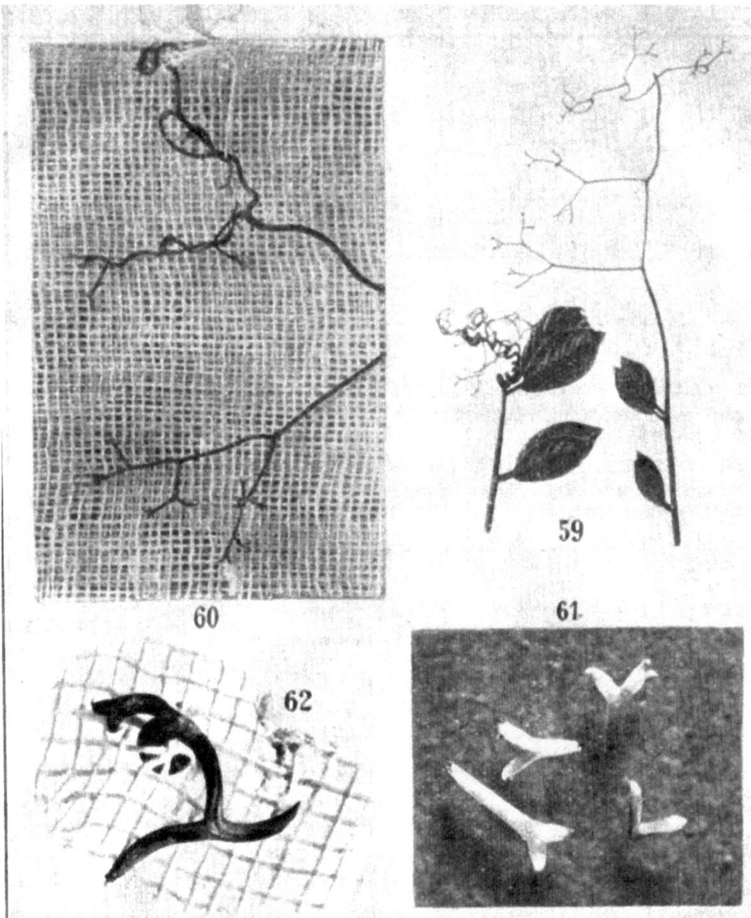



Abb. II: Blattranke von Cobaea scandens. Die vorderen Blattfiedern sind zu Ranken umgewandelt (Fig. 59 in halber natürlicher Größe). Diese Ranken unterstützen das Klettern in zweifacher Weise: die Rankenäste sind zunächst in gleicher Art berührungsempfindlich wie andere Fadenranken, können also dünne Stützen umwinden. Außerdem aber vermag sich die Cobaea-Ranke auch noch mit den feinen Endflächen auf stark unebenen Flächen (rissige Baumrinden] festzukrallen, wie aus Fig. 60 hervorgeht, wo diese berührungsempfindlichen Endhäkchen an mehreren Stellen die Maschen einer der Ranke dargebotenen Organtin-Unterlage gefasst haben (schwach vergrößert). Fig. 61 zeigt stärker vergrößert solche Endkrallen. Diese wachsen, solange sie nicht funktionieren, nicht über eine gewisse Größe; das weitere Wachstum führt nur zu einer neuen Gabelteilung (wie in der obersten Figur in Fig. 60). Hat eine solche „Kralle" aber gefasst, dann erfährt sie ein nicht unbeträchtliches Verstärkungswachstum, wie aus Fig. 62 ersichtlich ist; der gekrümmte Teil des Hakens ist bedeutend kräftiger geworden, während die Zwillingskralle, die nicht an die Maschen herankam, weitergewachsen war und sich neuerdings zu einem Krallenpaar zu verzweigen beginnt. — In Fig. 59 ist links unten eine Ranke, welche keine Stütze gefunden und sich schließlich funktionslos eingerollt hat.

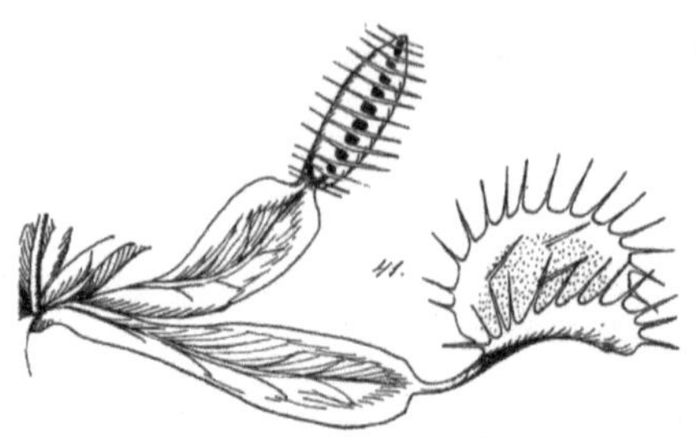

Abb. JJ: Ein Stück der Blattrosette der tierfangenden Venusfliegenfalle (Dionaea). Das untere der beiden Blätter in ausgebreiteter, reizempfänglicher Stellung. Auf der dem Beschauer zugekehrten Innenfläche der einen Blatthälfte sieht man die drei Fühlborsten, bei deren Berührung durch ein darüber hinwegkriechendes kleines Tier (Fliegen, Ameisen, Spinnen, Asseln usw.) momentaner Schluss der Klappe erfolgt, wie das danebenstehende Blatt zeigt. Die Randborsten haben mit der Reizbarkeit nichts zu tun.

eine kurze Berührung an gewissen Stellen (durch die Blüten besuchenden Insekten) momentane Zusammenziehungs- oder Schleuderbewegungen auslöst, was mit Bestäubungsanpassungen zusammenhängt. Oder wir haben die Fangbewegung bei der Insekten fangenden „Venusfliegenfalle" (Dionaea, Abb. JJ.41), wo sich die Blattfalle in dem Augenblick über dem Opfer schließt, da dieses über das Blatt hinweg kriecht (ähnlich bei der Aldrovandie).

*

Alle jene Organbewegungen der Pflanzen, die durch Wachstum reguliert werden, verlaufen naturgemäß langsam; sie können nicht schneller vor sich gehen als eben das Wachstum selbst. Deshalb sind sie von solcher „Bedächtigkeit" und Unansehnlichkeit, dass sie der Naturunkundige nicht als „Bewegungen" und schon gar nicht als zielgerichtete Handlungen erkennt und auch die Wissenschaft erst verhältnismäßig spät mit ihnen vertraut wurde und noch fortlaufend auf neue Erscheinungen und neue Rätsel stößt. Weshalb diese trotzdem so wichtigen Bewegungstätigkeiten bei den Pflanzen so langsam verlaufen können, ohne von ihrer Zweckmäßigkeit einzubüßen, dürfte keiner weiteren Erklärung mehr bedürfen.

Jedoch die zuletzt genannten Bewegungen auf „Stoßreize" sind rasche, fast momentane. Um ihren Zweck zu erfüllen, müssen sie rasch sein, und deshalb sind sie es eben auch. Soll die Zuckung des Staubgefäßes seinem Zwecke, das Insekt mit dem

Blütenstaub zu beladen, dienlich sein, so muss diese „Bepuderung" in dem Augenblicke erfolgen, da das Insekt in der geeigneten Stellung und im Bereiche des Staubgefäßes sich befindet, das es mit seinem Fuß berührt; soll die Insektenfalle ihren Zweck erreichen, so muss sich der Mechanismus über dem vorbeilaufenden Insekt schließen können, solange es noch in greifbarer Nähe ist. Deshalb verlaufen alle derartigen Bewegungen in Bruchteilen von Sekunden. Als technisches Mittel hierfür hat die muskellose Pflanze wiederum kein anderes, als das uns schon bekannt gewordene: Änderung der Zellspannung, die ja auch bei den Wachstumsbewegungen die entscheidende Rolle spielt. Nur haben wir hier, abgesehen von der Geschwindigkeit, noch eine grundsätzlich andersartige Verwertung dieses Universalmittels der pflanzlichen Technik: Während bei den Wachstumsbewegungen der Reiz den Anstoß zu allmählich gesteigerter Erhöhung des Spannungszustandes in bestimmten Zellen gibt, wird hier durch den Reiz eine plötzliche Entspannung eines schon vorhandenen hohen Spannungszustandes bewirkt. Es ist einleuchtend: Wenn in einem Stängel alle Gewebe unter hohem Zellsaftdruck stehen, dann muss Herabsetzung dieses Druckes, und damit auch zugleich der Gewebsspannung, an bloß einer Seite des Stängels einen Spannungsüberschuss auf der anderen Seite zur Folge haben, mithin der Stängel sich nach der herabgesetzten Spannung (Verkürzung dieser Seite!) krümmen. Tritt diese Entspannung im ganzen Umfange des Organes gleichmäßig ein, dann muss auch eine gleichmäßige Gesamtverkürzung des Organes die Folge sein, ohne gleichzeitige Krümmung. Die Schnelligkeit der Bewegung wird in beiden Fällen davon abhängen, mit welcher Schnelligkeit eben diese Entspannung bewerkstelligt wird. So erfolgt zum Beispiel das Einwärtsschlagen des gereizten Staubfadens der Berberitze in der Weise, dass schon bei leisestem Anstoßen eines Insektenbeines an die freiliegende Innenseite des Staubfadens im Inneren der Staubfadengewebe die an dieser Flanke liegenden Zellen plötzlich entspannt werden, wodurch die unverändert bleibenden Zellen der entgegengesetzten Flanke Gelegenheit bekommen, sich entsprechend auszudehnen, weil der bisherige Gegendruck der Innenzellen aufgehoben ist, — das ganze Staubgefäß biegt sich in heftigem Ruck nach innen, dabei den Pollen aus den geöffneten Staubbeuteln auf das Insekt schleudernd.

Nun steht man aber vor der großen Frage: Wie erzielt die Pflanze diese plötzliche Entspannung? Der äußerliche Vorgang besteht darin, dass auf den Berührungsreiz (wir haben es hier mit gesteigerter Tastempfindlichkeit zu tun) bestimmte Zellen oder Zellschichten (es müssen aber nicht die unmittelbar gereizten sein!) plötzlich Wasser in die umgebenden Luft führenden Zellzwischenräume ausstoßen, wodurch eben ihr eigener Spannungsgrad entsprechend herabgesetzt wird. Welcher Mittel bedient sich aber hierzu die Pflanze? Es ist keine andere Vorstellung möglich als die, dass das Plasma das Zellwasser durch heftige Zusammenziehung aktiv auspresst, nachdem doch das Wasser physikalisch durch Osmose in der Zelle festgehalten ist. Wegen der „Halbdurchlässigkeit" des Plasmas aber wird dabei nur reines Wasser ausgeschieden, die Lösungsbestandteile des Zellsaftes bleiben in gesteigerter Konzentration in der Zelle zurück; durch ihre osmotische Wirkung wird dann nach Ablauf des Reizvorganges das ausgeschiedene Wasser aus den Zellzwischenräumen wieder langsam zurückgesogen, und dadurch das Organ instand gesetzt, nach einiger Zeit den Reizvorgang zu wiederholen, da ja infolge dieser Wiederaufnahme des Wassers auch das gereizte Organ allmählich schließlich in seine normale Stellung zurückkehrt. Diese Fähigkeit des Plasmas zu plötzlicher Zusammenziehung erinnert nun doch ein wenig an das Spiel der Muskelzellen, und zweifellos ist es eine ähnliche plasmatische Eigenschaft, wenn auch auf niedriger Stufe. Sie berührt nur besonders eigentümlich, weil wir äußerlich an dem Plasma solcher Pflanzenzellen nichts wahrnehmen können, das auf eine besondere Struktur, wie bei den Muskelfasern, hinweisen würde. Bemerkenswert ist natürlich auch die aktive Kraft, mit welcher hier von dem Plasma zu einem ganz bestimmten Zweck die physikalische Kraft der osmotischen Anziehung überwunden wird.

172

Um den ganzen Rattenschwanz von Rätseln, die mit diesen Vorgängen verbunden sind, überschauen zu können, wollen wir den etwas verwickelteren Fall bei der Venusfliegenfalle ins Auge fassen. Der vordere Teil der eine grundständige Blattrosette bildenden Blätter (Abb. JJ.41 S. 170) ist zu einer beweglichen, lebendigen Falle umgewandelt. Auf jeder der Hälften dieser Falle stehen drei steife Borsten (Tast-Borsten!). Sobald ein über das Blatt kriechendes kleines Tier an diese Borsten stößt (aber auch nur dann!), schließt sich die Klappe im Bruchteil einer Sekunde über dem Opfer wie eine zugreifende Faust. Die Schließbewegung wird durch ein Zellgewebe vermittelt, das unten an der Verbindungsstelle der beiden Klappenhälften liegt; indem innerhalb dieser, wie ein „Scharnier" wirkenden Gewebeleiste diejenigen Zellen, welche nach innen zu gelegen sind, auf das Reizsignal hin sich durch Wasserausstoßung verkürzen, geben sie den außen liegenden Zellen Spielraum zu ihrer bisher gehemmten Ausdehnung; weil diese Ausdehnung vornehmlich nach der Querrichtung erfolgt, bewirkt sie Annäherung und Zusammenklappen der beiden Blatthälften.

Wir haben es mit folgender Geschehenskette zu tun: Im untersten Teile einer jeden der sechs langen Fühlborsten befindet sich ein Kranz von auffällig großen, plasmareichen Zellen; diese werden als die Reizrezeptoren des Organs betrachtet. Durch die mit dem Ausbiegen der berührten Borste eintretende Zerrung oder Pressung des Protoplasmas dieser Zellen wird der „Reiz" ausgeübt. An dieser Stelle empfindet die Pflanze die Berührung. Nun wird der Reiz durch einen „Erregungszustand", der über alle zwischenliegenden Zellen geht, bis an jene „Scharnier"-Zellen weitergeleitet, dort den Effekt auslösend, dass gerade die nach innen gelegenen Zellen ihr Wasser in ausreichender Menge ausstoßen! Abgesehen von den gleichen Rätseln, die auch hier wieder auftauchen, — was ist das wiederum für eine raffinierte Technik!

Selbst wenn wir die „Plasma-Mechanik", auf welche wir den Verlauf der Reizaktion zurückführen müssen, in allen Einzelheiten verstünden, — dass dieser ganze Apparat mit seinen zweckmäßigen Kombinationen existiert und immer wieder entsteht, ist mit den Begriffen der Biomechanik (man vergegenwärtige sich nur die Bedeutung dieses Wortes) nicht vollständig erklärbar. Wir haben es mit besonderer Empfindungsfähigkeit einiger weniger Zellplasmen, mit Leitungsfähigkeit und ebenso wieder mit zweckdienlicher Reaktionsfähigkeit wiederum ganz bestimmter anderer Zellen zu tun.

Wie kam überhaupt die Natur dazu, diese unglaubliche technische Erfindungsgabe an einigen wenigen unter einer Million von Pflanzenarten zu betätigen? Es handelt sich hier nicht um einen toten abschnurrenden Mechanismus, sondern jede der mitwirkenden Zellen beteiligt sich in lebendiger Aktivität an dem Zustandekommen der ganzen Erscheinungsreihe. Die eben beschriebene Plasmatechnik ist einer aus tausenderlei Fällen organischen Geschehens, vor denen das menschliche Denken (wenn es sich ehrlich gebärdet) fassungslos haltmachen muss.

*

Auch einen Temperaturrezeptor hat die Pflanze. Wer kennt nicht die Erscheinung des sich Öffnens und Schließens vieler Blüten am Morgen und Abend? Diese Schließbewegung wird teils durch den Übergang von hell zu dunkel, teils durch die höhere Temperatur des Tages und die niedrigere der Nachtzeit hervorgerufen, das heißt, es wirkt bei dieser Erscheinung teils Licht-, teils Temperaturwechsel. „Einwirkung" ist ein nichtssagendes Wort. Was geschieht in diesen Fällen, was tut hierbei die Pflanze?

Das Schließen („Schlafengehen") der Blumen erfolgt entweder bei Einzelblüten durch das Zurückbiegen der Kronenblätter oder bei blumenartig zusammengesetzten Blütenständen (zum Beispiel den „Sternen" der Korbblütler: Marguerite, Gänseblümchen usw.) durch entsprechendes Verhalten der strahligen, zungenförmigen Randblüten. Der Stellungswechsel tritt nur so lange ein, als die betreffenden Organe noch im Wachstum begriffen sind, und zwar bleibt diese Wachstumsfähigkeit hauptsächlich am Grund des Blattes so lange erhalten. Nehmen wir nun den einfacheren Fall, dass nur die Temperatur das auslösende Reizsignal gibt, dann ist die von der Pflanze angewendete Technik diese: Bei Eintritt einer bestimmten Temperatur-Erniedrigung beginnt die Außenseite der Blumenblätter stärker zu wachsen, was die Einkrümmung der Blätter in die „Knospenlage" zur Folge haben muss; steigt dann die Temperatur, so gewinnt das Wachstum an der Innenseite das Übergewicht, und die Blätter „entfalten" sich, wie beim Aufbrechen aus der ursprünglichen Knospenlage. Die zur Anwendung kommende Technik ist also auch hier wieder zweckmäßig reguliertes Wachstum. Zweckmäßig? Was wäre hier der Zweck? Offensichtlich: Schutz der inneren Blütenteile, vielleicht in manchen Fällen vor Abkühlung, sicherlich aber stets vor Durchnässung. Die empfindlichsten Teile der Blüte sind die Staubgefäße; vor allem ist Befeuchtung (durch Regen oder Tau) des bereits ausgetretenen Pollens verderblich. Nun haben wir in der Natur den Zusammenhang, dass die Benetzungsgefahr durch Regen nur an trüben, kühleren und lichtärmeren Tagen vorliegt, die Gefahr der Taubildung aber gerade nach klaren Nächten droht, weshalb bei Nacht der Blütenschluss in solchen Fällen immer, bei Tag jedoch nur im Fall der Temperatur- und Lichtabnahme „vorsorgend" eintreten muss. Beides wird in den beschriebenen Fällen durch sinn- und vernunftgemäße Regulation seitens der Pflanze auf den „repräsentativen" Reiz hin erreicht und gesichert. Dass diese, die Umgebungssituation anzeigenden Reize hier ebenfalls nicht bloß rein ursächlich, sondern motivisch wirken, geht schon daraus hervor, dass die Temperatursteigerung als rein physiologischer Faktor schlechthin wachstumsfördernd wirkt, nicht aber für die ausschließliche Erhöhung an der Innen- oder Außenseite ursächlich sein kann. Für den Lichtreiz gilt das Gleiche. Man hat es deshalb wieder mit einem intelligenten, die Umgebungsfaktoren zweckmäßig verwertenden Prozess zu tun.

Dass bei Weitem nicht alle Blumen solche Schutz-Bewegungen ausführen, ist kein Gegenargument. Denn in vielen Fällen befinden sich die Staubgefäße schon durch ihre Stellung in der Blüte vor Benetzung gesichert. Man erinnere sich nur, in welch geschützter Lage die Staubgefäße unter dem Kapuzendach einer Lippen- oder Rachenblüte oder unter den breiten vorgewölbten

Narbenlappen einer Schwertlilie stehen. In anderen Fällen wird der nötige Pollenschutz durch nickende, nach abwärts hängende Lage der Blüte erzielt. Auch der Umstand, dass es verschiedene Blüten gibt, welche keine von allen diesen Schutzmaßregeln aufweisen, wäre noch lange kein Gegenbeweis. Feuchtigkeit ist nur den offenen Staubgefäßen gefährlich. Nun erfolgt sehr vielfach das Aufspringen der Staubbeutel unter der erwärmenden, reifenden Wirkung der Sonnenstrahlen, jedenfalls aber gefördert durch warme trockene Witterung; auch findet meist nur dann in der Hauptsache der Insektenflug statt. Blüten, die reichlich Staubgefäße haben, welche dann auch fast immer nicht alle zugleich, sondern in einer bestimmten Reihenfolge (von außen nach innen) reifen, können es auch darauf ankommen lassen, ob einige ihrer Staubbeutel gerade einmal von schlechtem Wetter überrascht werden; ebenso Pflanzen, welche in wochenlang fortwachsenden Blütenständen nacheinander so viele Blüten produzieren, dass sie ruhig einen Teil davon der Zufälligkeit eines widrigen Wetters opfern können, — dem Fruchtknoten schadet die Nässe nicht, und sie können ja von anderen Blüten her immer noch bestäubt werden (sollen es ja auch in vielen Fällen!), sodass ein Zugrundegehen des Polleninhaltes einiger unter Tausenden von Staubblättern keine Rolle spielt.

Eine Ausnahme scheinen nur die an nächtlichen Insektenflug angepassten Blumen zu bilden. Dabei ist aber zu berücksichtigen, dass hierbei als Bestäuber nur Nachtfalter mit langem Saugrüssel in Betracht kommen, daher die darauf angepassten Blumen meist tief glockig oder röhrig gebaut sind und hierdurch, sowie auch allenfalls durch hängende Lage, allein schon ihre Pollen schützen. Wenn hier und dort aber auch in solchen Fällen ein Bewegungsspiel der Blumenblätter eintritt, dann ist es umso lehrreicher, dass hier die gleiche Außenweltsituation (Abnahme von Licht und Wärme) die entgegengesetzte Wachstumsregulation herbeiführt, — weil diese Pflanzen ihre Gäste nur bei Nacht erwarten können. — Ja, die Naturzusammenhänge sind vielseitig und die Naturintelligenz arbeitet unendlich harmonisch abgestuft. Wer die Erscheinungen der Natur und gar die des Lebens nur von einer Seite

176

betrachtet, wird immer in die Irre gehen. Dass auch der vor-urteilsloseste Beobachter und Denker im Einzelnen auf Irrwege der Deutung geraten kann, hat vor allem darin seinen Grund, dass wir viele solcher Zusammenhänge noch gar nicht kennen, ja vielleicht nicht einmal zu ahnen vermögen. Wie harmonisch die Pflanze der ganzen Natur eingegliedert ist, trotz allem Anschein von Kampf und gegenseitiger Vernichtung.

*

Auch noch einen anderen Einblick in die Sensualitätsnatur des Pflanzenlebens gewinnen wir vom Standpunkt unserer Be-trachtungsweise.

Unser Streifzug durch das Gebiet der pflanzlichen Sensualität hat dem Leser gezeigt, in welch ausgedehntem Maß bei der Pflanze die Wachstumsregulationen eine entscheidende Rolle für aktive, lebenserhaltende Tätigkeit spielen. In gewissem Sinn hat der Nichtfachmann ja recht, wenn er geringschätzig sagt: „Die Pflanze kann nur wachsen, sonst nichts!" Vielleicht ist aber der Leser dieses Buches bereits zu etwas anderer Ansicht gekommen. Ja, sie kann „nur wachsen", aber — was macht sie alles mit diesem Wachstum! Zu was für einem Universalinstrument ist dem Lebenstrieb in der Pflanze dieses „Wachsen" geworden! Die Berechtigung, die in Orientierungsbewegungen auslaufenden Wachstumsvorgänge als durch Sensualität vermittelte, intelligente Prozesse, als Antworten" aufzufassen, ist außer allem Zweifel. Reichen aber die Beziehungen zwischen der Wahrnehmung der Umwelt und dem Wachstum bei der Pflanze nicht noch weiter?

Beim tierischen Organismus liegt diese Frage viel ferner. Wir sehen das Tier „ausgewachsen" in einem Zeitpunkt, da es gerade erst ein vollwertiger Vertreter seines Typus wird; wir sehen sein Wachstum wohl abhängig von der Nahrung, die es sich zuführen kann, bemerken aber nicht, dass sein Wachstum, seine Organ-bildung, kurz seine ganze Gestaltung irgendwie wesentlich von der Umwelt abhinge, und wo bestimmte „Anpassungs"-Er-scheinungen dies nicht verkennen lassen, wird man nicht leicht auf den Gedanken kommen, diese Gestaltungseigentümlichkeiten auf Rechnung einer Sinnes vermittelten Antwort zu setzen. Deshalb trennt man — ob mit vollem Recht, ist eine andere Frage! — beim Tier ohne Bedenken die „Wachstums-Physiologie" gründlich von der „Sinnesphysiologie".

Bei der Pflanze nimmt die Sache aber ein ganz anderes Gesicht an. Die üblichen Lehrbücher der Botanik halten auch an der Trennung zwischen „Reizerscheinungen" und „Wachstumsphysiologie" streng fest. Wahrscheinlich werden die großen und kleinen Fachbiologen — nur weil sie noch nie darüber nachgedacht haben — bloß ein mitleidiges Lächeln finden, wenn ich ihnen den ketzerischen Satz entgegenhalte: Es gibt bei der Pflanze keine Beziehung zwischen Wachstum und Umwelt, die nicht mit ihrer Sensualität zusammenhinge. Eigentlich sollte dieser Satz als selbstverständlich gelten, denn gerade die Fähigkeit des Organismus, von den Zuständen der Umgebung Kunde zu erhalten, diese irgendwie „wahrzunehmen" und lebensökonomisch zu verwerten, nennen wir ja „Sensualität". Die Wachstumsbeeinflussungen durch Licht, Temperatur und Feuchtigkeit aber als reine Wachstumsgesetze und nicht in das Gebiet der Sensualität fallend zu betrachten, halte ich für eine Gedankenlosigkeit. Allerdings: wenn wir sagen wollen: Das ganze Wachstum der Pflanze ist sensorisch vermittelte und sensorisch regulierte Tätigkeit, so muss dabei eine Einschränkung gemacht werden, die jedoch die Hauptsache nicht berührt: Soweit das Wachstum die typische Form der Pflanze herbeiführt, also aus dieser Eizelle einen Rosenstrauch, aus jener eine Eiche, usw. werden lässt, woran die Umweltsituation nichts zu ändern vermag, ist es von aller Sensualität unabhängig. Hier wirken der Plan und die biologischen Gestaltungsprozesse jeder einzelnen Lebensform, die wohl in der Erbsubstanz DNA fixiert sind. Aber gerade diese, allen Lebensformen gemeinsame Erscheinung, wird ja eigentlich nicht zur Wachstums-„Physiologie" gerechnet!

Ich überlasse es einem Zoologen, die Frage, die ich hier nicht im Sinne einer geschraubten wissenschaftlichen Definition, sondern im Geist der dieses Buch begleitenden Betrachtungsweise

178

angeregt habe, für die Tierwelt im Besonderen aufzugreifen. Aber bei der Pflanze will ich noch ein wenig Umschau halten. Allerdings nur ein paar Beispiele. Aber sie werden meine Ansicht rechtfertigen.

## Wachstumsfaktoren

Schon der bereits hervorgehobene Umstand, dass für die Pflanze ein Dauerwachstum während ihrer ganzen Lebenszeit zum Kampf mit der Umwelt eine Lebensnotwendigkeit ist, stellt die Vorgänge des Wachstums bei der Pflanze in ein ganz anderes Licht und deutet auf ihre innige Verkettung mit der Regulationstätigkeit. Aber es kommen da aus der Tiefe noch andere Fingerzeige.

Feuchtigkeit ist ein wachstumsfördernder Umgebungsfaktor, — aber nur dort, wo dieses geförderte Wachstum für die Pflanze nützlich oder wenigstens gleichgültig ist. Trockenheit wirkt im gleichen Sinne als wachstumshemmender Faktor, was insofern begreiflich ist, als wir ja das Wasser als unerlässliche Bedingung für ein intensives Wachstum kennengelernt haben. Nun aber eigentümlich: Im Boden, wo die Wurzel nach Wasser sucht, wird das Wurzelwachstum durch Trockenheit begünstigt! Der Leser erinnere sich an das über die Entwicklung des Wurzelsystems der Wüsten- und Gesteinspflanzen Gesagte und an das Verhalten der Wurzelhaare: Je trockener der Boden, desto reichlichere Wurzelhaarbildung! Wo bleibt die „nur-kausale" Verknüpfung zwischen Feuchtigkeit und Wachstum? Weil die Trockenheit hier Gefahr anzeigt, löst sie gesteigertes Wachstum aus, indem durch die größere Ausbreitung des Wurzelsystems und vermehrte Wurzelhaarbildung die Möglichkeit geschaffen werden soll, die spärlich vorhandene Feuchtigkeit besser auszunützen. Trockenheit begünstigt überhaupt verschiedene Bildungs- (das heißt Wachstums-) Vorgänge, welche Schutz vor Trockenheit gewähren (Haarbildung an Sprossen und Blättern, Änderungen der Epidermis-Struktur u. a.), wirkt aber hemmend, wo solche Wachstumsbegünstigung schädlich wäre, zum Beispiel bei der

Flächenausdehnung der Blätter. Kälte wirkt wachstumshemmend, und doch kann auch sie besondere Wachstumsvorgänge hervorrufen, die zur Bildung von Kälteschutzvorrichtungen führen (Haarkleid, Deckorgane usw.). Stärkere Beleuchtung führt nicht nur zu Orientierungsbewegungen, sondern auch zu zweckmäßiger üppiger Innenausbildung der Blätter (vergl. S. 145). Dies alles entweder an dem werdenden und weiterwachsenden Individuum oder im Laufe der Generationen, was auf dasselbe herauskommt, nur im letzteren Fall noch wunderbarer ist, weil hier die Pflanze Erfahrungen sammelt, die sie im Laufe der Generationen zu zweckdienlichen vorsorgenden Gestaltungsänderungen ausnützt, von denen sie dann aber auch bei entsprechendem Wechsel der Außenbedingungen zuweilen wieder zurückgebracht werden kann. In allen diesen und hundert anderen Fällen wirken die Umwelteinflüsse nicht streng physikalisch-gesetzmäßig, sondern „biologisch", das heißt, sie werden von der Pflanze als Lebensfaktoren gewertet. Sie wirken nicht mehr physikalisch-kausal, sondern motivisch. Man erinnere sich nur an die kombiniert zweckmäßigen Wachstumsänderungen bei der Vergeilung (S. 129).

Daher kann man mit gutem Recht sagen: Alle Wachstumsvorgänge (mit der oben gemachten Einschränkung) sind Antworten des Lebenstriebs der Pflanze auf sensorische Wahrnehmung von Außenweltumständen. Das scheinbar stumpfsinnige „Nur wachsen Können" der Pflanze verwandelt sich für den tiefer Schauenden in eine phänomenal entwickelte Sensualität. Wie sollte überhaupt jemals eine Anpassung anders Zustandekommen, als durch lebensgemäß verwertete Empfindung von Umgebungsverhältnissen? Eine nur auf mechanisch-physikalische Zufallskonstellation eingestellte Lebensgesetzlichkeit hätte niemals zu millionenfach variierten dauerfähigen Lebensformen führen können. Ein Organismus — und wäre es der denkbar einfachste —, der auf den Zufall warten müsste, der bloß mit Gelegenheitsgesetzlichkeit in seiner inneren Organisation gerade die Struktur- und Verhaltensänderungen herbeiführen sollte, die jeder der ewig

180

wechselnden Umgebungssituationen entspräche, — ein solcher Organismus wäre von der ersten Sekunde an tot.

*

Die Hemmungen, welche dem Denken durch vorgefasste Meinungen und feststehende Begriffe erwachsen, zeigen sich so recht deutlich, wenn dem Gedanken an pflanzliche Sensualität, Psyche und ein pflanzliches Entscheidungsvermögen als ganz selbstverständlich der Einwand entgegengehalten wird, die Pflanze habe ja nicht nur kein Gehirn, sondern nicht einmal Nerven!

Wenn man von vornherein den Begriff des Empfindens und Wollens an das Vorhandensein und die Tätigkeit von Gehirn und Nerven bindet, dann ist es kein Kunststück, nervenlosen Organismen Empfindung und gehirnlosen Lebewesen ein Wollen abzusprechen. Die Frage ist nur, ob man dazu ein Recht hat.

Was ist es, das im Nerven empfindet? Oder besser gesagt: Was vermittelt die Empfindung? Doch das Protoplasma der Zellen, aus dem er besteht. Wo setzt sich im Gehirn der ankommende Reiz in den aktiven Handlungsimpuls um? Im Protoplasma der Gehirnzellen. Könnten Nerv und Ganglienzelle empfinden, wenn nicht das Protoplasma, aus dem sie überwiegend bestehen, empfindet?

Was aber ist das Lebende in der Pflanze? Protoplasma. Ist es weniger „Empfindung", wenn das Protoplasma der Wurzelhaubenzellen durch den Druck der Statolithenstärke „irritiert" wich, als wenn dies bei den Nervenenden im statischen Organ des Krebses (S. 118) geschieht? Ist es weniger, wenn der empfundene Reiz an die Wachstumszone der Wurzel als „Signal" zurückgeleitet wird, als wenn der Nerv des Krebses diese Leitung an die geeignete Umschaltstelle schickt? Ist es weniger eine intelligente Willensreaktion, wenn infolge des zugeleiteten Signals das Protoplasma der wachsenden Wurzelzellen durch regulierte Wachstumstätigkeit eine dem Reiz angepasste Antwort gibt, als wenn das Ganglion des Krebses dies durch entsprechend regulierte Muskeltätigkeit erzielt?

Man geht sogar noch weiter: Man scheut sich, von „Willenshandlung" zu sprechen, wo nicht ein Gehirn mit „bewussten" Vorstellungen und Gedanken zwischen Empfindung und Antwortreaktion zu „vermitteln" scheint! Für alle anderen Reizvorgänge und zielstrebigen Handlungen hat man die schönen Worte „Reflexe" und „angeborene Verhaltensweisen" geschaffen und — wie öfters schon in der Wissenschaft — sich dem schönen Wahn hingegeben, mit dem neuen Wort auch schon die Sache geändert zu haben. Das Gehirn und seine einfacheren Vorläufer, die Ganglienknoten, sind zentrale Sammel- und Umschaltstellen für einheitlichere Ordnung und Verwertung zahlreicher Außenweltreize, — es sind Steigerungen, Vervollkommnungen der organischen Technik, aber es ist doch nichts wesentlich Neues!

Ist es etwas grundsätzlich anderes, wenn ich mit meinem Nachbar eine eigene kleine Telefonanlage besitze und jederzeit unmittelbar mit ihm verkehren kann, oder wenn ich dies auf dem Wege durch eine „Zentrale" bewerkstellige? Das ist doch nur eine Komplikation, eine technische Steigerung, die zugleich Vorteile und Nachteile bietet. Der Vorteil liegt darin, dass ich mich durch die Zentrale auch mit anderen Personen verständigen kann, und dass verschiedene Verständigungen von verschiedensten Seiten mich erreichen können. Der Nachteil liegt darin, dass die Verbindungsmöglichkeit zwischen mir und meinem Nachbar unmöglich gemacht wird, wenn in der Zentrale einmal eine Störung vorliegt oder eine Dummheit gemacht wird.

Es gibt auch im Organismus „falsche Anschlüsse"! Oder ist die Weitergabe einer Meldung von Person zu Person oder mittelst einer Signalkette weniger eine zweckmäßige Fortleitung, als wenn dies direkt durch die drahtlose elektromagnetische Welle geschieht? Ist es im Wesen etwas anderes, wenn in der Pflanze das „Situations-Signal" vom Empfindungsorgan, einem Reizrezeptor, zur Ausführungsstelle von Zelle zu Zelle weitergegeben wird, als wenn zwischen Empfindungs- und Ausführungsorgan eine meterlange Nervenzelle eingeschaltet ist, die das mit relativer Blitzgeschwindigkeit besorgt? Dass in der Pflanze, wenn auch auf kurze Strecken, solche Leitung gleichfalls mit großer Geschwindigkeit erfolgen kann, ohne dass sie durch „Nerven" vermittelt wird, haben ja die angeführten Beispiele gezeigt.

So wenig die Pflanze Muskeln braucht, so wenig bedarf sie der Nerven. Und dies ist der Grund, warum sie keine hat. Beides steht im gleichen Zusammenhang mit ihrer Lebensstufe. Die Fesselung an die Scholle, der Kontakt ausschließlich mit der unmittelbaren Umgebung machen beides überflüssig. Ein Organismus, der nicht darauf eingestellt ist, räumlich ferneren Objekten nachzujagen oder vor herannahenden zu fliehen, braucht keinen Apparat, der auf einen Außenwelteindruck raschestens dem Ausführungsorgan die Weisung zukommen ließe. Deshalb braucht die Pflanze auch kein Fern- und Bildsehen, denn sie hat es, mit wenigen Ausnahmen, nicht mit „Objekten", sondern mit Umgebungssituationen zu tun. Deshalb genügt es für ihre Lebenszwecke, Lichtstärke und Lichtrichtung wahrnehmen und unterscheiden zu können, und genügt es ihr, im Allgemeinen mit dem langsamen Tempo der Wachstumsbewegung auf die Eindrücke ihrer Reizrezeptoren zu antworten. Unter diesen Umständen, in diesem Rahmen der „Lebensgesamtheit", bedarf sie auch keiner Zentralisation der eintreffenden Sinnesreize; jedes Organ der Pflanze kann die nötigen Reaktionen auf die Empfindungssignale sozusagen im eigenen Wirkungskreis erledigen. Muskeln, Nerven, Gehirn, das alles ist gegenüber den Lebensbedingungen der Pflanze und für ihre Lebensbedürfnisse überflüssig. Deshalb hat die Pflanze auch keinen Gehörsinn; sie braucht diesen „Fernsinn" ebenso wenig wie ein gegenständliches, bildmäßiges „Sehen". Mit der Entwicklung eines Gehörsinnes unterblieb bei ihr auch das Vermögen einer Schallerzeugung, dessen Höhepunkt die artikulierte menschliche Sprache bildet. Der Gehörsinn stellt den Kontakt mit der Ferne her, — was hülfe dies der Pflanze? Sie kann einer durch Schallwirkung sich ankündigenden Gefahr (Annäherung eines Feindes) doch nicht entfliehen. Wozu sollte ihr weiter ein Lautgebungs-Vermögen dienen? Sie könnte weder von einem Lockruf noch von einem Warnsignal (das sind die Urbedeutungen der lautlichen, sprachlichen Mitteilung) irgendwelchen Gebrauch machen, gefesselt an den Boden, wie sie ist. Und weil sie solche Fähigkeiten nicht braucht, um ihren Lebenszweck zu erfüllen, hat sie diese auch nicht. Denn die Natur ist durch und durch rational; sie greift, wie schon Fechner sagte, „ebenso wenig über das Erfordernis des Zweckes hinaus, als sie dahinter zurückbleibt."

So erscheint uns die Pflanze gerade in ihren sensorischen Mängeln wieder anderseits durchaus harmonisch in ihrem Wesen. Auch der Mangel jener höheren Zentralisation des Innenlebens, der mit der Entwicklung von Nerven und Gehirn gegeben ist und der Pflanze eine um so viel weniger ausgeprägte Identität, eine geringere Individualität gibt, hat sein harmonisches Gegengewicht einerseits in der wunderbaren Feinheit und Präzision, mit welcher die Pflanze im Rahmen ihrer Sensualität lebensgemäß zu reagieren weiß, anderseits in der größeren Selbstständigkeit der Teile, wodurch der Zweck (die Erhaltung des Lebens) wieder in höherem Grade gesichert ist. Wohltätig und förderlich ist es für das Gras ja nicht, wenn es von Weidetieren abgerupft wird, aber ans Leben geht ihm dies noch lange nicht, da es aus seinem Wurzelstock, ja aus kleinen Bruchstücken eines solchen immer wieder neue Triebe erzeugen kann. Auch die mit der Beschränkung der Handlungsfähigkeit auf die wachsenden Regionen des Pflanzenkörpers anscheinend gegebene Unbehilflichkeit der aktiven Lebenstätigkeit hat diesen Charakter nur im Vergleich mit höheren Stufen. An und für sich ist gerade diese Beschränkung das für die Pflanze Lebensrichtige. Es wäre bedenklich, ja vernichtend für sie, wenn sie gleich dem Tier in einen ausgewachsenen Zustand käme; da sie aber niemals ausgewachsen ist, da sie immer weiter wachsende Teile hat, so treten eben stets neue handlungsfähige Organe anstelle der ausgedienten alten. Alles vollendete Harmonie (den natürlichen Verhältnissen gegenüber), wie es auch nicht anders sein kann,

184

wenn Rationalität oberstes Gesetz und jede Lebensform Auswirkung eines Naturwillens-Aktes ist.

Für die Vitalseele überhaupt, und zwar auch für das individuelle Empfindungsvermögen der Pflanze, spricht nicht nur alles, was im dritten Abschnitt berücksichtigt wurde, sondern auch die Sensualität der Pflanze mit seiner Korrespondenz der Teile.

Die objektive („materielle") Grundlage für solche Korrespondenz der Teile in der Pflanze ist durch die Plasmaverbindungen gegeben, welche auch durch die dicksten Zellwände hindurchgehen. Diese Plasmaverbindungen weisen keine (wenigstens keine für uns erkennbare) besondere Struktur auf, wie es beim Nerven (aber auch beim Muskel!) der Fall ist. Dies bedingt natürlich eine viel geringere Leistungsfähigkeit. Aber auch nur das. Es handelt sich nur um graduelle Unterschiede. Entscheidend ist die Tatsache, dass in der Pflanze ebenso eine vereinheitlichende Kraft wirkt, die zahllose Umgebungseinflüsse aufnimmt, und zu lebensgemäßen Antworthandlungen ausnützt. Dieser Antwortcharakter der pflanzlichen Vorgänge ist der Beweis für ihren vitalseelischen Ursprung. Bloße Willensaktivität ist nicht denkbar; zur Orientierung für das Anstreben bestimmter Ziele (z. B. Leben zu wollen, Lebenswille) ist Empfindung, Bewertung empfangener Reize und Entscheidung notwendig und daher kein zielgerichtetes Wirken denkbar ohne Empfindung, Wahrnehmung und Unterscheidungsvermögen irgendwelcher Art.

Die Schlussfolgerung des unvoreingenommenen Verstandes kann also nicht die sein: dass die Pflanze keine Vitalseele besitzen könne, weil sie kein Nervensystem habe, sondern sie muss vielmehr zur Erkenntnis führen, dass Vitalseelisches wirksam sein könne, auch ohne dass es sich Nerven als besonderen Vermittlungsapparat geschaffen hat. Die Beschränkung des Seelenlebens einer Vitalseele auf die Tierwelt oder gar nur auf den Menschen ist ganz und gar unlogisch.

# Naturphilosophische Betrachtungen zur Vitalseele der Pflanzen

Wie stellt sich nun nach alledem unser „Erkennen" zu dem Vitalseelischen in der Pflanze? Was können und dürfen wir darüber aussagen? Da gilt es zu unterscheiden: Soll diese Aussage sich auf die aktiven oder auf die passiven Qualitäten des Vitalseelischen beziehen? Nur die Ersteren können, weil sie nach außen wirken, das heißt, sich in „materielles" Geschehen umsetzen, Gegenstand eines „Erkennens" werden. Darüber betrachte ich mit dem in diesem Buch Gesagten die Akten als geschlossen, das heißt: Ich vermöchte hier nicht mehr darüber zu sagen. Inwiefern die Pflanze, wie alles Lebendige, die aktive Seite des Vitalseelischen, das Wollen, kundgibt, habe ich klar zu machen versucht. Wie steht es aber mit der rein innerlichen, keiner unmittelbaren Erkenntnis zugänglichen Seite des Vitalseelischen in der Pflanze? Dass man ein Wollen nicht ohne eine Art Empfinden denken kann, habe ich schon betont. Wie Licht und Schatten, Subjekt und Objekt, Materie und Kraft, hängen für unser Denken auch die Begriffe Empfinden und Wollen zusammen. Eines nicht ohne das andere. Wie dem individualisierten Wollen ein individualisiertes Empfinden, so muss auch dem Naturwillen, wenn wir schon davon sprechen, auch ein Naturfühlen, dem spezielleren Lebenswillen auch eine Lebenswahrnehmung verbunden sein. Wenn wir, dem Zwang der Naturtatsachen folgend, der Pflanze einen Lebenstrieb zuerkennen müssen, so können wir dies nicht, ohne bei ihr auch eine Lebenswahrnehmung vorauszusetzen. Welcher Art mag aber dies Gefühlsleben der Pflanze sein? Welchen vitalseelischen Inhalt mag es umschließen? Es wäre unmöglich, darüber etwas Bestimmtes aussagen zu wollen. Aber unverständig wäre es, deshalb diese psychischen Qualitäten bei der Pflanze als nicht vorhanden anzusehen. Dass ich nicht weiß, was ein anderer Mensch fühlt, berechtigt mich noch nicht, ihn für überhaupt gefühllos zu erklären.

Welche Empfindungen die Pflanze haben mag (und ob als ganze Identität oder nur in den betroffenen Teilen), wenn sie unter dem Zwang einer veränderten Lage die anders gerichtete Wirkung der Schwerkraft als störende Beeinflussung empfindet, — wer kann das sagen? Wer aber könnte guten Gewissens behaupten, dass sie dabei keine Empfindungen habe! Es kann doch nur die Bewertung der Reizwirkung (Empfindung) und das Motiv, zur Richtigstellungsbewegung und zu dem Aufhören dieser Bewegung nach erreichter Normallage bilden. Da eine rein mechanische Deutung solcher Vorgänge, wie wir gesehen haben, vollständig ausgeschlossen ist, bleibt keine andere gesetzmäßige Verbindungsmöglichkeit als die genannte. Über die innere, rein subjektive Natur dieser Empfindungen irgendetwas aussagen zu wollen, ist bei der Pflanze von vornherein ebenso unmöglich, wie bei irgendeinem anderen Organismus, der eben nicht mein „Ich" ist.

*

Dass die Pflanze ein irgendwie geartetes „Erkennen" besitzt, geht aus ihrer geschilderten reichen Sensualität hervor: Sie unterscheidet die mannigfachen Umwelteinwirkungen nach Art und Stärke und vermag diese Einwirkungen im Sinne ihrer Lebenserhaltung vernunftgemäß zu verwerten. Das ist dasjenige, was wir Erkenntnisvermögen nennen. Dass man bei der Pflanze nicht von einem, wenn auch nur primitiven „Verstand" sprechen will, ist durchaus begreiflich (während dasselbe Widerstreben gegen die Anerkennung einer Pflanzenintelligenz ganz ungerechtfertigt ist). Der Begriff „Verstand" bezeichnet ein bereits höher entwickeltes Erkenntnisvermögen, das auf einfacherer Stufe mit „Anschauung", das heißt einer bestimmt charakterisierten einheitlichen Verbindung verschiedener Wahrnehmungen, auf höherer Stufe auch noch mit den daraus abgeleiteten „abstrakten" (symbolisierenden) Vorstellungen arbeitet. Ein solches Vermögen glauben wir, an den Apparat eines Gehirns oder mindestens einer Ganglienanhäufung gebunden ansehen zu müssen. Wieweit wir dabei das Richtige treffen, ist allerdings eine andere Frage. Die höhere Verstandesstufe (die Fähigkeit der Abstraktion, das heißt des Denkens mit Begriffen) dürfen wir bei der Pflanze wohl mit Sicherheit verneinen. Dies scheint zweifellos eine Fähigkeit zu sein, die erst auf höherer Organisationsstufe eingetreten ist, und zwar in voller Entfaltung erst beim Menschen. Dass auch die Tiere einen Anfangsgrad dieser angeblich bloß menschlichen Fähigkeit besitzen: Dass auch sie die Fähigkeit einer nicht bloß unmittelbar anschaulichen, sondern auch symbolisierenden (das ist das Wesen der begrifflichen „Abstraktion") Verstandestätigkeit haben, beweisen alle Fälle, in denen die Tiere Bewegungen anderer und von diesen ausgestoßene Laute (primitivste Grundform der Sprache!) in ihrer „Bedeutung" verstehen und ausnützen. Dieses „Verstehen" von Sinneseindrücken ist eben Verstand. Deshalb ist es ignorant, den Tieren den Verstand abzusprechen. Aber die Pflanze? Was hülfe ihr überhaupt ein solches Vermögen? Wir haben ja gesehen, dass die Pflanze als bodengefesseltes Lebewesen von keiner „Mitteilung" irgendeinen Gebrauch machen kann. Darauf haben wir es zurückgeführt, dass der Pflanze die „Fernsinne" (bildmäßiges, räumliches Sehen und Gehör) und ebenso das Vermögen einer Lautgebung fehlen. Will man — und ich möchte glauben, man sei dazu berechtigt — unter „Verstand" nur das auf solcher „Verständigung" aufgebaute und auf sie abzielende Seelenvermögen bezeichnen, dann scheidet die Pflanze wohl ohne Weiteres aus. Wenn aber „Erkenntnisvermögen" (im weitesten Sinne) die Basis des Verstandes ist, dann muss noch einer anderen Erwägung Raum gegeben werden.

Wir haben gesehen, dass die meisten Reize (und gerade die lebenswichtigen) in der Pflanzenwelt „repräsentativen" Charakter haben, also „Anzeichen" sind und deshalb „motivisch" wirken. Was ist dies aber anderes, als ein primitives Erkenntnisvermögen? Dann ist es aber auch zugleich ein erstes Flackern jenes Vermögens einer Vitalseele, das bei höherer Vervollkommnung die Formen des Verstandes annimmt! Wiederum ist es das beschränkt verwendete Wort, nicht die Sache, die zum Stein des Anstoßes wird. Diesmal allerdings insofern mit Recht, als Verstand eben bloß eine bestimmte, höhere Art des Erkennt-

188

nisvermögens bedeutet. Und wenn einerseits die Beschaffenheit und die Lebenstätigkeit der Pflanze ganz und gar den Charakter der Vernünftigkeit zeigen, so hat doch ihr Erkenntnisvermögen (soweit wir das beurteilen können) nicht den Charakter des „Verstandes". Denn ich glaube, dass man die besondere Erkenntnisform des „Verstehens", also den Verstand, auf die durch Fernsinne vermittelte Anschauung und die darauf weiter entwickelten Fähigkeiten beschränken soll. Für Annahme solcher „Fernsinne" gibt uns aber die Organisation der Pflanze keine Anhaltspunkte. Jedoch kann man der Pflanze ein, unter dieser Stufe stehendes Erkenntnisvermögen nicht absprechen, denn ohne ein solches könnte sie sich einfach nicht so verhalten, wie es tatsächlich der Fall ist. Im Übrigen darf nie vergessen werden: Alle festumschriebenen „Begriffe" sind schemenhafte Hilfsapparate der menschlichen Vitalseele; die Natur (als Ganzes mitsamt dem Menschen) kennt keine Schemen; in ihr ist alles durch Übergänge verbunden. Wieder muss hier das intuitive sich Versenken des Geistes in den Inhalt der Natur sein Übergewicht über den „beweisenden" Verstand bewähren. Die Pflanze hat ein Erkennen, das lehrt uns der Blick auf ihre Lebensgesamtheit. Welcher Art dieses Erkennen ist, bleibt uns wohl ewig verschlossen.

*

Man darf auch noch etwas anderes nicht unbeachtet lassen. So falsch es wäre, wenn man das Vitalseelische in der Pflanze nach Analogie unseres Schlafzustandes auffassen wollte (was die Ausschaltung des Sinnesapparates bedeuten würde!), so falsch ist es auch, das Leben der Pflanze mit dem „vegetativen" Leben unseres Körpers vergleichen zu wollen, wozu der Naturunkundige begreiflicherweise große Neigung hat. Das gäbe ein ganz unrichtiges Bild. Es liegen diesem falschen Vergleich zwei Fehler zugrunde. Der erste ist der schon ausführlich gerügte, dass man glaubt, die Vorgänge in unserem Körper seien überhaupt nicht Ausflüsse eines Lebenstriebs, weil dieser bei ihnen auf das besondere Instrument des Gehirnbewusstseins verzichtet, ja dieses (aus guten Gründen!) dabei naturgesetzmäßig ausgeschaltet ist. (Wenn der Mensch da auch noch mit den Emanzipationsgelüsten des Verstandes unmittelbar den Lebensgesetzen des Körpers entgegenpfuschen könnte, wie er das leider mittelbar schon genügend reichlich tut, da möchte Arges zum Vorschein kommen!) Der Verstand, der für den Lebenstrieb ein zweischneidiges Schwert geworden ist, wurde in weiser Vorsicht der Natur bloß für den Verkehr zwischen dem Ich und der Außenwelt groß gezüchtet; die Lebensregulationen der Körperteile unter sich, diese Basis des individuellen Lebens, von welcher der Verstand mit abhängt, blieben ihm entzogen, denn je selbstständiger der Verstand als Orientierungsapparat, als Hilfsmittel der Außenregulationen wurde, desto untauglicher musste er als Hilfsmittel der Innenregulation werden.

Bei dem niedrigen Erkenntnisvermögen der Pflanze konnte dieses ohne Gefahr unmittelbar mit dem sogenannten „vegetativen" Leben verkoppelt werden; bei der Pflanze haben wir kennengelernt, dass die wichtigste Funktion des vegetativen Lebens, das Wachstum, universelles Instrument der Sensualität ist! Mit der allmählichen Entwicklung des eigentlichen „Verstandes", also mit der durch die Schaffung von Fernsinnen verbundenen Anschauung, aus der sich dann auch die geistige Raumanschauung (die Zeitvorstellung, der Blick in die Vergangenheit und Zukunft) entwickelte[20], musste das vegetative Leben mehr und mehr dieser Einflusssphäre entzogen werden. Die Zentralisation für das „vegetative" Leben übernahm das Nervensystem des Sympathikus. Dieses spannt seine Datenleitungen durch den ganzen Körper, auch in das Gehirn, das von ihm als ältestem und wichtigstem Zentralorgan gleichfalls im Bann gehalten und reguliert wird[21]. Erst wenn der Sympathikus die Zügel der Herrschaft über das Gehirn verliert, wenn der unterbewusste Lebenstrieb die Sprünge des „bewussten" Willenslebens nicht mehr zu meistern vermag, wenn ihm sein neuestes, aber gefährliches Werkzeug aus der Hand springt, —

---

20   Die Relativitätstheorie betrachtet bekanntlich die „Zeit" als vierte Dimension!

21   Diese Bedeutung des Nervus Sympathikus hat Schleich in der angeführten Schrift sehr ausführlich behandelt.

dann nimmt das Unheil seinen Anfang. Das ist nun aber der zweite Fehler, den man macht, wenn man das Pflanzenleben mit dem vegetativen Leben des Tieres und Menschen auf gleiche Stufe stellen will: Das vegetative Leben der Pflanze steht weitgehendst im Dienst der Sensualität, das der Tiere ist der Sinnlichkeit größtenteils entzogen! Das bedeutet aber nicht Gleichheit, sondern gründlichste Verschiedenheit.

*

Nicht anders als mit dem Erkenntnisvermögen ergeht es uns mit dem Sensualität der Pflanze. Dass sie eine Lebenswahrnehmung haben müsse, geht aus der Tatsache hervor, dass sie einen Lebenstrieb hat. Aber was sie empfindet und wie sie empfindet, ist für uns in den Schleier der Undurchdringlichkeit gehüllt. Wir können nicht wissen, was die Pflanze empfinden mag, wenn nach Dunkelheit und Dämmerlicht das volle Sonnenlicht sich über sie ergießt; wir können nicht wissen, was sie empfinden mag, wenn nach langer Trockenheit den geschrumpften, wasserdurstigen Zellen das belebende Nass zuströmt; können nicht wissen, was sie empfinden mag, wenn sie mit ihren Ranken die gefundene Stütze gleichwie mit klammernder Faust ergreift. Niemand wird diesen Schleier jemals lüften. Wir können nichts aussagen über das Innenleben der Pflanze; aber das eine kann derjenige behaupten, der das Leben als Gesamterscheinung überblickt und nicht das Höchste geleistet zu haben glaubt, wenn er die Natur in ein sinnloses Mosaik von wäg- und messbaren Fragmenten zerlegt: Eine allgemeine und von Fall zu Fall verändert betonte Lebenswahrnehmung muss die Pflanze haben, sonst müsste sie anders sein, als sie ist.

*

In einer letzten Frage, zu welcher die in diesem Buch durchgeführte Betrachtung des Pflanzenlebens notwendig führt, möchte ich zuerst dem alten Fechner das Wort geben:

„Man sagt, das Wesen des Seelenlebens besteht doch gerade darin, zeitliche Beziehungen zu Vorwärts und Rückwärts in sich zu tragen und zu setzen; sie wegfallen lassen, heißt das Seelenleben selbst wegfallen lassen. Eine Seelenstufe wie die, auf welche wir die Pflanzen stellen wollen, kann nach der eigensten Natur der Seele nicht existieren. — Aber man verwechselt zweies. Zwar schließt jeder bewusste Vor- und Rückblick in die Zeit auch zeitliche Beziehungen der Seele ein, aber nicht umgekehrt bedarf es für die Seele eines solchen Vor- und Rückblickes, um sich in zeitlichen Beziehungen lebendig zu erweisen. — Gesetzt, jemand schaukelt sich, so denkt er mit Bewusstsein weder an die vergangene noch an die kommende Bewegung, doch fühlt er die Bewegung des Schaukelns in einem unbewussten Bezug zwischen vor und nach. Eines Anderen Seele wird gewiegt, getragen vom Fluss einer Melodie. Er denkt mit Bewusstsein weder an die vergangenen, noch an die kommenden Töne; doch spinnt sich der kontinuierliche Faden eines empfundenen Bezugs von den vergangenen Tönen durch die Gegenwart schon in der Richtung nach den kommenden fort. — Könnte also nicht auch das Pflanzenseelenleben so im Fluss sinnlicher Empfindungen dahinwogen, ohne Spiegelbilder von Vor- und Rückwärts in der Zeit mitzuführen? — Bei uns freilich kann vor- oder rückgreifende Reflexion in jedem Augenblick zu solch sinnlichem Seelenspiel hinzutreten; aber sie muss es nicht. Warum soll es nun nicht Wesen geben, bei denen sie es auch nicht kann, nachdem es schon Wesen (die Tiere) gibt, bei denen der noch höhere allgemeine Überblick, durch den viele Erinnerungen auf einmal verknüpft werden, zurücktritt?“

Warum der Pflanze diese Seite eines Seelenlebens fehlen kann, ohne ihre Lebensbehauptung zu gefährden, und warum ihr diese besondere Technik des Lebenstriebs fehlt, wurde in den vorhergehenden Absätzen näher beleuchtet. Was wäre dem noch hinzuzufügen? Nur der nochmalige eindringliche Hinweis, dass alle Worte in dieser Sache einem Denken gegenüber verloren und zwecklos sein müssen, welches dem Glauben huldigt, die Vitalseele auf bewusste geistige Tätigkeit im Sinne unseres Gehirnbewusstseins beschränken zu müssen, dass man zu solcher Beschränkung aber kein anderes als nur ein — Gewohnheitsrecht hat. Weder die Tatsachen noch deren freie logische Verwertung führen zu dieser unvollständigen und darum unwahren Seelenlehre, sondern nur ererbte, traditionelle, ungeprüft fortgeschleppte Begriffe. Man stützt sich ja so gerne auf den „üblichen" Sprachgebrauch. Man dürfe einen Begriff nicht so und so benützen oder umgrenzen, weil dies „dem üblichen Sprachgebrauch widerspricht". Wie aber, wenn eben dieser übliche Gebrauch unsachlich und unbegründet ist? Wenn eben die üblichen Begriffe einer gründlichen Revision bedürfen? Was nützt uns denn alles im Laufe der Zeit erworbene Wissen, wenn wir im Denken unverrückt in den alten Geleisen bleiben sollen! Dann ist doch alles Forschen Narrenarbeit! Wenn ich nicht irre, nennt Fritz Mauthner die Sprache einen „Friedhof überlebter und überwundener Gedanken". Ein zutreffendes Bild. Ein derartiger Friedhof ist aber sicherlich zum Teil auch gerade die Begriffswelt der reinen Philosophie.

*

Und nun die Kardinalfrage: Kann ein denkender und die Natur kennender Mensch mit gutem Gewissen sagen, dass die Natur und der aus ihrem Wesen entspringende Lebenstrieb in den unterbewussten Stufen keine „Voraussicht" betätige? Ist nicht alles, was wir an der Pflanze kennengelernt haben, also schon auf dieser „untersten" Lebensstufe, von „Voraussicht" getragen? Der Mensch, der homo „sapiens" hat sich die Sache mit dem Begriff „angeborenes Verhalten" oder dem Wort „Instinkt" gewaltig bequem gemacht, dieses Wort, das so viel missbräuchlich verwendet wird[22], soll eine echt menschlich-beschränkte Verkleinerung der in

---

22 Der Begriff des Instinktes sollte beschränkt bleiben auf jene zweckhaften Tätigkeiten, die ohne die Möglichkeit einer anschaulichen oder begrifflichen Vorstellung des Handlungsergebnisses stattfinden. Darüber jedoch, ob die Instinkthandlung als solche, als Tätigkeit, „unbewusst" verlaufe, wie so gerne angenommen wird, lässt sich nichts Bestimmtes aussagen. Die Wahrscheinlichkeit spricht dafür, dass dem instinktiv (unter innerem zweckhaftem Zwang handelnden Individuum im gegebenen Augenblicke sein Handeln im Rahmen des ihm zukommenden Bewusstseinsgrades bewusst wird (Aktivitätsgefühl), nicht aber, wozu es so handelt. Letzteres gilt wohl sicherlich in jenen Fällen, bei denen das Resultat der Handlung lediglich den Nachkommen zugutekommt, und zwar so, dass es von dem handelnden Individuum gar nicht erlebt werden kann, wie bei vielen, mit der Fortpflanzung zusammenhängenden Instinkthandlungen z. B. der Insekten. In solchen Fällen drängt sich allerdings die Erkenntnis eines über das Individuum ragenden zweckhaft wirkenden Prinzips mit noch erhöhter Schärfe auf.

Wirklichkeit unendlich viel größeren Tat des Naturwillens sein, der ein organisches Individuum zwecktätig handeln lässt, ohne dass dies Individuum „persönliche Kenntnis" des zu erreichenden Zweckes hat. Und der Mensch merkt nicht, dass er sich selbst damit verkleinert, denn auch im Menschen handelt das natürliche angeborene Verhalten, die unbewusste Intelligenz, häufig viel lebenssicherer als der so viel gepriesene Verstand, zu dessen hervorragenden Eigenschaften es gehört, dass er der Vernunft bei jeder möglichen Gelegenheit voraus ist. Der Lebenstrieb, der die lebendigen Körper schafft, immer wieder, planmäßig, ins Feinste zweckmäßig organisiert, – der soll voraussichtslos sein? Wie lächerlich „vermenschlichend" ist dies gedacht! Wir haben es gesehen: Außer Raum und Zeit beherrscht der Lebenstrieb jede Lebensform, denn er steckt im Ganzen, er steckt voll und ganz in jedem Teil, er wirkt in der winzigen, ganz unentwickelten Eizelle so ungeschwächt, wie im fertigen Organismus und ebenso wieder in jeder Keimzelle, die dieser Organismus in sich trägt! Was ist für ein solches schaffendes Prinzip der menschliche Zeit- und Raumbegriff? Der Lebenstrieb als solcher soll voraussichtslos sein, weil in so vielen Fällen seine Einzelgeschöpfe, in denen er sich auswirkt, nicht die individuelle „Voraussicht" haben? Wissen wir denn, wozu wir da sind, was unser Zweck in der Welt ist, warum wir so oder so handeln, denken und fühlen? Trotz unserer „Voraussicht"! Weiß denn der so scharfsinnig voraussehende Mensch, warum, zu welchem anderen Zwecke, als um einem Zweck des Lebenstriebs zu dienen, er sich fortpflanzt? Trotz aller „Voraussicht" kann der Mensch nicht mehr sagen als: Der Zweck der Fortpflanzung ist – die Fortpflanzung. Oder wie Goethe viel allgemeiner so tiefsinnig sagte: „Der Zweck des Lebens ist das Leben." Das heißt: Wir kennen keinen „Zweck" des Lebens; wir wollen leben und müssen, so gut es geht, leben und Leben erhalten, – wir dienen dem Zweck des Lebenstriebs ohne „persönliche Kenntnis" dieses Zweckes, zu welchem er dieses Leben schafft, aus „Lebensinstinkt". Darin haben wir also vor den unterbewussten Lebensstufen gar nichts voraus.

194

## NATURPHILOSOPHISCHE BETRACHTUNGEN ZUR VITALSEELE DER PFLANZEN

Man preist gerne als das Besondere des Menschen das „Überpersönliche" in seinen Zweckhandlungen. Dieses Überpersönliche hat die ganze lebende Natur aufzuweisen. Was hat das Individuum für ein Interesse daran, dass es sich fortpflanzt? – Gar keines.

Dem Individuum bedeutet die Fortpflanzung nur Schmerz, Kraftvergeudung und Erschöpfung auf allen Lebensstufen. Auch die Pflanze macht hiervon keine Ausnahme. Auch das pflanzliche Individuum braucht zu seinem Gedeihen, zu seiner Erhaltung keine Blüten, Früchte und Samen. Im Gegenteil. Aber der Lebenstrieb drängt dazu, denn das ist sein Zweck mit dem Individuum. Dieser Zweck geht jedoch über das Individuelle hinaus, er ist überindividuell, überpersönlich. Die Fortpflanzung ist Gattungs-Instinkt, nicht individuelle Zwecksache; sie ist dem Individuum vom Lebenstrieb aufgenötigt (allerdings mit allen Mitteln des Nachdruckes!), aber kein Ausfluss einer individuellen Zweckkenntnis.[23] Sie ist das am meisten final (zielstrebig) Charakterisierte im lebenden Individuum und doch zugleich das am wenigsten von Zweckkenntnis Geleitete. Der Lebenstrieb (im Einzelfall der Gattungswille) ist das „Voraussehende", nicht der Intellekt des Individuums.

Hier nur eine Zwischenbemerkung zur Vermeidung böswilliger „Missverständnisse". Gemüter, welche jede Naturwahrheit scheuen, könnten mir aus obigen Worten einen Strick drehen und behaupten wollen, ich erklärte auch beim Menschen die Fortpflanzung als das „höchste Ziel", usw., sodass der Mensch, der „wacker zeuget", der beste Repräsentant des Typus Mensch sei. Ich hoffe dass diejenigen, welche dieses Buch mit Verständnis gelesen haben, mir so eine Auffassung des menschlichen Individual-Lebenszweckes nicht unterschieben werden. Aber man kann nicht wissen! Jemandem, der mit unbequemen Anschauungen kommt, dafür „moralisch" eins auszuwischen, ist für

---

23  Dass der Mensch „weiß", dass er Kinder erzeugt, ist nur ein nachträgliches, erworbenes, aber nicht mit dem Fortpflanzungstriebe verbundenes Wissen. Viele Menschen „wollen" sogar diesen „gewussten" Zweck gar nicht und arbeiten ihm entgegen! Aber der in ihnen treibende Lebenstrieb will ihn! Das Tier hat beim Paarungsakt (namentlich dem erstmaligen) ganz gewiss keine Vorstellung der zu erwartenden Jungen!

manche Leute gar zu verlockend! Und deshalb möchte ich noch beifügen:

Wenn die Fortpflanzung auch ein Ziel des Lebenstriebs von universeller Allgemeinheit und Bedeutung ist, so ist sie nicht das einzige Ziel! Wie gerade vorhin und wiederholt schon ausgeführt wurde, soll die Fortpflanzung dazu dienen, die einmal erreichte Lebensform zu erhalten und auf dieser Erhaltungsbasis weiterzubilden.

Es ist ein Naturgesetz, dass jede Lebensform sich zunächst in ihren typischen Eigenschaften erhalten will. Also ist es ebenso naturgewollter Lebenszweck des Menschen, seine besonderen Eigenschaften und Fähigkeiten zu erhalten und weiterzubilden. Und weil das Besondere des Menschen die höhere geistige Stufe ist (unter welchem Begriffe ich den Intellekt und das vom Intellekt beherrschte Gefühlsleben zusammenfasse), so ist sein spezifischer und individueller Lebenszweck die Erhaltung und Weiterbildung eben dieser Lebensqualitäten. Erst dann dient er ganz und voll dem Lebenstrieb, der den Typus „Mensch" geschaffen hat und in ihm sich auswirken will. In diesem Dienst ist die Sexualität die unvermeidliche Vorbedingung für die Erhaltung der Gattungsidee Mensch und ein Werkzeug zur Erhaltung der echt menschlichen Qualitäten, — das wäre das Ziel, das dem „Voraussichts-Vermögen" des menschlichen Individuums gestellt sein könnte. Ich wende mich nur gegen jene Borniertheit, die den Sexualtrieb (notabene: als solchen, nicht bloß in seinen Entartungen) für „sündig" und seine Überwindung für „verdienstlich", „gottgefällig" und was sonst noch, erklären möchte. Die absolute Askese ist eine Krankheitserscheinung, — sie als Wahrzeichen einer höheren Vollkommenheit des Menschen preisen, heißt den Selbstmord als höchste Lebenstat hinstellen. Solchen kranken Menschen ist selbstverständlich die „Natur" ein Gräuel; sie sind das wahrscheinlich der Natur auch.

*

NATURPHILOSOPHISCHE BETRACHTUNGEN ZUR VITALSEELE DER
PFLANZEN

Die Pflanze zeigt uns bereits im Fortpflanzungsprozess und in den zahllosen wunderbaren Anpassungseinrichtungen auf diesem Gebiet das Überindividuelle im Lebenstrieb.

Sie zeigt uns aber noch mehr. Sie zeigt uns nicht nur die individuelle und überindividuelle Eigenzweckmäßigkeit, sondern auch in mancherlei Beziehungen eine in den Dienst eines höheren, umfassenderen Lebenstriebs gestellte Fremdzweckmäßigkeit. Nun ist allerdings, streng genommen, alle überindividuelle Zwecktätigkeit auch zugleich schon fremddienlich. Von der Aufspeicherung der Vorratsstoffe im Samen hat das Mutterindividuum nichts, nur Verlust; das kommt nur dem neuen Individuum zugute. Die ganzen Prozesse der Pflanze wie Gestaltungstätigkeit bei der Blütenbildung, die Schaffung und regelmäßige Wiedererzeugung der unendlich variierten und vielfach verblüffend zweckhaften Bestäubungseinrichtungen sind Fremdzwecktätigkeiten. Aber man kann sich in diesen Fällen darauf berufen, dass hier wenigstens das Interesse der Gattung und, angesichts des plasmatischen Zusammenhanges der Generationen, doch wenigstens Eigenzweckmäßigkeit der einzelnen Lebensform vorliegt. Nun gibt es aber rein organische Zweckhaftigkeit (auch schon bei den Pflanzen), die nur fremddienlichen Charakter hat, und zwar in manchen Fällen eine solche, die einem Feind, einem Schädling der Gattung zu dessen Förderung dient, wie zum Beispiel bei den Gallenbildungen der Pflanzen: Damit dem Ei, das die Gallwespe, Gallmücke usw. in das Gewebe der Pflanze gelegt hat, die Entwicklung zur Larve und zum fortpflanzungsfähigen Insekt gesichert werde, schreiten die betreffenden Pflanzen zur Erzeugung von Körpergebilden, die ihnen sonst ganz fremd sind und dem Parasiten nicht nur Schutz in geschlossenem Gehäuse, sondern auch Nahrung geben und schließlich zur genau richtigen Zeit sich öffnen, wenn das Insekt geschlechtsreif geworden ist. Das ist Fremdzweckmäßigkeit in der erstaunlichsten und hinsichtlich ihres Zustandekommens rätselhaftesten Form![24] Der überwältigende Hinweis auf den Ausgleich

---

24  Man vergleiche: E. Becker: „Die fremddienliche Zweckmäßigkeit der Pflanzengallen und die Hypothese eines überindividuellen Vitalseelischen." Leipzig 1917.

des Lebenstriebs von Organismus zu Organismus, auf die Einheit des lebenszeugenden Prinzips der Natur!

Aber noch viel mehr Erkenntnisse bringt uns die Einsicht in die Lebensgesetze der Pflanzen. Die innige Anpassung verschiedener pflanzlicher Lebensformen an andere, die Lebensgemeinschaften (Symbiosen) mit anderen Individuen, gegenseitige Hilfeleistung und Unterstützung (Flechtensymbiose zwischen Algen und Pilzen, die Pilzsymbiose der Wurzeln so vieler höherer Pflanzen, die Wechselbeziehungen zwischen Blumen und Insekten, die Ameisenpflanzen u. a.), dann die Einordnung der spezifischen Lebenseigentümlichkeiten in die gesamten Gesetze der Umwelt (auch der pflanzlichen und tierischen Pflanzenvereine, höhere Biozoenosen), — das alles bezeugt die Herrschaft eines dem Individuum übergeordneten Lebenstriebs und die Herrschaft eines allgemeinen Rationalitätsgesetzes.

Aber auf der anderen Seite existiert der Kampf des Lebendigen gegen das Lebendige! Ordnet sich auch dies dem Gedanken eines überragenden allgemeinen Lebenstriebs ein? Eine Lebensform verdrängt die andere, eines frisst das andere auf, buchstäblich und bildlich, vom Infusorium bis zum Menschen! Ist das der Lebenstrieb, der sich „behaupten" will und seine eigenen Erzeugnisse durch andere zerstören lässt?

Es werden jedoch nur Individuen zerstört, die sich erneuern und durch das Opfer ihres individuellen Daseins anderen Individuen anderer Lebensformen die Lebensmöglichkeiten geben! Verschwindet das Gras von der Welt, weil es vom Vieh abgeweidet wird? Sterben die Frösche aus, weil der Storch sie verspeist? Wo nicht absonderliche Verhältnisse walten, halten sich stets Vernichtung und Neuerzeugung das Gleichgewicht. Wieder muss betont werden: Das Individuum ist dem Lebenstrieb nur Mittel zu seinen höheren Zwecken.

Wo die Natur eine Lebensform aufgibt, braucht sie diese nicht mehr, auch wenn wir dies im Einzelfall gerade nicht mit unserem

Verstand beurteilen können. Und weil die Natur die Auswirkungen des Lebenstriebs (seine bestimmt gearteten Individuationen) in großem Maßstab aufgebaut hat, eine auf der anderen, so erhält sie auch die Vorstufen, weil diese nicht nur den Sockel für die Entstehung, sondern auch für die Fortdauer der höheren bilden, teils im Allgemeinen, teils im Besonderen. Für Ersteres hier nur ein Beispiel, das ich auch schon in meinem „Zweckgesetz" geltend gemacht habe: Der Mensch und das Tier leben ganz von Gnaden der Pflanzenwelt, die allein aus anorganischen Rohstoffen organische Nahrung aufbauen kann; also ist mindestens die grüne Pflanzenwelt als Ganzes in ihrem Bestand notwendig für die Erhaltung und Fortbildung der „höheren" Typen. Diese Ernährungstätigkeit der grünen Pflanzen hängt aber ihrerseits ganz und gar von der Anwesenheit bestimmter Bodenbakterien ab, welche allein imstande sind, die durch Verwesung der Tier- und Pflanzenleichen in den Boden zurückkehrenden Stickstoffmengen in die für die Ernährung der meisten grünen Pflanzen brauchbare chemische Form der Salpetersäure umzuwandeln. So hängt schließlich die Existenz der ganzen höheren Organismenwelt schon von dem Fortbestand dieser „niederen" Organismenformen ab! Die „niedrigen" Formen sind mit dem Entstehen der „höheren" nicht überflüssig geworden, und deshalb werden sie nach wie vor von der Natur „mitgeschleppt".

Vielleicht widerspricht aber dieser „Wettbewerb" des Einzelnen gegen das Einzelne (dem allerdings ebenso viel „Zusammenwirken" gegenübergestellt werden kann) dem Begriff des „Willens" und dem eines vitalseelisch „Einheitlichen"?

Wohl kaum. Dieses ganze Buch soll ja in erster Linie der Idee Ausdruck und tatsächliche Unterlage geben, dass wir in unserem Wollen nur eine Sondertätigkeit eines übergeordneten, allgemeinen Lebens- und Daseinswillens zu sehen haben.

Wenn wir derart im menschlichen Lebenstrieb nur ein ver-
kleinertes, sozusagen durch das Brennglas unserer intellektuellen
Funktionen hindurchgegangenes Abbild jenes allgemeinen
Naturwillens sehen, dann verliert der Umstand, dass auch dieser
universelle Lebens- und Daseinswille im Zerstören aufbauend
wirkt, jede Widersinnigkeit. Ebenso ist auch der „Wettbewerb der Intelligenzen" ein Naturgesetz. Wie die
Natur den Wettbewerb der Körper will, indem sie ihre eigenen
Produkte nicht nur für-, sondern auch gegeneinander wirken
lässt, so will sie auch den Wettbewerb der Intelligenzen. Wenn
nicht, so hätte sie die Gehirne nicht so verschieden werden lassen.
Widerstand erzeugt Kraft, Not und Gefahr machen erfinderisch.
Das gilt für die ganze Natur. Wie der Wettbewerb der körperlichen Individualitäten (man denke nur an den Parasitismus!) in
Umgestaltung der Organe zu Angriff und Abwehr neu
schöpferisch wurde, so wird dies auch der Wettbewerb der Gedanken und Ideen. Was als Selbstvernichtung des Lebenstriebs
erscheinen will, ist gerade Lebenstrieb in erhöhter Aktivität! Also
freuen wir uns des Wettbewerbs der Intelligenzen als etwas
Natürlichen, der Naturintelligenz Entsprechenden. Bleiben wir
dem sonnigen Optimismus treu: nach Finsternis folgt das Licht,
aus scheinbarer Vernichtung folgt neuer Höherflug des Lebenstriebs, der Lebensvernunft!

Doch kann ich wohl diese philosophischen Gedanken zum
umfassenderen Einblick in das Walten der Naturintelligenz
wieder abschließen: Ein Erfassen der Wirklichkeit, soweit dieses
dem Menschengeist überhaupt möglich ist, kann nur auf dem
Weg erreicht werden, dass der Mensch die Wesensgleichheit
seiner Sondererscheinung mit der ganzen Natur erkennen lernt.
Nicht aus fremder Welt in diese Welt ist der Mensch gesetzt; er ist
ein Schössling dieser Welt, aber kein Erzeugnis blinder Zufälligkeit, sondern ein Teilgedanke des Weltgeistes, ein Atemzug der
Weltseele. Diese Wesensgleichheit mit der ganzen Natur zu erfassen, ist für den Menschen (wenigstens heute noch) ein hartes
Ding. Aber die Wesensgleichheit mit dem Gesamtleben zu begreifen, das vermag er heute schon, wenn er alle Scheuklappen

200

von sich wirft. Der Weg ist offen. Die Ausgangspforte aber zu dem neuen Weg, das Sprungbrett in eine neue Region des Empfindens und Denkens bildet das so wenig gekannte und so gering geschätzte Pflanzenleben! Nur wer dieses in seinen Grunderscheinungen kennt und richtig einzuschätzen weiß, vermag, aufsteigend zu den höheren Lebensstufen, des Widerspruches zwischen „Welt und Ich", den er in seinem eigenen Bewusstsein vorfindet, Herr zu werden.

# Haben Pflanzen Bewusstsein?

*von Klaus-Dieter Sedlacek*

## Regulation und Bewusstsein

Das Bio-Regulationssystem eines Lebewesens ist die Gesamtheit der Prozesse, welche die Steuerung seiner biologischer Aktivitäten übernimmt. Es enthält alle Regulationsmechanismen bzw. Regelkreise innerhalb seines Organismus.

Der Regelkreis stellt ein universelles Prinzip dar und kommt immer dann vor, wenn ein Ziel (Normalwert) oder ein Gleichgewicht angestrebt wird, das sich aufgrund von Störeinflüssen oder infolge labiler bzw. indifferenter Gleichgewichtssysteme nicht von alleine einstellt.

Ein biologisches System bleibt nur deswegen intakt, weil vorhandene Regelkreise lebensgefährlichen Störeinflüssen entgegenwirken. Zum Beispiel erreicht eine mit Geißeln ausgestattete Mikrobe höchstens zufällig den Ort der Futtersubstanz, würde seine Fortbewegung trotz aller Störeinflüsse nicht durch einen Regelkreis immer wieder zum Zielort ausgerichtet.

Ein Regelkreis benötigt mindestens drei Komponenten, um zu funktionieren. Einmal den Regler selbst, der durch Steuerungsinformationen in Form elektrischer oder biochemischer Signale oder durch Licht Sorge dafür trägt, Zielwerte korrekt anzusteuern. Zielwerte sind entweder abgegriffene Normalwerte eines biologischen Systems oder auch übergeordnete Zielwerte (Metazielwerte) des Zellverbandes, dem die Zelle angehört. Eine zweite, wichtige Komponente eines Regelkreises schließt die Gruppe der Effektoren ein, die den Zustand eines Systems ändern kann. In Zellen und Zellverbänden werden diese Stellglieder aktiviert durch Veränderung der Zellaktivität und der Durchlässigkeit der Zellmembran. In vier Bereichen besteht eine Möglichkeit, Änderungen vorzunehmen:

1. Stoffwechselaktivität

2. Reproduktionsaktivität

3. Sekretionsaktivität (z. B. Hormonproduktion)

4. Aktivitätsänderung der Muskelzellen

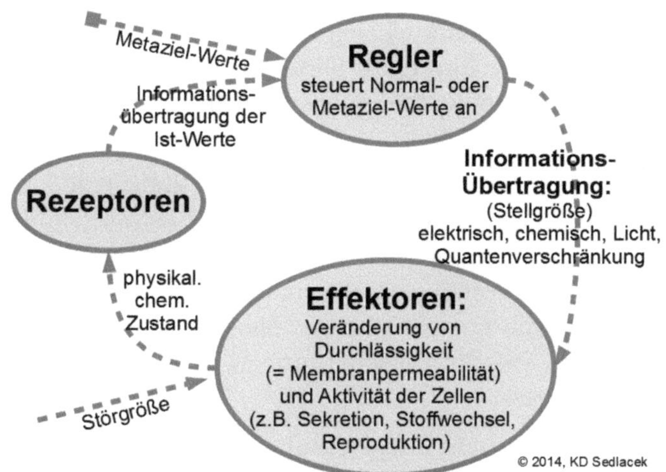


Abb. KK: Verallgemeinerte Darstellung eines biologischen Regelkreises. In der untersten Stufe eines Regelkreissystems ist der Regler im Protoplasma der einzelnen Zellen ansässig. Die Effektoren beeinflussen die Stoffwechselaktivität, Reproduktionsaktivität, Hormonproduktion oder die Aktivität von Muskelzellen. Eine wichtige Funktion des Regelkreises ist die Verarbeitung der anfallenden Information. Grafik: Sedlacek

Damit der Regler überhaupt sinnvolle Steuerungsinformationen für die Effektoren ausgeben kann, benötigt er Informationen über den aktuellen Zustand des Systems, d. h. in unserem Fall des Körpers. Diese Informationen liefern ihm in biologischen Systemen die Rezeptoren. Um den Regelkreis komplett zu machen, bedarf es noch des Informationsaustausches zwischen den drei Komponenten. Unserer bisherigen Erkenntnis nach erfolgt der Informationsaustausch elektrisch (Nervenzellen), biochemisch (etwa durch Hormone), durch Licht oder durch Quantenverschränkung. Jede dieser Formen ist gleichzeitig mit einer Art Energieübertragung verbunden.

Das Bio-Regulationssystem ist also etwas Leitendes und dabei zweckmäßig Wirkendes. Man kann es als ein Willens-Prinzip, eine

Art geistiges Prinzip ansehen. In der technisch-wissenschaftlichen Ausdrucksweise bezeichnet man so ein geistiges Prinzip als ein informationsverarbeitendes System.

Dem informationsverarbeitenden System kommt ganz allgemein das Merkmal der Unbewusstheit zu; denn selbst in uns Menschen erfolgen alle Lebenserscheinungen, z. B. die Ernährungsvorgänge, durchaus ohne dass wir uns ihrer bewusst würden. Als Beispiel wählen wir ein leicht verständliches aus der Tierwelt:

Im Laufe ihres Lebens haben Tiere eine Folge von Entscheidungen zu treffen: wann sie sich bewegen und wohin, wo sie ein Nest bauen sollen, was sie essen, ob sie kämpfen oder fliehen sollen, mit wem sie eine Gemeinschaft eingehen oder mit wem sie sich paaren. Ohne Entscheidungen bleibt ihr Überleben dem Zufall überlassen. Falsche Entscheidungen zu treffen, reduziert ihre biologische Fitness.

Eine der wichtigsten Entscheidungen, die ein Tier treffen muss, ist die Wahl eines Lebensraums. Der Lebensraum muss ein sicherer Platz für ein Nest sein, Nahrung in der Umgebung und Zugang zu Sexualpartnern bieten. Beispielsweise wählen Seevögel Klippen oder Felsen im Meer, um zu nisten, weil diese Orte Schutz vor Raubtieren bieten. Tiere, mit einer spezifischen Ernährungsweise wählen Lebensräume, in denen ihre Nahrungsquelle reichlich vorhanden ist. Also verwenden Tiere Merkmale, um einen geeigneten Lebensraum auszuwählen.

Für viele Arten ist die Anwesenheit von Artgenossen ein wichtiges Merkmal für die Eignung eines bestimmten Ortes als Lebensraum. Die Beobachtung von Artgenossen liefert ihnen Informationen über die Qualität des Lebensraums. Halsbandschnäpper (Ficedula albicollis) zum Beispiel, die in ihren Brutgebieten im Frühjahr ankommen, inspizieren regelmäßig die Nester ihrer Nachbarn und anderer Individuen.

Forscher vermuten, dass Halsbandschnäpper die Qualität eines Lebensraums danach beurteilen, wie gut es den Individuen in ihrer Nachbarschaft geht. Die Beobachtung der Bruten in der

Nachbarschaft liefert den Vögeln Informationen, ob es in der Umgebung ausreichend Nahrung oder sogar einen Nahrungsüberschuss gibt. Um ihre Hypothese zu testen, vergrößerten die Forscher in einigen Gebieten die Bruten, indem sie Jungvögel aus den Nestern anderer Gebiete entnahmen und im Testgebiet zusätzlich einsetzten. Und tatsächlich, im folgenden Jahr siedelten die Halsbandschnäpper vorzugsweise an jenen Orten, an denen die Forscher die Bruten künstlich vergrößert hatten. Die großen Bruten waren für die Vögel das Merkmal für vorhandenen Nahrungsüberfluss.

Auch wenn die Wahl der Tiere in dem einen oder anderen Beispiel sehr einfach erscheint, kann man die Entscheidungen nicht ohne Weiteres als angeborene Reaktionen auf den stärksten Umweltreiz abtun. Unzweifelhaft sammeln die Tiere zunächst Informationen, bevor sie sich entscheiden. Diese Informationen müssen verarbeitet werden. Die Informationsverarbeitung enthält einen Prozess, der zum Wiedererkennen beobachteter Merkmale führt. Wiedererkennen bedeutet, dass ein wahrgenommener Gegenstand als übereinstimmend mit einem Gedächtnisinhalt festgestellt wird. Dieser Gedächtnisinhalt kann angeboren oder durch eine frühere Erfahrung erworben sein. Das Wiedererkennen führt zu einer Bewertung, die einen mehr oder weniger starken Reiz in Richtung einer Entscheidung ausübt.

Nun wird es so sein, dass nicht auf das erst beste wiedererkannte Merkmal sofort die Entscheidung folgt. Wenn keine Auswahl unter verschiedenen Entscheidungsmöglichkeiten vorgenommen wird, würde sich eine Art kaum an verändernde Umweltbedingung anpassen können, indem es die unter gegebenen Umständen bestmögliche Wahl trifft.

Die Beobachtung der Tierwelt zeigt häufig eine große Anpassungsfähigkeit an wechselnde Umweltbedingungen, sodass wir ausschließen können, Tiere würden keine echte Wahl treffen und sich ausschließlich vom Zufall treiben lassen.

Echte Wahl bedeutet, dass mindestens zwei gleiche Merkmale wiedererkannt und so bewertet werden, dass daraus Entscheidungen folgen. Zwei oder mehr Bewertungen führen zu gleich vielen Reizen, die miteinander verglichen werden. Die Entscheidung wird für den stärksten Reiz fallen. Man kann so eine Entscheidung als determiniert ansehen, und durch „angeborenes Verhalten" erklären.

Doch auch jetzt ist die Erklärung der Entscheidung nicht ganz so einfach, wie es scheint. Es wird sich nämlich häufig der Fall ergeben, dass zwei oder mehr erkannte Merkmale zu gleich starken Reizen führen. Es gibt dann offensichtlich keine wesentlichen Unterschiede in dem Wiedererkannten. Beispielsweise kann es sein, dass die Seevögel keine wesentlichen Unterschiede zwischen dem einen oder anderen Felsen erkennen, den sie zwecks Entscheidung für einen Nistplatz inspizieren. Oder Halsbandschnäpper werden womöglich keine Unterschiede in den verschiedenen Bruten ihrer Umgebung entdecken.

Jetzt kann es keine Entscheidung mehr auf der Basis des stärksten Reizes geben, weil es keine Unterschiede in der Reizstärke gibt. Wie sich das Tier entscheidet, kann durch kein Experiment mehr vorhergesehen werden. Einmal entscheidet sich das Tier für den einen, ein andermal für den anderen Lebensraum. Die Entscheidung ist nicht determiniert und lässt sich deshalb nicht allein durch „angeborenes Verhalten" erklären. Hier bedarf es eines weiteren Erklärungsmodells.

So ein weiteres Erklärungsmodell finden wir, wenn wir Tieren eine Art Bewusstsein zugestehen. Eine mit der Naturwissenschaft zu vereinbarende Definition von Bewusstsein findet sich im nächsten Kapitel mit der Überschrift „Der allgemeine Nachweis von Bewusstseinsprozessen".

Durch diese Definition ist zwar noch kein höheres Selbstbewusstsein definiert, aber sie enthält die Mindestanforderungen, die Verhaltenspsychologen als Kriterien für das Vorhandensein von Bewusstsein aufgestellt haben.

Analysieren wir die Entscheidungen der Tiere, so stellen wir fest:

1. Es ist ein informationsverarbeitender Prozess, der letztlich zur Entscheidung führt.

2. Zumindest bei der Wahl des Lebensraums kommt es zur Konfrontation mit neuen Anforderungen.

3. Bei gleich starken Reizen kommt es zu nicht determinierten Entscheidungen.

4. Und schließlich befriedigen die Entscheidungen zumindest das oberste Bedürfnis, nämlich das Leben zu erhalten. Wenn man genauer hinschaut, erkennt man, dass mit einer Entscheidung auch untergeordnete Bedürfnisse befriedigt werden (Nahrung, Vermehrung, Sicherheit usw.).

Das bedeutet, die Entscheidungen, welche die Tiere treffen müssen, sind bewusste Entscheidungen, weil sie die Kriterien für Bewusstsein erfüllen, wie sie im nächsten Kapitel aufgeführt werden.

## Der allgemeine Nachweis von Bewusstseinsprozessen

*(erstmals veröffentlicht in Sedlacek, „Der Widerhall des Urknalls", S. 135 ff)*

Das Phänomen Bewusstsein ist bis heute mit einem grundlegenden Makel behaftet: Es existiert keine allgemein anerkannte Definition, was Bewusstsein überhaupt ist. Das lässt Bewusstsein für Physiker, Informatiker und jenen Forschern, die sich den exakten Naturwissenschaften verpflichtet fühlen, zum Tabuthema werden, von dem man als ernsthafter Wissenschaftler lieber die Finger lässt. Doch solche Tabus sollte es in der Wissenschaft eigentlich nicht geben. Besser wäre es, den Weg für eine operationale Behandlung des Themas zu ebnen. Bevor wir möglicherweise Bewusstsein bei Pflanzen feststellen können, müssen wir eine naturwissenschaftlich orientierte Definition von Bewusstsein aufstellen.

Bisher haben wir kein geeignetes Kriterium, um zu entscheiden, ob eine beliebige Entität Bewusstsein zeigt. Selbst bei unserem menschlichen Nachbarn bleibt uns ein Rest an Zweifel. Größer wird der Zweifel bei einem Tier oder gar einem Kunstprodukt. Um zu einem definitiven Entscheidungskriterium zu kommen, können wir das Verhalten von Mensch, Tier oder einem Roboter beobachten, interpretieren und in Merkmalskategorien einordnen. Dabei werden wir feststellen, dass es Schlüsselmerkmale gibt, die bestimmten Funktionen zuordenbar sind.

Ein Schlüsselmerkmal ist eine wesentliche Eigenschaft, die ein System, eine Funktion, einen Prozess oder sonst eine Entität von anderen unterscheidet.

Beispielsweise ist beim System Schloss mit Schlüssel die Bartform des Schlüssels so ein Schlüsselmerkmal. Ihm kann die Funktion des Schließens zugeordnet werden. Dagegen lässt sich nicht mit Sicherheit sagen, wie die Konstruktion des Schließmechanismus ausgeführt ist, aber das ist wie oben erwähnt, auch nicht nötig. Beim Wecker ist der Einstellknopf für die Weckzeit ein Schlüsselmerkmal, das der Weckfunktion zugeordnet ist.

Verhaltensbiologen können auf dem Gebiet tierischen Verhaltens zahlreiche Schlüsselmerkmale finden, die komplexen geistigen Prozessen wie Denken und Fühlen zuordenbar sind. Beispielsweise erfordern manche Strategien und Tricks, die Schimpansen anwenden, ein Verständnis der Bedeutung von Signalen und sozialem Status von Artgenossen, sowie die Beurteilung der Vorlieben und Interessen dominanter Rivalen um begehrtes Futter.

Wie die britische Verhaltensforscherin Jane Goodal und andere Feldforscher berichten[25], wird untergeordneten Schimpansen aufgefundenes Futter in der Regel wieder abgenommen, wenn sie beim Auffinden von dominanten Artgenossen beobachtet werden. Schimpansen überwachen sich gegenseitig und verfolgen die Blicke der anderen Gruppenmitglieder.

---

25 Gould, James L. & Gould, Carol Grant: *Bewusstsein bei Tieren;* Spektrum, Heidelberg (1997), S. 186

Doch die untergeordneten Tiere sind kreativ und finden immer neue Tricks, um das Futter für sich behalten zu können. Ein neuer Trick oder eine List kann allerdings nicht allzu häufig wiederholt werden, da er meist nur kurzzeitig funktioniert.

Eine im sozialen Rang weit unten stehende Schimpansin hat einmal die neue List angewandt, am Ort des entdeckten Futters erst vorbeizugehen und so zu tun als habe sie nichts gefunden. Dann aber wandte sie sich blitzschnell um und griff danach.

Als das nicht mehr funktionierte und ein dominantes Männchen ihr dennoch das Futter abnahm, kam sie auf den Trick sich auf das Futter zu setzen. Erst nachdem die Luft rein war und die übrige Schimpansengruppe anfing an anderer Stelle nach Futter suchen, verzehrte sie ihren Fund.

Goodal berichtete auch über einen Fall, bei dem eine Banane auf dem Ast eines Baumes versteckt wurde. Ein untergeordnetes Männchen entdeckte die Frucht zuerst. Aber anstatt die Banane vom Baum zu holen oder auch nur im Auge zu behalten, saß es einfach da und schaute so lange weg, bis es alleine unterm Baum war. Danach holte es sich die Frucht, um sie in Ruhe zu verspeisen.

Die Berichte mögen einen anekdotenartigen Charakter haben. Doch darf man sie nicht einfach als unwissenschaftlich abtun, denn die Beobachtungen wurden von erfahrenen Forschern angestellt. Es liegt auch in der Natur der Sache, dass Neuartigkeit nicht wiederholbar ist, sondern immer nur aus einem einzigartigen Ereignis besteht. Deshalb greift die wissenschaftliche Forderung nach Wiederholbarkeit von Versuchen ins Leere, wenn Tiere neuartige Lösungen finden sollen. Die Wiederholung der gleichen neuartigen Lösung ist nicht möglich.

Wenn man diese Berichte der Feldforscher nach Schlüsselmerkmalen durchforstet, findet man für das oben beschriebene Verhalten der Schimpansen den Begriff „Täuschung".

Richard Byrne und Andrew Whiten von der amerikanischen University of St. Andrews empfehlen Täuschung bei Tieren anhand von vier Kriterien festzustellen[26]:

*„Erstens sollte das Verhalten des täuschenden Tieres Teil eines normalen Verhaltensrepertoires sein ... Zweitens dürfen die Verhaltensweisen nur selten für eine Täuschung eingesetzt werden ... Drittens muss das Verhalten so eingesetzt werden, dass ein anderes Tier es wahrscheinlich falsch auslegen wird. Und viertens muss der Täuschende durch seine Täuschung irgendetwas erreichen."*

Täuschung geht einher mit einem weiteren Schlüsselmerkmal, nämlich der gedanklichen Vorwegnahme von Handlungsschritten zur Erreichung eines Ziels. Die Schimpansen zeigen zudem Flexibilität anstelle eines unveränderlichen automatisierten Verhaltens. Sie beweisen Kreativität beim Erfinden neuer Tricks und der Lösung von Aufgaben, wie das Futter für den Eigenverbrauch gerettet werden kann. So ein Verhalten bezeichnet man auch als Planung. Planung ist ein komplexer geistiger Prozess.

Nun haben wir Schlüsselmerkmale, die möglicherweise auf Bewusstsein hindeuten, aber es fehlt immer noch ein Kriterium um zweifelsfrei im Verhalten einer beliebigen Entität, einem Tier oder einem meiner mir lieb gewordenen Mitmenschen das Werk eines bewussten Geistes zu entdecken. Ich möchte im folgenden Absatz das Problem stark überzeichnet darstellen, damit deutlicher wird, worum es geht.

Es gibt Ähnlichkeiten im Verhalten meines Mitmenschen mit meinem eigenen und ich setze voraus, dass ich mir selbst bewusst bin, wenn ich nicht gerade schlafe. Doch die Ähnlichkeiten seines Verhaltens mit meinem könnten genauso gut ohne Bewusstsein erreicht werden. Er könnte vor Schmerz das Gesicht verziehen, vor Freude lachen und mir versichern, er habe Bewusstsein. Die Logik sagt mir dennoch, dass das nicht unbedingt ein Beweis für

---

26   Dawkins, Marian Stamp: *Die Entdeckung des tierischen Bewußtseins*; Spektrum, Heidelberg (1994), S. 177

sein Bewusstsein ist. Vielleicht ist er nur ein ausgezeichnet konstruierter Automat ohne wirklich bewusste Gefühle. Die Hypothese, mein Mitmensch sei ein Automat ohne Bewusstsein, kann aus Sicht der Wissenschaft nicht von vornherein abgetan werden. Ich möchte aber meinem Mitmenschen gern Bewusstsein zugestehen. Was ist zu tun, um das Dilemma zu lösen?

Wenn sich beispielsweise die Wissenschaftlergemeinde zu großen Teilen einig wäre, ein Schlüsselmerkmal wie Täuschung oder Planung für das Vorhandensein von Bewusstsein anzuerkennen, dann muss sie nicht nur meinem Mitmenschen, sondern auch zweifellos Schimpansen Bewusstsein zusprechen.

Die Fachwelt geht tatsächlich davon aus, dass Schimpansen Bewusstsein zeigen, allerdings nicht aufgrund des Täuschung-Merkmals, sondern aufgrund eines Verhaltenstests mit der Bezeichnung Fleck- oder Spiegeltest.

Leider kann von genereller Einigkeit unter Wissenschaftlern nicht die Rede sein. Der Flecktest kann auch nur in sehr speziellen Fällen angewandt werden und so möchte ich einen kleinen Umweg einschlagen, um das Phänomen Bewusstsein nachzuweisen.

Es gibt nämlich noch die andere Hypothese, dass mein Mitmensch doch Bewusstsein zeigt, weil auf sein Verhalten die gleichen Schlüsselmerkmale zutreffen wie auf mein eigenes.

Nun haben wir zwei einander ausschließende Hypothesen. Um zu entscheiden, welche davon die bessere ist, gibt es in der Wissenschaft ein bewährtes und anerkanntes Instrument. Das ist Ockhams Rasiermesser. So wird die Regel bezeichnet, nach der man, um etwas zu erklären, so wenig Faktoren einführen soll, wie möglich.

Wenn bei zwei einander widerstreitenden Hypothesen die eine mehr Faktoren benötigt, um den gleichen Sachverhalt zu erklären, als die andere, schneidet man die Hypothese mit den zu vielen Faktoren einfach weg (Rasiermesser).

Die Hypothese, mein Mitmensch sei ein ausgezeichnet konstruierter Automat, aber ohne Bewusstsein, führt auf weitere

Fragen, die sich kaum beantworten lassen und auf immer abenteuerlicher werdende Erklärungen. Eine solche wäre z. B. „Außerirdische haben sich gegen mich verschworen, um mir eine Welt bewusster Wesen vorzugaukeln, die in Wirklichkeit aber nur von seelenlosen Robotern besiedelt ist." Aus wissenschaftlicher Sicht muss so eine Hypothese weggeschnitten werden.

Im Gegensatz dazu ist folgende Hypothese bestechend einfach: „Wenn im Verhalten einer Entität bestimmte Merkmale zu erkennen sind wie Flexibilität, Kreativität oder das Auffinden neuartiger Lösungen, dann zeigt sie Bewusstsein". Formuliert man diese Hypothese unter Verwendung von Schlüsselmerkmalen, dann kann sie sogar als Definition für Bewusstsein dienen.

Akzeptieren wir bestimmte Schlüsselmerkmale im Verhalten einer Entität als Kennzeichen für Bewusstsein, wäre es kaum zu begründen, Tieren Bewusstsein abzusprechen, wenn deren Verhalten ebenfalls die Schlüsselmerkmale für Bewusstsein aufweist. Im Vergleich zur einfachsten Hypothese, nämlich diesen Tieren Bewusstsein zuzuschreiben, würden die andernfalls notwendigen weiteren Erklärungen Ockhams Rasiermesser nicht überstehen.

Bewusstes Verhalten ist das Gegenteil von automatischem Verhalten. Das bedeutet nicht, dass automatisches Verhalten nicht bewusst erlebt werden kann. Doch bewusstes Erleben ist etwas anderes als bewusstes Verhalten und nicht vom intentionalen Standpunkt aus zu beobachten.

Wir haben schon jenes Merkmal entdeckt, welches das Gegenteil von automatischem Verhalten kennzeichnet und somit zum Schlüsselmerkmal für bewusstes Verhalten wird. Es ist die Planung.

Was unterscheidet Planung von automatisch ablaufendem Verhalten? Der Planungsvorgang ist zielgerichtet und dient zur Entwicklung einer Idee, die anfangs vielleicht nur vage vorhanden ist. Dazu ist ein Gedächtnis und die Einsicht in die Gegebenheiten und Veränderungen der Umwelt Voraussetzung. Wer plant, muss sich das mögliche Ergebnis vorstellen können. Zudem ist ein hohes Maß an Flexibilität notwendig, um die

Fesseln des Instinkts abzustreifen und Kreativität, um neuartige Lösungen für Probleme zu finden. Flexibilität bedeutet unter anderem die freie Wahlmöglichkeit zwischen angeborenen Verhaltensmustern (fixen Unterprogrammen).

Auch wenn eine Entität grundsätzlich Bewusstsein zeigt, muss nicht jedes Verhalten geplant sein. Planung wird gewöhnlich erst dann initiiert, wenn sich die äußeren Umstände geändert haben oder wenn Lösungen auf neue Anforderungen der Umwelt gefunden werden müssen oder wenn zwischen Alternativen entschieden werden muss. Planung und automatisch ablaufendes Verhalten kommen abwechselnd und gemischt vor, wie wir nicht nur von uns selbst wissen, sondern beispielsweise auch im Verhalten der Schimpansen beobachten können.

Zur Planung gehört ein Ziel. Das Ziel untergeordneter Schimpansen ist es, die von ihnen gefundene Nahrung für sich selbst zu behalten. Es gibt in der Tierwelt und nicht nur dort, weitere Ziele, die im Zusammenhang mit Planung auftreten und von Verhaltensforschern dokumentiert wurden, z. B. Fortpflanzung, Sicherheit (Vermeidung von Lebensgefahr) usw.[27]

Schließlich gehört zur Planung auch das Abwägen von Alternativen. Den Schlusspunkt des Planungsvorgangs bildet die Wahl (Entscheidung) für eine der möglichen Handlungen. Diese Entscheidung ist „vernünftig" bezogen auf die Überzeugungen und Wünsche (Ziele) des Akteurs. Trifft der Akteur eine Wahl zwischen gleichwertigen Alternativen, ist nicht vorhersehbar (nicht determiniert), für welche der Möglichkeiten die Entscheidung fällt.

Wer oder was ist dieser Akteur, der die Entscheidung trifft? Ist es, wie der Philosoph Dennet meint, die Entität selbst (Mensch, Tier, Kunstprodukt, was es auch sei), die sich wie ein vernünftig handelnder Akteur verhält? Ich denke, Dennets Sichtweise ist zu pauschal. Wir wissen, dass Bewusstsein ein informationsverarbeitender Prozess ist. Die einzige Möglichkeit, wie bewusste Entscheidungen getroffen werden können, ist während dieses

---

27  vgl. Gould (1997) oder Dawkins (1994)

Prozesses. Deshalb ist der Akteur ein Teilprozess innerhalb vom Bewusstsein.

Folgende Definition, die von mir aus Schlüsselmerkmalen abgeleitet wurde, hat sich bewährt bei der Erkennung von Bewusstsein:

- *Bewusstsein* ist …
  … ein informationsverarbeitender Prozess, …
  … in dem bei neuen Anforderungen oder geänderten äußeren Umständen nicht determinierte Entscheidungen zwischen Handlungsalternativen getroffen werden, …
  … die zu zielgerichtetem Verhalten zur Befriedigung von Bedürfnissen führen.

- Ein *Bedürfnis* ist die Neigung ein Ziel zu verfolgen.

- *Selbstbewusstsein* ist eine höhere Bewusstseinsform, die bei Menschen oder u.a. auch bei Bonobos vorgefunden wird.

- *Primärbewusstsein* ist bei Lebewesen ein informationsverarbeitender Prozess unterhalb der Stufe des Selbstbewusstseins, bei dem die Kriterien für Bewusstsein erfüllt sind. Unter anderem zählt das Unterwusstsein zum Primärbewusstsein.

- *Elementarbewusstsein* ist eine elementare Bewusstseinsform, welche die Kriterien für Bewusstsein erfüllt und die bei Quanten, Elementarteilchen oder „toter" Materie vorgefunden werden kann.

Informationsverarbeitende Prozesse, welche die Kriterien für Bewusstsein erfüllen, sind ganz wesentlich dafür verantwortlich, dass Lebewesen in einer sonst lebensfeindlichen Atmosphäre, etwa tief in einer Eishöhle, in Tiefseeschloten, Geysirquellen oder anderen extremen Lebensräumen existieren. Ohne die Hilfe eines Bewusstseinsprozesses wäre es nicht möglich, sich auf die äußeren Umstände einzustellen, die von Lebensraum zu Lebensraum extrem unterschiedlich und bestimmt auch nicht immer konstant sind, sondern Schwankungen unterliegen.

Es ist wohl so, dass die Mitglieder der Lebensgemeinschaft in ihren extremen Lebensräumen jeder für sich, und hinsichtlich ihrer eigenen Bedürfnisse nicht determinierte Entscheidungen treffen müssen, um am Leben zu bleiben und um sich replizieren zu können. Einfache Bewusstseinsprozesse sind wesentlich für den Fortbestand auch auf den untersten Stufen des Lebens. Deshalb wollen wir nun im folgenden Kapitel untersuchen, ob wir Pflanzen wenigstens rudimentäre Form von Bewusstsein zusprechen können.

## Der Nachweis von Bewusstsein bei Pflanzen

Wenn wir Bewusstsein bei Pflanzen nachweisen wollen, brauchen wir gemäß unserer Definition nur die Übereinstimmung mit den Kriterien festzustellen.

Relativ einfach ist es das Kriterium *„zielgerichtet*em Verhalten zur Befriedigung von Bedürfnissen" zu beobachten. Welche Bedürfnisse hat die Pflanze? Oder mit anderen Worten welchen Zielen mag sie folgen. Das Kapitel „Das pflanzliche Empfindungsvermögen" hat darüber ausführlich Auskunft gegeben. Pflanzen wollen natürlich in erster Linie ihren „Lebenstrieb" befriedigen. Das mag nun ein wenig allgemein sein. So wollen wir dieses oberste Ziel herunterbrechen in Teilziele. Die wichtigsten Teilziele der Pflanze sind das Befriedigen der Bedürfnisse nach Wasser, Licht und Nährstoffen. Die Pflanze sucht unter allen Umständen diese drei Grundbedürfnisse zu befriedigen. Das mag uns schon genügen, um Bewusstsein nachweisen zu können. Dennoch hat eine Pflanze offensichtlich auch weitere Bedürfnisse wie die Abwehr von Fressfeinden oder ihre Nachkommenschaft (Vermehrung) zu sichern. Und auch das sind bestimmt noch nicht alle Bedürfnisse der Pflanze. Wenn wir nur das erwähnte Kapitel noch mal aufmerksam lesen, werden wir weitere Bedürfnisse feststellen. Ich denke, wir können also das Kriterium „zielgerichtetes Verhalten zur Befriedigung von Bedürfnissen" als nachgewiesen abhaken.

Das nächste Kriterium, das sich ebenso leicht bestätigen lässt ist das Kriterium „informationsverarbeitender Prozess". Im Kapitel „Regulation und Bewusstsein" (S. 202 ff) haben wir festgestellt, dass das intelligente Wirken der Pflanzen durch Bio-Regulationssysteme gesteuert wird. Und hinter den diesem Regulationssystem steckt ein geistiges Prinzip, das wir informationsverarbeitendes System genannt haben. Die Elemente von informationsverarbeitenden Systemen sind unter anderem informationsverarbeitende Prozesse, also genau das, was auch die Grundlage von Bewusstsein ist. Das ganze Buch hat zudem als Thema die Intelligenz oder Vernunft der Pflanzen. Und da ich glaube, dass wir es als erwiesen betrachten können, dass Pflanzen nicht dumm sind, sondern im Gegenteil uns immer wieder durch ihre intelligenten Lösungen verblüffen, ist damit auch das Wirken von informationsverarbeitenden Prozessen nachgewiesen. Deshalb können wir dieses Kriterium auch als Gegeben abhaken.

Schwieriger ist das Kriterium „nicht determinierte Entscheidung zwischen Handlungsalternativen" zu bestätigen. Was für Handlungsalternativen hat denn eine Pflanze? Nun, das erste Beispiel von Handlungsalternativen habe ich bereits im einführenden Kapitel erwähnt. Dort ging es darum, wie sich die Gewöhnliche Berberitze gegen den Parasitenbefall ihrer Samen wehrt. Eine Beere der Berberitze enthält meist nur einen Samen, manchmal aber auch zwei oder mehr. Wenn die Pflanze ihre befallenen Samen abtötet und damit auch den Parasiten, dann wird ihr Bedürfnis, sich zu vermehren, nicht befriedigt. Wenn die Pflanze dagegen die Larve gewähren lässt und diese es schafft, sich zu entwickeln, frisst sie oft alle Samen in der Beere auf. Ein echtes Dilemma, das von der Pflanze eine Entscheidung fordert, um ihr Bedürfnis nach Vermehrung bestmöglich zu befriedigen.

Wie die Forscher nachgewiesen haben, löst die Pflanze ihr Dilemma auf folgende Weise:

*Enthielt die befallene Frucht zwei Samen, dann töteten die Pflanzen in 75 Prozent der Fälle den befallenen Samen ab, wodurch der zweite gerettet wurde. Enthielt die befallene Frucht dagegen nur einen Samen, dann töteten die Pflanzen nur in 5 Prozent der Fälle den befallenen Samen ab.*

Was sagt uns diese Feststellung des Verhaltens der Pflanze? Zunächst sagt sie uns, dass es sich nicht um ein determiniertes Verhalten handelt, denn Wahrscheinlichkeiten von 75 oder von 5 Prozent sind Wahrscheinlichkeiten, aber keine Determinierung. Determiniertes Verhalten hätten wir dann, wenn es in 100 Prozent der Fälle eintritt. Aber dem ist nicht so, wie die Forscher feststellten. Es existieren also Handlungsalternativen und eine nicht determinierte Entscheidung zwischen diesen Alternativen und die Entscheidung dient offensichtlich dazu, das Vermehrungsbedürfnis der Pflanze zu befriedigen.

Dieses Beispiel ist sicher nicht das einzige, wo sich Pflanzen entscheiden müssen und es auch tun. Der aufmerksame Leser des Buchs wird sich bestimmt die eine oder andere Situation vorstellen können, in denen sich die Pflanze ebenfalls entscheiden muss.

Fassen wir nun unsere Schlussfolgerungen zusammen, so können wir jetzt mit gutem Gewissen die unten folgende Aussage treffen. Die Aussage mag vielleicht nicht in voller Allgemeinheit für alle Pflanzen gültig sein, aber sie ist es zumindest für das erwähnte Beispiel der Berberitze. Selbstverständlich können wir nach wie vor nicht sagen, was die Pflanze fühlt und wie sie empfindet, doch das wurde im Rahmen des Buches bereits ausführlich besprochen. Und so gilt nun:

***Die Vitalseele der Pflanze ist ein Bewusstsein,***
*weil die Regulation der Pflanze durch informationsverarbeitende Prozesse erfolgt und sie bei geänderten äußeren Umständen nicht determinierte Entscheidungen zwischen Handlungsalternativen trifft, die zu zielgerichtetem Verhalten zur Befriedigung ihrer Bedürfnisse führen.*

# Stichwortverzeichnis

STICHWORTVERZEICHNIS

# BUCHTIPPS

### Abrupte Klimaschwankungen seit 2000 Jahren

Lokale und kosmische Ursachen eines Klimawandels. Herausgeber: Sedlacek, Klaus-Dieter (Hrsg.). Innerhalb der letzten zwei Jahrtausende sind verschiedene abrupte Klimaschwankungen nachweisbar. Der fortwährende Wandel des Klimas verzeichnete allein fünf große Klimaepochen und zahlreiche ...

### Anleitung zum Roman-Schreiben

Wie man anfängt, einen Plot entwickelt und eine gute Geschichte erzählt. Autor: Wilde, Oliver J. Sie wollen einen Roman schreiben? Das ist toll! Aber begnügen Sie sich nicht damit, nur einen Roman ...

### Äquivalenz von Information und Energie

Die Grundbausteine der Welt – Neuausgabe – Autor: Sedlacek, Klaus-Dieter. „Es stellt sich letztendlich heraus, dass Information ein wesentlicher Grundbaustein der Welt ist", versicherte der durch sein Quantenteleportationsexperiment bekannte Prof. Zeilinger in ...

### Besseres Gedächtnis

Wie man es stärkt, trainiert und einsetzt. Autor: Atkinson, Wilhelm Walker. Viele Menschen scheinen zu glauben, dass Erinnerungen einfach kommen und nicht gefördert werden können. Aber der Trugschluss einer solchen Vorstellung wird ...

### Der erdgeschichtliche Klimawandel

Den wahren Ursachen von Klimaschwankungen auf der Spur. Autor: Wilhelm Bölsche , Klaus-Dieter Sedlacek (Hrsg.). Der Klimazustand während der letzten Jahrhunderttausende ist im Wesentlichen auf den Einfluss von Sonneneinstrahlung zurückzuführen, die ...

### Der verborgene Mechanismus des Weltgeschehens

Der verborgene Mechanismus des Weltgeschehens Neue Erkenntnisse über die Gestalten biotechnischer Systeme der Welt Autoren: Sedlacek, Klaus-Dieter; Francé, Raoul H. Seit Jahrtausenden ist die Menschheit bestrebt, die Welt, in der sie lebt, erkennen ...

### Die geheimnisvolle Kultur der alten Kelten

Von Druiden, Fürstensitzen und der Lebensart unserer frühgeschichtlichen Vorfahren. Autor: Grupp, Georg Die Kelten zeichneten sich aus durch hohes handwerkliches Können, Handelsbeziehungen bis in den Süden Europas und tollkühnem Mut, der den ...

### Die Kultur der Azteken

Mit einem Anhang Große Landesausstellung Baden-Württemberg „Azteken" im Lindenmuseum. Autor: Prescott, William. „Von dem ganzen ausgedehnten Reich, das einst die Herrschaft Spaniens in der Neuen Welt anerkannte, ist kein Teil an Wichtigkeit ...

### Die Lebenskraft

Wie Enzyme, Bewusstsein und quantenbiologische Effekte das Leben regulieren Autoren: Sedlacek, Klaus-Dieter; Wrobel, Norbert Der Begründer der Quantenmechanik und Nobelpreisträger Erwin Schrödinger beschäftigte sich unter anderem mit der Frage: „Was ist Leben?" ...

### Die letzten Ursachen

Das Buch der Naturerkenntnis. Hrsg.: Sedlacek, Klaus-Dieter. Die klassischen physikalischen Theorien, zum Beispiel die klassische Mechanik oder die Elektrodynamik, haben eine klare Interpretation. Den Symbolen der Theorie wie Ort, Geschwindigkeit, Kraft beziehungsweise ...

### Durchblick Chemie

Praktische Grundlagen und Einführung in die anorganische, organische und Biochemie Klaus-Dieter Sedlacek, Lassar Cohn, Walther Löb Wollen Sie in unserer modernen Welt mitreden? Dann brauchen Sie den Durchblick! Dazu gehören auch Grundkenntnisse ...

### Einfach logisch denken!

Oder die Gesetze des Denkens. Autor: Atkinson, Wilhelm Walker In diesem Buch werden die Methoden und Prinzipien der korrekten Anwendung des Denkvermögens aufgezeigt, und zwar auf eine einfache und klare Weise, ohne ...

### Einsteins Relativitätstheorie ganz ohne Mathematik

Spezielle und allgemeine Relativitätstheorie Paul Kirchberger , Klaus-Dieter Sedlacek (Hrsg.) Man wird nicht selten gefragt, ob man eine Schrift wisse, die in die Einsteinsche Theorie für Laien so einführen könne, dass ...

### Epigenetik-Experimente

Neuvererbung oder Beweise für die Vererbung erworbener Eigenschaften? Autor: Kammerer, Paul Der Biologe Paul Kammerer wurde durch seine Aufsehen erregenden Experimente zur Epigenetik berühmt. In einer seiner Versuchsserien verwendete er zwei Arten ...

### Freizeitvergnügen Sternenhimmel mit bloßem Auge

Wie man Sternbilder auffindet ohne Instrumente. Autor: Kirchberger, Paul. Der Anblick des gestirnten Himmels ist das Größte, das uns die Natur zu bieten vermag, und kein empfängliches Gemüt kann sich seinem Eindruck ...

### Gestalt-Psychologie

Einführung in die neue Psychologie vom Begründer der Gestaltpsychologie Kurt Koffka , Klaus-Dieter Sedlacek (Hrsg.) Kurt Koffka hat als forschender Psychologe für dieses Buch zur Einführung in die Psychologie einen besonderen ...

### Im dunkelsten Afrika

Die legendäre Emin-Pascha Expedition. Autor: Stanley, Henry M. Im Sudan, der ab 1821 unter die Herrschaft der osmanischen Vizekönige von Ägypten gekommen war, brach 1881 der Mahdiaufstand aus. Nach dem Abzug der ...

### Jenseits der Erscheinungen

Erkennbarkeit und Realität der Quantennatur. Autor: Schlick, Moritz. Es ist kein Zweifel, dass echte Erkenntnis der transzendenten Welt sehr wohl möglich ist. Die Wendung, zu der die Physik der letzten Jahre bzw. Jahrzehnte ...

### Klimaänderungen und Klimaschwankungen

Ursachen, historische Fakten und kosmische Einflüsse, sowie ein Anhang „Mittelalterliche Warmzeit" Eduard Brückner, Julius Hann , Klaus-Dieter Sedlacek (Hrsg.) Größere Klimaänderung und Klimaschwankungen können nicht ohne einen tiefgehenden Einfluss auf das ...

### Kultur erleben mit dem Wohnmobil in Frankreich

Vierzig kulturelle Highlights, Park- und Übernachtungsplätze sowie Navigations-Koordinaten Klaus-Dieter Sedlacek (Hrsg.) Dieser Wohnmobilführer ist anders. Er hilft uns, Kulturerlebnisse zu einem Genuss werden zu lassen. Er enthält die Beschreibung von vierzig kulturellen ...

### Leben in der Warmzeit der Erde

Aus den Urtagen vor dem heutigen Klimawandel Wilhelm Bölsche , Klaus-Dieter Sedlacek (Hrsg.) Der Weltklimarat schlägt Alarm. Die Lage spitzt sich zu: Die Erde erwärmt sich immer mehr. In diesem Buch geht ...

### Leonardo da Vinci

Seine naturwissenschaftlichen Studien und genialen Erfindungen Hermann Grothe , Klaus-Dieter Sedlacek (Hrsg.) Leonardo da Vinci versuchte, ein Phänomen zu verstehen, indem er es genau beobachtete und bis ins kleinste Detail beschrieb ...

### Liebesbeziehungen und deren Störungen

Lebensführung nach den Grundsätzen der Individualpsychologie. Autor: Alfred Adler , Klaus-Dieter Sedlacek (Hrsg.). Um einen Menschen ganz kennenzulernen, ist es notwendig, ihn auch in seinen Liebesbeziehungen zu verstehen ... Wir müssen ...

### Massenpsychologie am Beispiel Jan Bockelsons

Geschichte eines Massenwahns mit einer Einführung von Sigmund Freud Friedrich Reck-Malleczewen , Klaus-Dieter Sedlacek (Hrsg.) Der Begriff Massenhysterie oder auch Massenwahn bezeichnet eine starke emotionale Erregung in großen Menschenmengen. Auch massenhaft ...

### Meine erste Weltumseglung

Tagebuch einer epochalen Expedition James Cook , Klaus-Dieter Sedlacek (Hrsg.) James Cook unternahm seine erste Weltumseglung im Rahmen einer wissenschaftlichen Expedition, um den Durchgang des Planeten Venus vor der Sonnenscheibe – ...

### Mit der Beagle um die Welt

Bericht meiner Forschungsreise zum Galapagos-Archipel Charles Darwin , Klaus-Dieter Sedlacek (Hrsg.) Auszug aus Darwins Reisebericht: Ich habe die Reise mit zu tief empfundenem Entzü-cken gemacht, als dass ich nicht jedem Naturforscher empfehlen ...

### Peking – Paris im Automobil

Die legendäre 16.000 km – Rallye 1907. Autor: Barzini, Luigi. „Gibt es jemanden, der diesen Sommer eine Fahrt per Automobil von Peking nach Paris unternehmen wird?", fragte die Pariser Zeitung Le Matin ...

### Psychologische Verkaufskunst

Denk- und Handlungsweisen, Vorgangsweise und Abschluss. Autor: Atkinson, Wilhelm Walker. In der Psychologie der Verkaufskunst gibt es zwei wichtige Elemente, nämlich (1) Die Psyche des Verkäufers; und (2) die Psyche des Käufers. Das zu verkaufende ...

### The great god Pan / Der große Gott Pan – zweisprachig

Horror story English – German / Horror Geschichte Englisch – Deutsch. Autor: Machen, Arthur. The Great God Pan is a horror and fantasy novel by the Welsh writer Arthur Machen. Machen was ...

### Treibhauseffekt und Klimawandel

Energiewende, ja bitte, aber nicht wegen CO2. Von Sedlacek, Klaus-Dieter (Hrsg.) Dieses Buch dokumentiert zum Thema Klimawandel und CO2 teils unbequeme wissenschaftliche Fakten bzw. Meldungen und die dazugehörigen Quellen. Sie sind eingeladen, ...

### Unsterbliches Bewusstsein

Raumzeit-Phänomene, Beweise und Visionen – Taschenbuchausgabe Klaus-Dieter Sedlacek In diesem Buch geht es weder um Glauben noch um Esoterik, sondern um Beweise. Glaubwürdige, wissenschaftliche Beweise, die in eine Form gepackt sind, dass ...

### Wege zur Physikalischen Erkenntnis

Meine wissenschaftliche Selbstbiographie, Reden und Vorträge Max Planck , Klaus-Dieter Sedlacek (Hrsg.) Diese erweiterte Neuauflage des Buchs „Wege zur physikalischen Erkenntnis" enthält neben der wissenschaftlichen Selbstbiographie folgende Vorträge: Die Einheit des physikalischen ...

### Wie intelligent sind Pflanzen?

Sensationelle Einblicke in die geheime Seite des pflanzlichen Wesens Autoren: Wagner, Adolf; Sedlacek, Klaus-Dieter In diesem Buch behandeln die Autoren Fragen zum Thema Intelligenz und Bewusstsein bei Pflanzen und geben Antworten. Der ...

### Wie man seinen Verstand benutzt

Und seine Willenskraft stärkt. Ein praktisches Handbuch der Psychologie. Autor: Atkinson, Wilhelm Walker. Der Mechanismus der psychischen Zustände – die geistige Maschinerie, mit deren Hilfe wir fühlen, denken und wollen – ...

Internet: https://leseproben.net